绿色环保新兴领域
“十四五”高等教育教材

环境监测课程设计与实践

● 主　编　陈　玲
● 副主编　孟祥周　王　灿　马春燕
　　　　　陆志波　黄清辉

中国教育出版传媒集团
高等教育出版社·北京

内容提要

《环境监测课程设计与实践》是高等学校环境类专业实践课程教材。重在培养学生能够以真实的环境监测场景为视角，聚焦环境监测主题，设计和优化环境监测方案，提出科学合理的解决方案并付诸实践。本书涵盖了水、气、土壤、生物、噪声等监测方案设计方法，还注重区域和极地等多介质、多要素环境情景下监测方案设计方法，并对环境信息化管理等内容进行了介绍。每章都重点介绍了针对性的实践案例和指导性案例。

本书可作为高等学校环境科学、环境工程、生态工程、环境规划与管理、环境评价、环境法学等专业相关课程的教材或教学参考书，也可作为从事环境监测、环境检测和生态环境损害司法鉴定等机构从业研究人员和技术人员的工具书。

图书在版编目（CIP）数据

环境监测课程设计与实践 / 陈玲主编．-- 北京：高等教育出版社，2024.9． -- ISBN 978-7-04-063023-7

Ⅰ. X83

中国国家版本馆 CIP 数据核字第 2024GM8890 号

Huanjing Jiance Kecheng Sheji yu Shijian

策划编辑	宋明玥	责任编辑	宋明玥	封面设计	赵 阳	版式设计	童 丹
责任绘图	邓 超	责任校对	刘丽娴	责任印制	赵 佳		

出版发行	高等教育出版社	网 址	http://www.hep.edu.cn
社 址	北京市西城区德外大街 4 号		http://www.hep.com.cn
邮政编码	100120	网上订购	http://www.hepmall.com.cn
印 刷	北京中科印刷有限公司		http://www.hepmall.com
开 本	787mm×1092mm 1/16		http://www.hepmall.cn
印 张	15.75		
字 数	290 千字	版 次	2024 年 9 月第 1 版
购书热线	010-58581118	印 次	2024 年 9 月第 1 次印刷
咨询电话	400-810-0598	定 价	37.10 元

本书如有缺页、倒页、脱页等质量问题，请到所购图书销售部门联系调换

物 料 号 63023-00

前　言

《环境监测课程设计与实践》是高等学校环境类学科专业实践课程的教材。本教材以提高学生的实践能力为目标,注重理论与实践相结合,致力于为学生提供最新、最实用的环境监测真实应用场景,引导学生运用所学知识进行实际的环境监测项目设计,深入了解环境监测的实际操作过程,掌握分析问题和解决实际问题的综合技能。

本书共分九章。在章节内容安排上,有针对各类环境要素监测理论、方法和实验过程的介绍,如水质质量监测方案设计与实践、空气监测方案设计与实践、土壤质量监测方案设计与实践、生物监测方案设计与实践、噪声监测方案设计与实践等,还有区域环境监测方案设计与实践、极地环境监测方案设计与实践、环境样品与数据信息管理等综合性内容。重要的是,每章还重点介绍了针对性的实践案例和指导性案例。结合实践案例和实践项目,培养学生运用所学知识深入剖析环境监测的应用和实践能力、动手能力和分析解决问题的能力,以及培养学生对实践场景的适应能力、实验数据结果的科学表达和分析能力、课程实践报告撰写和交流能力,旨在实现学生创新意识、动手能力、团队建设和协同合作能力的同步提高,为后续毕业设计、毕业论文的研究的顺利开展奠定扎实的基础,也为未来从事环境领域专业研究、环境工程设计与环境规划和管理等工作夯实专业基础。该教材也可作为环境监测机构和生态环境损害司法鉴定机构中从事环境监测、环境分析的研究人员和技术人员的工具书。本书由陈玲任主编,孟祥周、王灿、马春燕、陆志波和黄清辉任副主编。参加本书编写的人员及分工为:陈玲(第一章),马春燕、黎雷(第二章),王灿(第三章),陈玲、仇雁翎和周磊(第四章),黄清辉(第五章),李少林、葛剑敏(第六章),孟祥周、陈皓(第七章),陆志波(第八章),孟祥周、郭茹(第九章)。

陈玲对全书进行了内容设计和最终统稿及定稿。由于编者水平和经验有限,书中不足之处，恳请同行专家、学者和广大读者指正。

高等教育出版社陈正雄、宋明玥编辑等在本教材的出版过程中做了大量工作，在此一并表示衷心的感谢。

编者

2024.02

目　录

第一章　环境监测课程设计概论

导言

随着社会的发展和人类活动的增加，全球环境问题频繁发生，给人类生存和发展带来了严峻挑战。2017 年以来达成的复旦共识、天大行动和北京指南是新工科建设的“三部曲”，开拓了工程教育改革新路径。“新工科”更强调学科的实用性、交叉性、综合性和创新性，作为高校环境教育的重要组成部分，“环境监测课程设计与实践”课程重在培养学生的环境意识、社会责任感和科学精神；使学生能够以真实的环境监测实践场景为视角，深刻认识环境问题的严重性、复杂性及关键影响因素，聚焦环境监测主题，设计和优化环境监测方案，提出科学合理的解决方案并付诸实践，从而适应新工科教育发展和环境保护新形势的发展，使学生成为推动社会可持续发展和美丽中国建设的栋梁之材。

第一节　环境监测课程设计的基础

随着生态文明建设的推进，保护生态环境已成为我国基本国策。在我国生态环境部制定的《“十四五”生态环境监测规划》（以下简称《规划》）中，提出了两大方面重点工作：① 立足支撑管理，紧紧围绕以生态环境高水平保护推动经济高质量发展，全面谋划碳监测和大气、地表水、地下水、土壤、海洋、声、辐射、新污染物等环境质量监测、生态质量监测、污染源监测，充分发挥生态环境监测的支撑、引领、服务作用；② 立足提升能力，加快构建全社会共同参与的“大监测”格局，完善体制机制，筑牢数据根基，激发创新活力，夯实基础能力，锻造铁军先锋，加快实现生态环境监测现代化。随着我国环境保护工作的全面深入展开，环境保护标准的日趋严格，在监测范围、对象、手段、精度与准确度等方面，现代的环境监测与传统的环境监测存在很大不同，环境监测的范围由分散型单点位监测向网络化、空间立体化监测方向发展，区域内监测向全流域跨界联合监测的方向发展。因此，新时期高校环境监测课程的教学内容、教学手段、教学目标及评价体系等方面都有必要进行调整和改革，以适应新工科教育发展和环境保护新形势的发展。

“环境监测”和“环境监测实验”是高校环境类专业学生在整个专业学习过程中的专业基础性课程，是提高学生的实践动手能力、培养科学研究素质、启发创新思维的重要环节。传统的环境监测实验和实践类课程，教学方式多以验证所学的理论知识为主，实验教学教师为学生实验做好了一切实验准备，学生在实验课上仅在实验操作技能上得到一定训练，水质指标选取以易操作为依据，水样也多为实验配水，水质指标的影响因素尽量控制单一，甚至学生的环境监测实验报告也为“填空式”报告，与环境学科发展及社会需求的联系上存在距离，应用所学理论知识与实践技能培养之间的链条未能贯通。一些课程设计内容也设计得相对独立，尽可能简化了环境问题的复杂性，学生思考得少，参与度也比较低。学业各阶段的实践要求未能层次递进，各阶段的实践内容没有相互融合和支撑。应对卓越人才培养的新形势和新需求，一些高校的环境监测类课程的实践性不断加强，环境监测课程体系的完善、教学手段和方法的提升，以及环境监测实践环节内容的优化均已经启动，可喜的是环境监测方法技术的迭代更新，仪器设备的自动化、智能化和网络化发展也为更好地融入新工科建设提供了重要支撑，积累的教学改革经验和成果对环境监测实践课程的教学改革具有重要的指导意义。

纵观近年来环境监测实验、实践类课程的发展，实验课程与实践课程在内容上的联系不断增加，层级通道逐渐贯通。各高校环境专业的环境监测实验课程在加深学生对环境监测理论知识的理解的同时，注重培养学生的动手能力、分析问题及解决问题的能力，许多高校环境专业的环境监测实验课也由单一监测指标的实验室分析，逐渐向多指标实验分析转变；由以验证所学理论知识为主的实验，逐渐向综合性实验或研究性实验转变。

“新工科”建设注重培养造就一大批多样化、创新型卓越工程科技人才。在此引导下，高校新工科本科人才培养对实践类课程占比、教学内容、教学方法等都提出了更高的要求。针对“新工科”对培养创新型卓越工程科技人才的要求，部分高校环境类专业开始增设“环境监测课程设计”等实践类课程，加强学生综合能力、研究能力和创新能力的培养。

同济大学自2017年起，在教学学期开设了“环境监测方案课程设计”实践课程，该课程为2学分共34学时；2021年起调整为暑假实践学期集中开设，为期2周。学生以3～5人自主组队，在指导教师团队给出的实践主题中“双向选择”，主题带有一定的探索研究性，主要涉及“校园楼宇饮用水中条件致病菌监测与水质评价”“区属河流水环境质量监测与分析”“校园室内空气环境质量调查与评价”“受污染土壤监测方案设计与质量分析”“校园土壤/植物中重金属监测方案设计与实施”及“城市饮用水水源地水质监测方案设计与实践”等。东华大学环境科学与工程学院开展了环境监测大型综合实验项目（为期2周），该类综合实验以地表水、空气质量、土壤和噪声等环境要素进行划分，要求学生以组为单位，自主完成所有环境要素的监测方案撰写、试剂仪器准备、布点采样、分析测试及完成监测报告。通过综合性大型实践类项目的开展，进一步培养学生团队合作精神和自主解决问题的能力。

一些高校单独设置了环境监测实践教学环节，例如，天津大学环境科学与工程学院自2018年起开展项目式课程设计教学模式，学生针对教师设定或自选的题目内容进行环境监测方案的设计与实践。项目式课程设计包括基础知识讲授、监测方案设计、采样检测分析、项目总结汇报4个环节。项目选题范围涉及饮用水、地表水、空气（包括室内空气）、土壤等各环境介质，以及环境领域关注的前沿热点问题。学生以4～6人为一组，经过一学期的时间来完成实践项目内容。项目选题贴近生活，学生在参与的过程中增加了对专业课程学习的兴趣与积极性，培养了动手实践能力和创新思维。也有部分高等职业学校环境类专业以“环境监测技术与实训课程”的形式，开展环境监测综合课程教学与实践。因此，可以看到各高校采用的方式有所不同，但本质上都是强化环境监测课程的实践性和综合性。

“新工科”建设，对环境监测实验、实践教学提出了新的要求和挑战。本教材针对“新工科”对学生知识运用能力、综合分析能力、创新实践能力的要求，积极探索环境监测方案设计实践课程的综合性元素和拓展性内容。本教材在每个章节中给出了2～5个实践案例，以期以真实的实践案例为切入点，引导学生将所学知识运用到实践中，进而学会分析复杂场景下的监测要素及其关系，提高学生解决实际监测问题的能力。教材给出的一些案例为指导性案例，需要学生在课程设计实践中自我完善，更有助于培养学生的创新意识和创新能力。总之，通过案例分析引导学生更加关注环境问题，提高其环境保护意识和社会责任感，为后续课程学习和未来从业发展打下坚实基础。

第二节 课程设计定位和特点

一、课程设计定位

高校环境类专业环境监测课程群由“环境监测”理论课、“环境监测实验”和“环境监测课程设计”实践环节等构成。

“环境监测”是环境类专业学生的必修专业基础课程，通常在大学二年级开设。课程系统讲解与我国各类标准密切相关的环境监测方法和技术，重点介绍监测方案的制订，监测方法的基本理论，以及环境监测全过程的质量保证和质量控制等方面的理论和技术，监测对象包括水质、大气、土壤、固体废物和生物等，为后续环境类专业课程的学习与实践奠定基础，同时也力求涉及发展迅速的国内外环境监测新技术。“环境监测”强调理论联系实际，通过该课程的学习，学生可以掌握环境监测的基本概念和特点；掌握各类监测方案制订方法、典型污染物预处理及分析技术；掌握监测过程质量保证的内容和方法；了解环境监测新方法、新技术及其发展趋势。学习“环境监测”课程，可以培养学生解决环境实际问题的能力，为该课程在其他环境课程中的应用打下基础。

“环境监测实验”可加深和巩固学生对环境监测理论知识的理解，培养学生动手能力及分析问题、解决问题的能力。作为高校环境类专业学生的必修课，环境监测及其实验课程在培养专业人才方面起到了重要作用，成为本科生获得基础实验技能、培养科研兴趣的重要途径。环境监测实验是连接环境监测理论与实践的桥梁：既是验证环境监测理论的主要载体，又是为环境监测实践培养人才的必经之路。

“环境监测课程设计”是环境类专业学生修完“环境监测”“环境监测实验”课程后开设的一门专业性综合实践课程，是对理论知识的一次综合检验，是理论联系实际的重要环节。通过课程实践，旨在培养学生分析解决实际问题的能力，培养学生在实践场景下的组织协调能力、实验数据结果的科学表达和分析能力，以及课程实践报告撰写和交流陈述能力，旨在实现学生创新意识、动手能力、团队自组建和协同合作能力的同步提高，为后续毕业设计或毕业论文的研究工作的顺利开展奠定扎实的理论和实践基础，也为未来从事环境领域专业研究、环境工程设计与环境规划和管理等工作夯实专业基础。

二、实践课程特点

环境监测方案设计及其优化是环境监测与环境质量评价的基础性工作。在环境监测全过程中，环境监测方案设计是首要的关键环节，科学、系统、可实践的监测方案是实现监测目的的根本保证，实验室的分析无法弥补监测方案设计缺陷造成的数据质量问题。因此，在实践课程阶段，本课程都应把环境监测方案设计放在突出的位置。

本课程的特点归纳如下：

① 将生态文明思想贯穿"环境监测课程设计与实践"全过程，聚焦碧水、蓝天、净土等关键监测要素，选取有代表性的区域、流域和典型园区，开展探究性、系统性和应用性的课程实践。

② 以环境监测理论为基础，以环境监测方案设计为核心，以多层次课程设计选题为依托，做真题、真做题，学以致用，服务国家战略。

③ 以真实的环境监测实践场景为视角，通过专题调研、实地勘察、资料收集，发现问题，聚焦环境监测目标，设计和优化环境监测方案，并付诸实践，为环境监测数据和决策管理提供科学依据。

④ 应对气候变化，将地球"三极"气候条件下的环境监测内容融入课程设计和实践中，培育学生的全球环境观，提高对人类命运共同体的认知。

⑤ 紧扣智慧环境监测方法和技术的发展脉搏，将先进的智慧环境监测新方案、新技术融入课程实践，体现课程内容的与时俱进。

⑥ 创新实践课程的组织形式，推行实践指导教师与学生（组）"双向选择"，提升学生的主动性和自主性，"教与学"双向赋能；同时，鼓励学生自组团队，有组织、有明确分工和协作，培养学生协作解决实际问题的能力。

第三节 实践课程内容

"环境监测课程设计"是基于环境监测理论课程和环境监测实验课程的环境类专业高阶性实践课程，旨在提高学生综合运用所学知识进行监测方案设计的能力，加强实践训练。课程要求学生以小组为单位，针对某项具体的环境监测任务展开方案设计。在资料收集和现场勘察的基础上，布设监测点、确定监测频率与采样时间，选择适宜的标准、指标和分析方法,明确样品采集和保存所需的技术手段,选取合适的数据处理方法,采取恰当的质量保证与控制措施,形成完整的监测方案。

一、实践项目的确定

“环境监测课程设计”是一门学科交叉性强、知识点涵盖领域广的专业实践课程,是培养学生科研兴趣、养成良好科研素质的重要环节。该课程对学生参与的各级大学生创新实践计划(students innovation training program,SITP)、综合科研技能训练等具有重要的指导意义。实践课程设计主题的确定可重点考虑以下因素:

① 选题应具有代表性。可供学生选择的题目应尽量覆盖环境监测的典型场景,如饮用水源地水质监测、校区及其周边空气环境质量监测、土壤环境质量监测、城市水环境质量监测、室内空气环境质量监测、农田土壤环境质量监测、水域(湖库、河道)生态环境监测等。经典监测方案的设计和实施一方面可让学生充分巩固所学知识,另一方面也可为学生今后从事环境类工作打下扎实的实践基础。

② 选题可具有一定的前沿性,如紧密结合指导教师自身科研课题、聚焦环境监测的热点问题和社会性问题、选用监测领域的新方法和新技术等。通过引入前沿性监测问题或高端技术,提高实践环节的先进性和挑战性,拓宽学生的专业视野,提升学生的专业水平。

③ 选题可充分发挥学生的主观能动性,鼓励学生或学生组在教师的指导下自主确定主题。通过查阅资料、沟通交流,学生能提出有意义的科学问题,做出合理的监测选题,并科学地制订课程设计的实施计划和时间进度安排。这一系列过程可有效培养学生的探究兴趣和创新能力。

④ 选题应充分考虑所在高校的实验条件、校外实践基地的实验条件等,确保学生能获取有效监测数据、科学处理实验数据,为掌握监测方案设计与实践技能提供全方位的支持。

二、实践课程进度安排

“环境监测课程设计”实践类课程一般为期2~4周,部分学校的该类课程在一个学期内进行。各学校可根据所在学科的教学规划和时间,合理安排实践教学进度。

教学团队确定监测项目后,学生可根据自身情况或兴趣选择适合的实践项目独立或组队完成实践任务。根据监测方案制订和实施的流程，实践过程进度可分三个阶段推进：

① 监测方案制订阶段。根据项目任务的要求，学生首先进行资料收集、归纳，制订监测方案。监测方案是一项监测任务的总体构思和设计，制订前首先应充分了解监测项目的要求，明确监测目的。在此基础上，进行基础资料的收集。基础资料包括相关法律、法规、标准、规范，以及和监测项目相关的各种背景资料。有条件的应进行实地调查，充分掌握项目基本情况，监测区域范围内污染物的种类、来源、性质，以及污染物可能的变化趋势。根据资料研判监测项目选题，设计监测网点，合理安排采样频率和采样时间，选定采样方法和监测分析方法，制订质量保证方案，确保监测任务在时间和空间上都能顺利实施。

② 监测方案实施阶段。本阶段的任务是全面落实第一阶段制订的监测方案，内容包括样品采集、预处理与分析测试等；监测方案的实施过程中应及时总结、及时汇报。若发现确有各种原因导致无法实施的环节，如现场条件采样风险较大、分析方法仪器设备故障等，则须及时和指导教师商议，寻找替代方案，调整监测计划。

③ 监测项目报告撰写与交流阶段。学生根据监测方案的计划完成监测任务后，应将实践内容进行系统总结、分析，形成完整的监测方案制订与实施报告。有条件的学校应组织项目汇报交流会，让学生了解不同监测项目的方案制订特点、实施过程及注意事项，提升专业认知的广度与深度。

通过上述三个阶段的推进，学生应能全面理解和掌握环境监测的基本概念、基本原则与方法，并将之灵活运用到实际监测方案的设计中，形成完整的环境监测知识体系，具备独立实施监测项目的专业能力。

三、环境监测的相关标准、指南和导则

环境监测作为环境管理的重要手段，为环境管理提供重要的基础数据，其全过程必须符合国家及地方的法律法规的要求。生态环境标准及其相关法规是制订切实可行的监测方案的重要依据，也是监测方案可行性的重要保证。在监测方案的制订过程中，学生对课题项目所涉及的法规标准应进行充分检索和学习，掌握环境质量标准、污染物排放标准、采样技术规范、分析方法标准等与项目相关的各类标准的具体要求。

我国已经颁布的《环境保护法》《大气污染防治法》《水污染防治法》《土壤污染防治法》和《海洋环境保护法》等法律中都规定了有关实施环境标准的条款。生

态环境标准具有法规约束性，体现在强制性、规范性、区域性、阶段性、科学性和先进性等多个方面。国家标准还附有相应的技术导则、指南、规范等具体可操作性法规，如《地表水环境质量监测技术规范》（HJ 91.2—2022）、《区域性土壤环境背景含量统计技术导则（试行）》（HJ 1185—2021）、《地块土壤和地下水中挥发性有机物采样技术导则》（HJ 1019—2019）等。2022 年 4 月发布的《地表水环境质量监测技术规范》（HJ 91.2—2022）中，包含了地表水环境质量监测的布点与采样、监测项目与分析方法、监测数据处理、质量保证与质量控制、原始记录等具体内容和要求。

第四节　实践课程过程管理

实践教学具有实践性、复杂性和学生主导性等特点，比理论课的实施过程更为复杂。为保证环境监测课程设计与实践环节的教学效果，应对课程进行全流程教学质量管理，即从前期监测实践项目的设计与安排、学生任务的分配、师生实践教学过程的监督、实践报告的汇报与交流等多个环节对教学效果进行管理和评价，以保证稳定的教学效果。具体可从下面几个环节给予关注和参考：

① 按照教学大纲和教学知识点的基本要求，制订本次开课的实施方案，明确实践课程主题、实践专题（多组学生时）具体要求、实践地点（或区域）和时间，以及实验安全、交通安全和健康安全等具体要求和保障措施等。

② 采样方案和实施过程的质量控制，包括从采样计划、采样装备和容器、采样点布设及采样实施过程的质量控制；同时在样品运输、保存及交接过程中，要填写样品登记表及样品流转单。

③ 样品中目标物的分析检测前的准备工作，包括分析方法选择、必要的仪器操作培训、分析条件优化等方面的质量控制。

④ 样品制备及预处理过程的质量控制，包括样品的前处理和预处理。

⑤ 分析监测过程的质量控制，重点是仪器测试前的校准、标准曲线建立、空白实验、精密度、准确度等质量控制手段。

⑥ 分析数据处理方法、数据结果表达形式及数据理论分析和探究过程的规范性和科学性保证。

⑦ 实践报告撰写、章节结构的层次性和结果分析的合理性，以及实践报告的完整性、课程期末交流的质量。

通过开课前全方位的准备和实践课程质量控制环节的梳理，师生一定会对本次实践课程有明确的认识，为实践课程的顺利推进打下良好基础。

一、实践课程基本要求

（一）基本要求

要求学生围绕课程设计专题，在查阅资料和勘察现场的基础上，能够提出有意义的科学问题，做出合理的研究假设，并科学地进行采样设计；能够选取明确的监测指标和分析方法，以及样品采集、保存和制备技术，并有相应的质量控制与质量保证方案；能够选择合理的监测数据处理与表达方法，以确保结果具有统计学上的意义；最终形成一份完整的环境监测课程设计报告，并有明确的分工。

① 通过专业实习，验证所学的理论知识和实践技能，为进一步提高专业应用能力提供实践锻炼机会。

② 在指导教师和专业人员的指导下，通过实际环境项目的监测方案设计制作和实际过程操作，培养理论联系实际和发现问题、解决问题的能力，通过实际环境监测项目的全过程能力的综合训练，加深对专业或课程所学环境监测理论的认识和理解。

③ 通过环境监测具体项目的强化训练和针对性训练，基于国家环境监测相关标准、规范等，让学生以自主的、实践的方式学习环境监测综合的设计和应用实现过程。

④ 通过对环境样品监测数据的获取、分析，能够进行专题的综合评价，培养学生观察问题、分析问题和解决问题的能力。

⑤ 通过撰写综合实践课程设计报告，培养文字、数据、图表的规范、科学的表达能力，以及数据分析、探讨影响机制的综合能力。

（二）实践报告基本格式和要求

实践报告是实践技能训练的最后一个环节。一份真实、严谨、有条理的监测报告是对监测过程的系统总结。环境监测方案设计与实践的报告内容应包括为什么做、做了什么、怎么做和结果如何。撰写实践报告有助于培养提出问题、解决问题的科学态度与科研总结能力，为学生将来从事环境监测、环境管理、环境科学研究等工作打下扎实的基础。环境监测方案设计与实践报告应包括以下内容：

（1）项目名称、指导教师、同组成员

（2）中英文摘要及中英文关键词

（3）前言：课程设计主题背景和意义

（4）正文

正文5 000字左右，内容建议包括：

① 环境监测方案设计：实践所依据的国家标准等相应标准、规范和指南；研究区域、监测指标确定和监测点布设等。

② 样品采集、保存与运输。

③ 样品预处理方法。

④ 监测指标分析。

⑤ 监测数据处理与结果讨论。

⑥ 结论与体会。

（5）参考文献

二、实践课程过程安全教育

（一）采样安全评估

环境监测课程实践从采样到实验室分析过程中都存在一定的安全风险，因此，在监测方案实施前对方案实施过程中的可能存在的风险进行系统评估，做好应急预案，在环境监测过程中做好安全防护是非常必要的。采样过程安全注意事项归纳如下：

水质采样：采样人员在河道岸边进行采样，由于客观地势，会容易出现打滑、踏空，从坡上滑落的危险。桥面采样时，采样人员常常与高速驶过的机动车擦肩而过，增加了交通事故的风险。

土壤采样：土壤采样一般在山谷、林地等地进行，地势较为复杂，车辆无法到达采样点位。往往需要采样人员携带采样工具等徒步跋涉，趟泥泞，沿途还有遭遇蚊虫、蛇类的风险。

废气采样：废气采样基本都属于高空作业，危险系数比较大，采样人员需要爬烟囱，还要躲避从高处掉下来的异物，稍有疏忽大意，极有可能造成人身伤害。

环境生物样品采集：在某些特殊情况下，生物样品可能携带病菌或有毒物质。在进行采集和处理时，应采取适当的安全措施，如穿戴防护服、手套和口罩等。

极地环境样品采集：极地地区的天气变化无常，可能出现暴风雪、低温等。采样人员需要密切关注天气预报，必须采取足够的防寒保暖措施，尽可能避免在极端天气条件下进行采样。同时应携带可靠的导航和定位设备，并确保其电池寿命足够长，应始终保持与队友的联系，并确保在任何时候都知道自己的位置。

（二）实验室分析安全教育

实验室安全是恒久不变的主题，环境样品分析同样存在安全风险隐患。环境样品基体复杂，待测物浓度低，分析过程往往涉及复杂的样品制备、预处理和分析环节。操作过程可能还需要使用强酸、强氧化剂、强腐蚀性试剂、有毒有害有机试剂等化学药品，电热板、烘箱、马弗炉等高温设备，高纯氧、高纯氦、高纯氮等气体的高压钢瓶，以及电感耦合等离子体发射光谱仪、气相色谱仪、液相色谱仪、质谱仪等精密仪器。分析过程中的任何违规操作或疏忽都可能会造成重大事故的发生，如烧伤、火灾、中毒和爆炸等，对人体和资产造成损害。学生应事先了解相关试剂、气体、仪器的特点，以及操作规范、风险事项，严格按照标准操作程序（standard operating procedure，SOP）和安全要求进行实验操作。

在实验分析过程中应采取的人员防护措施，包括穿戴适当的防护服、佩戴护目镜、手套等个人防护用品，以及定期检查身体等。强调个人防护的重要性和预防措施，以保障实验人员的身体健康。

（三）实践交通安全保障

课程实践中，需要去户外（河流、水库、山地等）进行采样，道路泥泞、崎岖不平，遇到雨雪天气，路面湿滑，陷车、打滑都是常见现象，对交通安全一刻也不能放松。实践过程交通安全注意事项归纳如下。

行前准备与培训：在实践开始前，对所有参与学生进行交通安全教育，强调交通规则的重要性，确保所有学生都了解并熟悉实践地点的交通状况和特点，并详细讲解应对突发交通情况的基本方法。

制订详细的行程计划：在实践前制订详细的行程计划，包括出发时间、路线、休息点和目的地等。根据实践地点、人数和交通状况，选择安全、合适的交通工具，做好车辆的安全保障工作。

保持通信畅通：为确保实践过程中的人员安全，应保持通信设备畅通，以便在需要时能够及时联系相关人员。

紧急情况处理：在实践前，应制订应对紧急情况的预案，并让学生了解和掌握。在遇到交通事故或其他紧急情况时，应立即启动预案，并及时联系相关部门进行处理。

第二章　水质监测方案设计与实践

导言

党的十八大以来，党中央、国务院高度重视生态文明建设，坚持绿水青山就是金山银山的理念，坚持山水林田湖草沙一体化保护和系统治理。2015年4月，国务院印发《水污染防治行动计划》（简称“水十条”），切实加大水污染防治力度，改善我国水质情况。这十年来，我国的生态环境持续向好，实现了天更蓝、山更绿、水更清。到2021年，全国地表水Ⅰ—Ⅲ类断面比例上升至84.9%，已接近发达国家水平。水质监测是获取水环境质量和水污染物排放相关基础数据的最根本手段。众多水质分析方法也是空气、土壤、固体废物监测分析方法的基础。依据水质监测相关理论，针对不同水污染物的特征和评价要求，设计可行的监测实验方案和技术路线，并进行水质监测及数据处理、质量控制及分析评价是高等学校环境类专业学生在“环境监测”课程学习中必须掌握的能力。从而为努力建设人与自然和谐共生的美丽中国贡献自己的力量打下扎实基础。

第一节　水质监测基础

一、水质监测的目的

水质监测分为环境水体质量监测和水污染源监测。环境水体主要包括地表水、地下水和海水，其中地表水又可分为江、河、湖泊、水库等；水污染源监测指对生产和生活中产生各类污（废）水的监测。

环境水体质量监测的目的有：

① 对江、河、湖泊、水库等地表水和地下水、海水中的污染因子进行经常性的监测，以掌握水质现状及其变化趋势。

② 为国家政府部门制定水环境保护标准、法规和规划提供有关数据和资料。

③ 为开展水环境质量评价和预测预报及进行环境科学研究提供基础数据和技术手段。

水污染源监测的目的有：

① 对生产、生活等污（废）水排放源排放的污（废）水进行监视性监测，掌握废（污）水排放量及其污染物浓度和排放总量，评价是否符合排放标准，为污染源管理提供依据。

② 对污（废）水处理设施的处理效率进行评价，为处理设施的运行管理提供基础数据，保证处理设施的正常运行。

③ 对水环境污染事故进行应急监测，为分析判断事故原因、危害及制订对策提供依据。

④ 对环境污染纠纷进行仲裁监测，为准确判断纠纷原因和公正执法提供依据。

二、水质相关标准与规范

（一）质量标准

水质相关质量标准包括《地表水环境质量标准》（GB 3838—2002）、《地下水质量标准》（GB/T 14848—2017）、《海水水质标准》（GB 3097—1997）、《农田灌溉水质标准》（GB 5084—2021）、《渔业水质标准》（GB 11607—1989）等。

（二）排放标准

水质相关排放标准包括《污水综合排放标准》（GB 8978—1996）、《电子工业水污染物排放标准》（GB 39731—2020）、《纺织染整工业水污染物排放标准》（GB 4287—2012）、《钢铁工业水污染物排放标准》（GB 13456—2012）等。

（三）监测方法标准

水质相关监测方法标准包括《水质　6种邻苯二甲酸酯类化合物的测定　液相色谱-三重四级杆质谱法》（HJ 1242—2022）、《水质　28种有机磷农药的测定　气相色谱-质谱法》（HJ 1189—2021）、《水质　化学需氧量的测定　重铬酸盐法》（HJ 828—2017）等。

（四）相关技术规范

水质相关技术规范包括《地表水环境质量监测技术规范》（HJ 91.2—2022）、《地下水环境监测技术规范》（HJ 164—2020）、《污水监测技术规范》（HJ 91.1—2019）、《近岸海域环境监测技术规范　第一部分　总则》（HJ 442.1—2020）等。

三、水质监测项目和分析方法选择

水质监测对象十分广泛，有无机污染物，如汞、铬、镉等金属化合物，含氮化合物、硫化物、氰化物等非金属无机化合物；也有各类有机污染物，如挥发酚、有机汞、苯系物等。因此，水质监测时应根据具体监测目的和监测对象，选择有针对性的监测项目。一般可以考虑：

① 优先选择国家或地方的水环境质量标准和水污染物排放标准中要求控制的监测项目。

② 可根据水体环境保护功能的划分或水污染源特征，增加特征污染监测项目。

③ 对于突发性事故或特殊污染，应重点监测进入水体的污染物，并实行连续跟踪监测，掌握污染程度及其变化趋势。

④ 针对列入《优先控制化学品名录》的化学物质，以及抗生素、微塑料等新污染物，可结合具备的分析测定方法、设备条件和分析人员的配备情况，开展重点监测。

分析方法按照选择的优先顺序，可分为标准分析方法、统一分析方法和等效分析方法三类。

标准分析方法的成熟度和准确度高，是评价其他监测分析方法的基准方法，也是环境污染纠纷法定的仲裁方法；统一分析方法是已经过多个单位实验验证，但尚未成熟的方法，在使用中不断完善，为上升为国家标准方法创造条件；等效分析方法的灵敏度、精密度、准确度与前面两类方法具有可比性，或者是一些先进的新方法，但必须经过方法验证和对比实验验证。

水质监测常用的分析方法列于表 2-1。

表 2-1 水质监测常用的分析方法

方法名称	监测项目举例
重量法	悬浮物、可滤残渣、矿化度、油类、SO_4^{2-}、Cl^-、Ca^{2+} 等
容量法	酸度、碱度、溶解氧、总硬度、Ca^{2+}、Mg^{2+}、NH_4^+-N、Cl^-、F^-、CN^-、SO_4^{2-}、S^{2-}、Cl_2、化学需氧量（COD）、生化需氧量（BOD）、高锰酸盐指数、挥发酚、挥发酸等
分光光度法	Ag、Al、As、Be、Bi、Ba、Cd、Co、Cr、Cu、Hg、Fe、Mn、Ni、Pb、Sb、Se、Th、U、Zn、NH_4^+-N、NO_2^--N、NO_3^--N、凯氏氮、PO_4^{3-}、F^-、Cl^-、S^{2-}、SO_4^{2-}、BO_3^{2-}、SiO_3^{2-}、Cl_2、挥发酚、甲醛、三氯乙醛、苯胺类、硝基苯类、阴离子洗涤剂等
荧光光度法	Hg、As、Se、Be、油类、苯并[a]芘等

续表

方法名称	监测项目举例
原子吸收法	Ag、Al、Ba、Be、Bi、Ca、Cd、Co、Cr、Cu、Fe、Hg、K、Mg、Mn、Na、Ni、Pb、Sb、Se、Sn、Te、Zn 等
氢化物及冷原子吸收法	As、Sb、Bi、Ge、Sn、Pb、Se、Te、Hg 等
火焰光度法	Li、Na、K、Sr、Ba 等
电极法	pH、DO、F^-、Cl^-、CN^-、S^{2-}、NO_3^-、K^+、Na^+、NH_3、Eh 等
非分散红外吸收法	总有机碳、石油类、动植物油类等
离子色谱法	F^-、Cl^-、Br^-、NO_2^-、NO_3^-、SO_3^{2-}、SO_4^{2-}、PO_4^-、K^+、Na^+、NH_4^+ 等
气相色谱法	苯系物、挥发性卤代烃、氯苯类、BHC、DDT、有机磷农药类、三氯乙醛、硝基苯类等
高效液相色谱法	多环芳烃、醛类、苯胺类、氯酚类、苯并[*a*]芘、邻苯二甲酸二酯类等
电感耦合等离子体发射光谱法	K、Na、Ca、Mg、Ba、Be、Pb、Zn、Ni、Cd、Co、Fe、Cr、Mn、V、Al、As 等
气体分子吸收光谱法	NO_2^-、NO_3^-、氨氮、凯氏氮、总氮等
气相色谱 - 质谱法	挥发性有机物、半挥发性有机物、苯系物、氯酚类、邻苯二甲酸酯类、有机氯农药、多环芳烃、二噁英类、多氯联苯等
生物监测法	浮游生物、着生生物、底栖动物、鱼类生物调查、细菌总数、总大肠菌群、粪大肠菌群、沙门氏菌属、粪肠球菌、生物毒性试验、Ames 实验等

第二节 水质监测采样点的布设

一、地表水水质监测采样点的布设

（一）江、河、渠道监测采样点的布设

在江、河、渠道中采集水样时，可先设置监测断面，在监测断面上依据水面宽度确定采样垂线，再依据采样垂线的深度确定采样点。

监测断面布设的原则：

① 监测断面的布设在宏观上能反映流域（水系）或所在区域的水环境质量状况和污染特征。

② 监测断面的布设应避开死水区、回水区、排污口处，尽量设置在顺直河段上，选

择河床稳定、水流平稳、水面宽阔、无急流或浅滩且方便采样处。

③ 监测断面的布设应考虑采样活动的可行性和方便性，尽量利用现有的桥梁和其他人工构筑物。

④ 监测断面的布设应考虑社会经济发展、监测工作的实际状况和需要，要具有相对的长远性。

⑤ 监测断面的布设应考虑水文测流断面，以便利用其水文参数，实现水质监测与水量监测的结合。

⑥ 监测断面的设置数量，应考虑人类活动影响，通过优化以最少的监测断面、采样垂线和监测点获取具有充分代表性的监测数据，有助于了解污染物的时空分布和变化规律。

⑦ 监测断面布设后应在地图上标明准确位置，在岸边设置固定标志。同时，以文字说明监测断面周围环境的详细情况，并配以照片，相关图文资料均应存入监测断面档案。

⑧ 流域（水系）可布设背景断面、控制断面、消减断面和河口断面。

⑨ 行政区域可在流域（水系）源头设置背景断面或在过境河流设置入境断面、对照断面、控制断面、消减断面、出境断面、河口断面。

受潮汐影响的入海河流监测需要考虑潮汐变化对河流水质的影响，因此，潮汐河流监测断面的布设除了遵循上述原则外，还应考虑：

① 设有防潮桥闸的潮汐河流，根据需要在桥闸上游设置断面；

② 根据潮汐河流水文特征，潮汐河流的对照断面一般设置在潮区界以上。若潮区界在该城市管辖区域之外，则在城市河段上游设置 1 个对照断面；

③ 潮汐河流监测断面应设置在水面退平时可采集到地表水（盐度小于 2‰）样品处，当河流水量减少，长期在水面退平时不能采集到地表水（盐度小于 2‰）样品时应调整监测断面。

江、河、渠道监测断面上采样垂线的设置见表 2–2。

表 2–2 江、河、渠道监测断面上采样垂线的设置

水面宽度（b）	采样垂线数
$b \leqslant 50$ m	一条（中泓线）
50 m$<b\leqslant$100 m	二条（左、右岸有明显水流处）
$b>100$ m	三条（左、中、右）

注：1. 采样垂线布设应避开污染带，监测污染带应另加采样垂线。
2. 确能证明监测断面水质均匀时，可仅在中泓线设置采样垂线。
3. 凡在该监测断面要计算污染物通量时，应按表 2–2 设置采样垂线。

江、河、渠道采样垂线上采样点的设置见表 2–3。

（二）湖泊、水库监测采样点的布设

湖泊、水库采样垂线的设置原则：

① 湖泊和水库通常只设置采样垂线，如有特殊情况可参照河流的有关规定设置监测断面。

表 2–3 江、河、渠道采样垂线上采样点的设置

水深（h）	采样点数
$h \leqslant 5$ m	上层①一点
5 m$<h \leqslant 10$ m	上层、下层②两点
$h>10$ m	上层、中层③、下层三点

注：① 水面下或冰下 0.5 m 处。水深不到 0.5 m 时，在 1/2 水深处。

② 河底以上 0.5 m 处。

③ 1/2 水深处。

② 湖泊和水库的不同水域，如进水区、出水区、深水区、浅水区、湖心区、岸边区等，按水体类别设置采样垂线。

③ 湖泊和水库若无明显功能区别，则可用网格法均匀设置采样垂线。

④ 受污染物影响较大的重要湖泊和水库，应在污染物主要迁移途径上设置控制断面。

湖泊、水库采样垂线上采样点的设置见表 2–4。

表 2–4 湖泊、水库采样垂线上采样点的设置

水深（h）	采样点数
$h \leqslant 5$ m	一点（水面下 0.5 m 处，水深不足 1 m 时，在 1/2 水深处设置采样点）
5 m$<h \leqslant 10$ m	两点（水面下 0.5 m，水底上 0.5 m）
$h>10$ m	三点（水面下 0.5 m，1/2 水深处，水底上 0.5 m）

注：1. 根据监测目的，若需要确定变温层（温度垂直分布梯度≥0.2 ℃/m 的区间），则可从水面向下每隔 0.5 m 测定并记录水温、溶解氧和 pH，计算水温垂直分布梯度。

2. 湖泊、水库有温度分层现象时，可在变温层增加采样点。

3. 有充分数据证实采样垂线上水质均匀时，可酌情减少采样点。

4. 受客观条件所限，无法实现底层采样的深水湖泊、水库，可酌情减少采样点。

二、污（废）水水质监测采样点的布设

（一）污染物排放监测采样点

对于《污水综合排放标准》（GB 8978—1996）中规定的13项第一类污染物，应在含有此类水污染物的污水与其他污水混合前的车间或车间预处理设施的出水口设置采样点。

对于其他水污染物，采样点设置在排污单位的总排放口。

（二）污（废）水处理设施处理效率监测采样点

监测污（废）水处理设施的整体处理效率时，在各污（废）水进入污（废）水处理设施的进水口和污（废）水处理设施的出水口设置采样点；监测各污（废）水处理单元的处理效率时，在各污（废）水进入污（废）水处理单元的进水口和污（废）水处理单元的出水口设置采样点。

第三节 水样采集、保存和运输

一、水样的采集和现场监测方法

（一）地表水水样的采集与现场监测

1. 采样前的准备

依据不同的水体功能、水文要素和污染源、污染物排放等实际情况，力求以最低的采样频率，取得最具有时间代表性的样品，既要满足反映水质状况的要求，又要切实可行。

采样前应准备好采样器、静置容器、样品瓶、水样保存剂和其他所需辅助设备。采样器包括表层采样器、深层采样器、自动采样器、石油类采样器及其他满足采样需求且不影响监测结果的采样器。

对于pH、溶解氧、水温、电导率、透明度、浊度等项目可准备便携式仪器设备进行现场测定。

2. 水样的采集

地表水的采样方式包括船只采样、桥上采样、涉水采样、无人机（船）采样或在闸

坝等水利设施上采样。一般情况下，不允许采集岸边水样，确因特殊情况，需要在岸边采集水样时，应记录现场情况。

为避免不同层次水体在采样过程中被混合，在同一监测断面分层采样时，应自上而下进行。采样时应避免搅动水底的沉积物。

采样器、静置容器和样品瓶在使用前应先用水样分别荡洗 2～3 次。采集的水样倒入静置容器中，保证足够用量，自然静置 30 min。自然静置时，使用防尘盖遮挡，避免灰尘污染；使用虹吸装置取上层不含沉降性固体的水样，移入样品瓶，虹吸装置进水尖嘴应保持插至水样表层 50 mm 以下位置。

可现场测定的项目，如 pH、溶解氧、水温、电导率、透明度、浊度等，优先选用现场测定方法，并尽量利用检测器或传感器在采样点所在位置水体直接开展原位监测。

具体采样要求可按照《地表水环境质量监测技术规范》（HJ 91.2—2022）实施。

（二）污（废）水水样的采集与现场监测

1. 水样的类型

瞬时水样：从污（废）水中随机手工采集的单一水样。

当排污单位的生产工艺过程连续稳定，排放的污（废）水浓度变化不超过 10% 时，可采集瞬时采样。

混合水样：在某一时段内，在同一采样点按等时间间隔所采等体积水样的混合水样，为等时混合水样；在某一时段内，在同一采样点所采水样量随时间或流量成比例的混合水样，为等比例混合水样。

当排污单位的生产工艺具有周期性，污（废）水流量变化小于平均流量的 20%，污染物浓度基本稳定时，可采集等时混合水样。当污（废）水的流量、浓度甚至组分都有明显变化时，可采集等比例混合水样。

2. 采样前的准备

采样前需准备的器材主要是采样器具和样品容器。采样器具可选用聚乙烯、不锈钢、聚四氟乙烯等材质，样品容器可选用硬质玻璃、聚乙烯等材质。污（废）水监测应配置专用采样器材。

与地表水监测采样类似，可现场监测的项目，如水温、pH、电导率、浊度等可准备便携式仪器设备进行现场测定。

3. 水样的采集

采样位置应在污（废）水混合均匀的位置，如计量堰跌水处、巴歇尔量水槽喉管处等。部分监测项目的采样要求见表 2–5。

表 2–5 部分监测项目的采样要求

监测项目	采样要求
动植物油类、石油类、挥发性有机物、微生物等	采样前不能荡洗采样器具和样品容器
水温、pH、色度、动植物油类、石油类、BOD、硫化物、挥发性有机物、氰化物、余氯、微生物、放射性等	在不同时间采集的水样不能混合测定
动植物油类、石油类、硫化物、挥发酚、氰化物、余氯、微生物等	单独采集储存

4. 流量测量

污（废）水排放监测的点位设有自动流量计，可直接记录流量值。

若未设置自动流量计的采样点，则可采用流速仪测量污（废）水流速，再通过确定污（废）水的过水截面积，计算流量。

具体采样要求可按照《污水监测技术规范》（HJ 91.1—2019）实施。

二、水样的保存和运输

（一）水样的保存

各种水质的水样，从采集到分析这段时间内，由于物理的、化学的、生物的作用会发生不同程度的变化，这些变化使得进行分析时的样品已不再是采样时的样品，为了使这种变化降低到最小的程度，必须在采样时对样品加以保护。可采取的保护性措施有：

1. 冷藏或冷冻保存法

低温能抑制微生物的活动、减缓物理作用和降低化学反应速率。

2. 加入化学试剂保存法

在水样中加入合适的保存试剂，能够抑制微生物活动，减少氧化还原反应的发生。加入的方法可以是在采样后立即加入，也可以是在水样分样时采用分瓶分别加入。

① 加入生物抑制剂：在水样中加入适量的生物抑制剂可以阻止生物作用。例如，对于测定苯酚的水样，用 H_3PO_4 调节水样的 pH 为 4 时，加入 $CuSO_4$，可抑制苯酚菌的分解活动。

② 调节 pH：加入酸或碱调节水样的 pH，可使一些处于不稳定态的待测组分转变成稳定态。例如，测定水样中金属离子，常加酸调节水样 pH≤2，防止金属离子水解沉淀或被容器壁吸附。测定氰化物需要加入 NaOH 调节 pH 为 12，使氰化物生成稳定的钠盐。

③ 加入氧化剂或还原剂：在水样中该类试剂可以阻止或减少某些组分发生氧化、还原反应。例如，在水样中加入抗坏血酸可防止硫化物被氧化；测定溶解氧的水样时加入少量硫酸锰和碘化钾试剂可改变 O_2 的存在形态，使其不易逸失。

常规水质监测指标的保存方法见表 2–6。

表 2–6 常规水质监测指标的保存方法

监测项目	采样容器①	保存方法	保存期	采样量②/mL
水温	G	现场测定	—	—
浊度	G、P	尽量现场测定	12 h	250
色度	G、P	尽量现场测定	12 h	250
pH	G、P	尽量现场测定	12 h	250
电导率	G、P	尽量现场测定	12 h	250
悬浮物	G、P	低温（1～5 ℃）冷藏，避光保存	14 d	500
硬度	G、P	低温（1～5 ℃）冷藏	7 d	250
碱度	G、P	低温（1～5 ℃）冷藏，避光保存	12 h	500
酸度	G、P	低温（1～5 ℃）冷藏，避光保存	12 h	500
COD③	G	加入 H_2SO_4 酸化至 pH≤2	2 d	500
高锰酸盐指数③	G	加入 H_2SO_4 酸化至 pH≤2，低温（1～5 ℃）冷藏，尽快分析	2 d	500
DO	溶解氧瓶	加入 $MnSO_4$+KI，现场固定，避光保存	24 h	250
$BOD_5$③	溶解氧瓶	低温（1～5 ℃）冷藏，避光保存	12 h	250
TOC③	G	加入 H_2SO_4 酸化至 pH≤2	7 d	250
F^-	P	低温（1～5 ℃）冷藏，避光保存	14 d	250
Cl^-	G、P		30 d	250
Br^-	G、P		14 h	250
I^-	G、P	加入 NaOH 调节 pH=12，低温（0～4 ℃）冷藏	14 h	250
余氯	G、P	加入 NaOH 固定	6 h	250
SO_4^{2-}	G、P	低温（1～5 ℃）冷藏，避光保存	30 d	250
PO_4^{3-}③	G、P	加入 NaOH 或 H_2SO_4 调节 pH=7，$CHCl_3$ 0.5%	7 d	250

续表

监测项目	采样容器[①]	保存方法	保存期	采样量[②]/mL
总磷[③]	G、P	加入 HCl 或 H_2SO_4 酸化至 pH≤2	24 h	250
氨氮	G、P	加入 H_2SO_4 酸化至 pH≤2	24 h	250
NO_2^--N	G、P	低温(1～5 ℃)冷藏,避光保存	24 h	250
NO_3^--N[③]	G、P	低温(1～5℃)冷藏,避光保存	24 h	250
总氮[③]	G、P	加入浓 HNO_3 酸化至 pH<2	7 d	250
硫化物	G、P	加入 NaOH 调节 pH=9;加入 5% 抗坏血酸、饱和 EDTA 试剂,滴加饱和 $(CH_3COO)_2Zn$ 溶液至胶体产生,常温避光保存	24 h	250
总氰化物	G、P	加入 NaOH 调节 pH≥12	24 h	250
Mg、Ca	G、P	加入浓 HNO_3 酸化至 pH<2	14 d	250
B、K、Na	P			
Be、Mn、Fe、Pb、Ni、Ag、Cd	G、P	加入浓 HNO_3 酸化至 pH<2	14 d	250
Cu、Zn	P	加入浓 HNO_3 酸化至 pH<2	14 d	250
Cr(Ⅵ)	P	加入 NaOH 调节 pH=8～9	24 h	250
总 Cr	G、P	加入浓 HNO_3 酸化至 pH<2	14 d	250
As	G、P	加入浓 HNO_3 或浓 HCl 酸化至 pH<2	14 d	250
Se、Sb、	G、P	加入 HCl 酸化至 pH<2	14 d	250
Hg	G、P	加入 HCl 酸化至 pH<2	14 d	250
硅酸盐	P	酸化滤液至 pH<2,低温(1～5 ℃)保存	24 h	250
总硅	P	—	数月	250
油类	G	加入浓 HCl 酸化至 pH<2	7 d	500
农药类	G	加入抗坏血酸 0.01～0.02 g 除去残余氯,低温(1～5 ℃)冷藏,避光保存	24 h	1 000
除草剂类				
邻苯二甲酸酯类				
挥发性有机物	G	加入(1+10)HCl 调节至 pH=2,加入 0.01～0.02 g 抗坏血酸除去残余氯,低温(1～5 ℃)冷藏,避光保存	12 h	1 000

续表

监测项目	采样容器①	保存方法	保存期	采样量②/mL
甲醛	G	加入 0.2～0.5 g/L 硫代硫酸钠除去残余氯，低温（1～5 ℃）冷藏，避光保存	24 h	250
酚类	G	加入 H_3PO_4 调节至 pH=2，加入 0.01～0.02 g 抗坏血酸除去残余氯，低温（1～5 ℃）冷藏，避光保存	24 h	1 000
阴离子表面活性剂	G、P	加入 H_2SO_4 酸化至 pH≤2，低温（1～5 ℃）冷藏保存	48 h	250
非离子表面活性剂	G	加入 4% 甲醛使其含量达 1%，充满容器，冷藏保存	30 d	
微生物④	灭菌容器	加入 0.2～0.5 g/L 硫代硫酸钠除去残余物，4 ℃保存	尽快	—
生物④	G、P	不能现场测定时用甲醛固定	12 h	—

注：① G 为硬质玻璃；P 为聚乙烯瓶（桶）。
② 为单项样品的最少采样量。
③ 该指标也可以用塑料瓶存放，在 −20 ℃条件下冷冻保存 1 个月。
④ 微生物及生物指标的最少采样量取决于待分析的指标的数量及类型，具体可参考《水质　样品的保存和管理技术规定》（HJ 493—2009）。

3. 过滤和离心分离

浑浊的水样会导致监测分析数据的波动。测定无机项目时，通常采用孔径为 0.45 μm 的滤膜分离水中的悬浮物、沉淀、藻类等；采用孔径为 0.2 μm 的滤膜分离除去水中的细菌。暂时无 0.45 μm 的滤膜时，含泥沙较多的水样可用离心方法分离，含有机物多的水样可用中速定量滤纸过滤。

（二）水样的运输

水样采集后必须立即送回实验室，从采样地到分析实验室有一定距离，在各种水质的水样运送到实验室的这段时间里，水质可能会发生变化，除了采取必要的保护措施外，应尽可能地缩短运输时间。水样的运输一般以 24 h 为最大允许时间。

运输过程中的注意事项：

① 装水样的容器应做好标记并妥善包装，特别是样品瓶颈部和瓶塞，在运送过程中不应破损或丢失，防止新的污染物进入容器和沾污瓶口使水样变质。

② 为避免水样容器在运输过程中因振动、碰撞而破损，最好将样品瓶装箱，并采用泡沫塑料减振或避免碰撞。

③ 需要冷藏、冷冻保存的样品，须配备专用的冷藏、冷冻箱或车运送；条件不具备

时，可采用隔热容器，并加入足量的制冷剂达到冷藏、冷冻的要求。

④ 当冬季气温过低时，采用玻璃瓶的容器须采取保温措施防止破裂。

第四节 水样预处理方法

一、水样的消解

测定环境水体或污（废）水中的无机元素时，往往需要进行消解预处理。达到破坏水样中有机物、溶解颗粒物，并将各种价态的待测元素氧化成单一高价态或转换成易于分离的无机物的目的。常用的消解方法有湿式消解法、干灰化法和微波消解法。

（一）湿式消解法

在进行水样消解时，应根据水样的类型及采用的测定方法进行单元酸、多元酸体系或碱分解体系的选择。最常使用的单元酸为硝酸，采用多元酸的目的是提高消解温度、加快氧化速度和改善消解效果。

常用的方法有：

① 硝酸消解法：主要用于较清洁的水样的消解。采用浓硝酸，在 95 ± 5 ℃条件下加热煮沸水样，并蒸发至小体积，直至试液呈无色、清澈透明，过程中可补加少许浓硝酸。消解至近干时，取下锥形瓶稍冷却后，用质量分数为 2% 的 HNO_3 温热溶解可溶盐。若有沉淀，则应过滤。

② 硝酸 - 硫酸消解法：该体系应用最为广泛，两种酸都具有很强的氧化能力，联合使用可大幅提高消解温度和消解效率。常用的硝酸与硫酸的比例为 5∶2，最高消解温度可达 220 ℃。

③ 硝酸 - 高氯酸消解法：使用该体系消解可显著提升含难降解有机物的消解效果。因为高氯酸与羟基化合物反应生成不稳定的高氯酸酯，有发生爆炸的危险，所以在消解时应先加入浓硝酸，氧化水样中羟基化合物，稍冷后再加入高氯酸。

④ 硝酸 - 氢氟酸消解法：氢氟酸能与水样中的硅酸盐和硅胶态物质发生反应，形成四氟化硅而挥发分离，因此，该体系应用选择性高。但应注意，氢氟酸能与玻璃材质发生反应，消解时应使用聚四氟乙烯材质的烧杯。

⑤ 多元消解法：对于基体比较复杂的水样，为提升消解效果需要使用三元以上混

合酸消解体系。例如，在废水全元素测定时，需要用盐酸－硫酸－高锰酸钾三元体系消解，消解效果较理想。

⑥ 碱分解法：当酸消解法不易彻底消除干扰物或会造成某些元素挥发性损失时，可改用碱分解法，采用的主要有氢氧化钠－过氧化氢体系或氨水－过氧化氢体系。加热蒸煮至近干，稍冷却后加入去离子水或稀碱溶液，温热溶解可溶盐。

（二）干灰化法

干灰化法又称为干式消解法或高温分解法。多用于固态样品如水体沉积物、底泥等底质及土壤样品的消解。取适量水样先在水浴上蒸干后，移入马弗炉内，于450～550 ℃灼烧到残渣呈灰白色，使有机物完全去除。稍冷却后，用适量质量分数为2% 的浓 HNO_3（或浓 HCl）溶解残留灰分，溶解液经过滤后定容。

（三）微波消解法

微波消解法采用微波加热的原理，以水样和消解酸的混合液为发热体，从内部对样品进行激烈搅拌、充分混合和快速加热，可以显著提高样品的分解速度，缩短消解时间，提高热氧化效率。在微波消解过程中，水样处于密闭容器中，也可以避免待测元素的损失和可能造成的污染。

二、痕量组分的分离与富集

由于水样中成分复杂，干扰因素多，而待测物含量往往处于痕量水平，低于分析方法的测定下限，因此在测定前，须对待测组分进行富集；当存在其他物质干扰测定时，可以采取分离或掩蔽措施，富集与分离通常同步进行。常用方法有过滤、气提、顶空、蒸馏、萃取、吸附等，例如，测定水样中挥发酚、氨氮和氰化物时，可采用常压蒸馏法；测定水样中的汞时，可利用汞易挥发的特性，使汞蒸气从水样中挥发出来后再进行测定。

（一）液－液萃取法

液－液萃取法也称为溶剂萃取法，是基于物质在不同的溶剂相中分配系数不同，进行组分的富集与分离。水中的有机污染物易被有机溶剂萃取，常用的有机溶剂有二氯甲烷、三氯甲烷、四氯甲烷和正己烷等。

液－液萃取在圆形或梨形分液漏斗中进行，要把待测物从溶液中充分萃取出来，通常采用少量多次萃取的富集方法。例如，水样中亚硝胺类的富集，先用酸或碱调节水样 pH 为 6～9，用二氯甲烷振荡萃取，两相分层后收集有机相，再重复萃取 2～3 次，合并有机相后加入无水硫酸钠脱水干燥。后续用旋转蒸发仪或氮吹浓缩仪对有机相进行浓缩后再用气相色谱法进行测定。

（二）固相萃取法

固相萃取法基于液－固相色谱理论，采用选择性吸附、选择性洗脱的方式对水样进行富集、分离和净化，是一种包括液、固两相的物理萃取过程。固相萃取的基本步骤如图 2-1 所示。其中，（a）根据欲富集的水样量及保留目标物的性质确定吸附柱类型及用量；（b）对选取的柱子进行条件化，即通过适当的溶剂进行活化，再通过去离子水进行条件化；（c）水样通过；（d）对柱子进行样品纯化，即洗脱某些非目标物，这时所选用的溶剂主要与非目标物的性质有关；（e）使用 1～5 mL 的洗脱剂对吸附柱进行洗脱，收集洗脱液待分析。

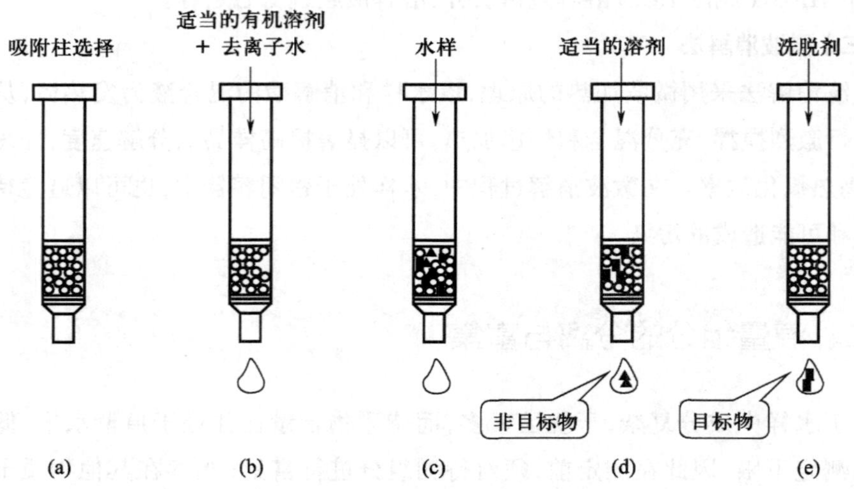

图 2-1 固相萃取的基本步骤

（a）吸附柱选择；（b）柱条件化；（c）过水样；（d）柱纯化；（e）目标物解吸附

根据吸附机理的不同，固相萃取吸附剂主要分为正相、反相、离子交换型和抗体键合等类型，一般依据水中待测组分的性质选择合适的吸附剂。水溶性或极性化合物通常选择极性吸附剂，非极性的组分选择非极性的吸附剂，可电离的酸性或碱性化合物可选择离子交换型吸附剂。

（三）顶空法

顶空法是在密闭容器中加入适量水样，在一定温度下水样中挥发性物质（如挥发性有机物，VOCs）进入顶部气相，容器内气液两相达到平衡时，气相中组分能反映水样中挥发性物质的组成。

水中苯系物、甲醇、丙酮等都可采用顶空法进行富集。一般顶空预处理与气相色谱联用,采用顶空进样器对水样进行顶空处理,待测物进入顶空瓶上部,达到平衡后,直接进入气相色谱仪进行测定。

(四)吹扫捕集法

吹扫捕集法是用流动的惰性气体将水样中的挥发性待测成分吹扫出来,再用装填有 1/3 碳纤维、1/3 硅胶和 1/3 活性炭的均匀混合填料的捕集管或者冷阱捕集吹扫出来的待测物,随后经热脱附后将气体待测物送入气相色谱仪进行分析。

第五节　实践案例

案例 1:校园湖泊水体富营养化水质监测方案设计与实践

(一)监测目的和意义

某大学校园内有一片景观湖泊,现发现该湖泊存在一定的富营养化现象。已知该湖泊湖水面积约为 7.3 hm^2,平均水深为 2 m,最深处为 4 m,分别在南部和北部设有通过外河的进水闸口和出水闸口,最深处位于南部闸口处。一般每晚 8 点排水 2 h,水位下降 10 ~ 20 cm,再由上游自然补水。计划对该校园景观湖泊开展为期 5 d 的水质监测,评价其富营养化程度,为今后的景观湖泊水质改善提供依据。

(二)相关标准及技术规范

相关标准及技术规范包括《地表水环境质量监测技术规范》(HJ 91.2—2022)、《环境监测质量管理技术导则》(HJ 630—2011)、《地表水环境质量评价办法(试行)》(环办〔2011〕22 号)、《地表水环境质量监测数据统计技术规定》(环办监测函〔2020〕82 号)、《湖泊营养物基准——中东部湖区(总磷、总氮、叶绿素 a)》(2020 年版)、《湖泊营养物基准技术报告——中东部湖区(总磷、总氮、叶绿素 a)》(2020 年版)、《"十四五"国家地表水环境质量监测网断面设置方案》(环办监测〔2020〕3 号)、《"十四五"国家地表水监测及评价方案(试行)》(环办监测函〔2020〕714 号)等。

(三)采样点的布设

依据《地表水环境质量监测技术规范》(HJ 91.2—2022)中的布点要求,在南部进水区、北部出水区、湖心区、东部、西部及岸边区各设置 1 条采样垂线,在采样垂线上水面下 0.5 m 处设置采样点。具体采样点的布设见图 2-2。

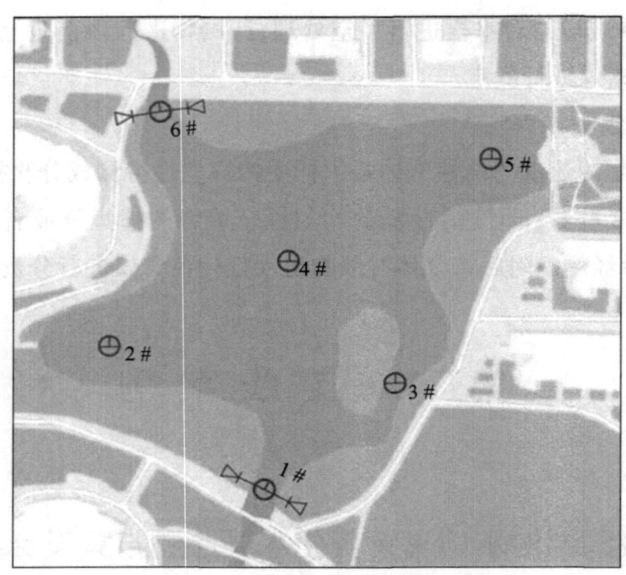

图 2-2 校园景观湖泊采样点的布设

（四）监测项目及监测方法

依据《“十四五”国家地表水监测及评价方案（试行）》和《地表水环境质量评价办法（试行）》的规定，地表水监测 9 项基本指标为：水温、pH、溶解氧、电导率、浊度、高锰酸盐指数、氨氮、总磷、总氮；评价湖泊、水库营养状态的 5 项指标为：叶绿素 a，总磷、总氮、透明度和高锰酸盐指数。

因此，本次监测共进行 11 项指标的监测（表 2-7）。

表 2-7 本次监测的 11 项指标

项目类别	监测项目	监测方法	备注
基本指标	水温	《水质 水温的测定 温度计或颠倒温度计测定法》（GB/T 13195—1991）	现场或原位监测
	pH	《水质 pH 值的测定 电极法》（HJ 1147—2020）	现场或原位监测
	溶解氧	《水质 溶解氧的测定 电化学探头法》（HJ 506—2009）	现场或原位监测
	电导率	《电导率的测定（电导仪法）》（SL 78—1994）	现场或原位监测
	浊度	《水质 浊度的测定 浊度计法》（HJ 1075—2019）	现场或原位监测
	氨氮	《水质 氨氮的测定 纳氏试剂分光光度法》（HJ 535—2009）	实验室测定

续表

项目类别	监测项目	监测方法	备注
基本指标和营养状态指标	总磷	《水质 总磷的测定 流动注射－钼酸铵分光光度法》(HJ 671—2013)	实验室测定
	总氮	《水质 总氮的测定 碱性过硫酸钾消解紫外分光光度法》(HJ 636—2012)	实验室测定
	高锰酸盐指数	《水质 高锰酸盐指数的测定》(GB/T 11892—89)	实验室测定
营养状态指标	叶绿素 a	《水质 叶绿素 a 的测定 分光光度法》(HJ 897—2017)	实验室测定
	透明度	《透明度的测定(透明度计法、圆盘法)》(SL 87—1994)	现场或原位监测

(五)采样频率和采样时间

考虑 5 d 的监测周期,以及采样的代表性,避开晚上排水和补水的水质不均匀时段,本次监测在每天上午 8 点和下午 4 点各采一次样,连续采样 3 d。

(六)样品的采集与保存

1. 采样器材与现场监测仪器的准备

本次监测利用船只进行采样,使用定位仪定位。按照监测项目所采用的分析方法要求,准备合适的采样器材。本实验中的高锰酸盐指数需要采用玻璃容器,其他监测项目的采样容器用聚乙烯等材料的塑料容器或者硬质玻璃容器均可。采样前准备好须现场测试的 pH、溶解氧、水温、电导率、透明度和浊度项目的监测仪器。

2. 采样及现场监测

采样人员乘船缓慢行驶至相应的采样点后,静待 10 ~ 15 min,使湖泊水流水质相对稳定。在保证安全的前提下,在船只前部采集水样,避免采样器与船体接触,采集水面下 0.5 m 处水样,监测叶绿素 a 的水样应进行单独采集。

pH、溶解氧、水温、电导率、透明度和浊度进行原位监测,原位监测记录表见表 2-8。

表 2-8 原位监测记录表

监测日期		天气状况		
监测位置	监测时间	监测项目	监测结果	监测人员

3. 样品保存

按照监测项目的分析方法要求，对不同监测项目加入对应用量的保存剂，满足采集的水样体积要求。具体保存要求见表 2-6。

4. 现场记录

校园景观湖泊采样现场记录表见表 2-9。

表 2-9 校园景观湖泊采样现场记录表

采样日期				天气状况					
采样位置	采样时间	样品编号	监测项目	采样储存容器		采样体积	样品感官描述	保存剂	保存方式
				材质	容量				

（七）样品的分析测试

将符合保存要求的样品尽快运回实验室，按照监测方法对氨氮、总氮、总磷、叶绿素 a 和高锰酸盐指数共 5 项指标进行测试，每次同时进行 3 个平行样品的测定。

（八）质量保证和质量控制

监测全过程采取的质量保证与控制措施主要有：

① 按照《地表水环境质量监测技术规范》（HJ 91.2—2022）设置采样点、准备采样器材、规范采样和进行原位监测，保存样品并运回实验室。在进行原位监测前，对便携式的 pH、溶解氧、水温、电导率、透明度和浊度的监测仪器进行校准。

② 对高锰酸盐指数、氨氮、总氮、总磷、叶绿素 a 进行测定，同时测定 3 个平行样品，评价精密度。同时测定空白样品和标准样品，保证准确度。

（九）监测结果及数据分析

1. 水质评价

本次水质评价主要针对 pH、溶解氧、氨氮、高锰酸盐指数、总磷 5 项指标进行评价。

（1）时间序列评价

作为一次环境监测课程设计，本次监测仅在 7 月份连续采样了 3 d，校园景观湖泊水质监测结果见图 2-3。

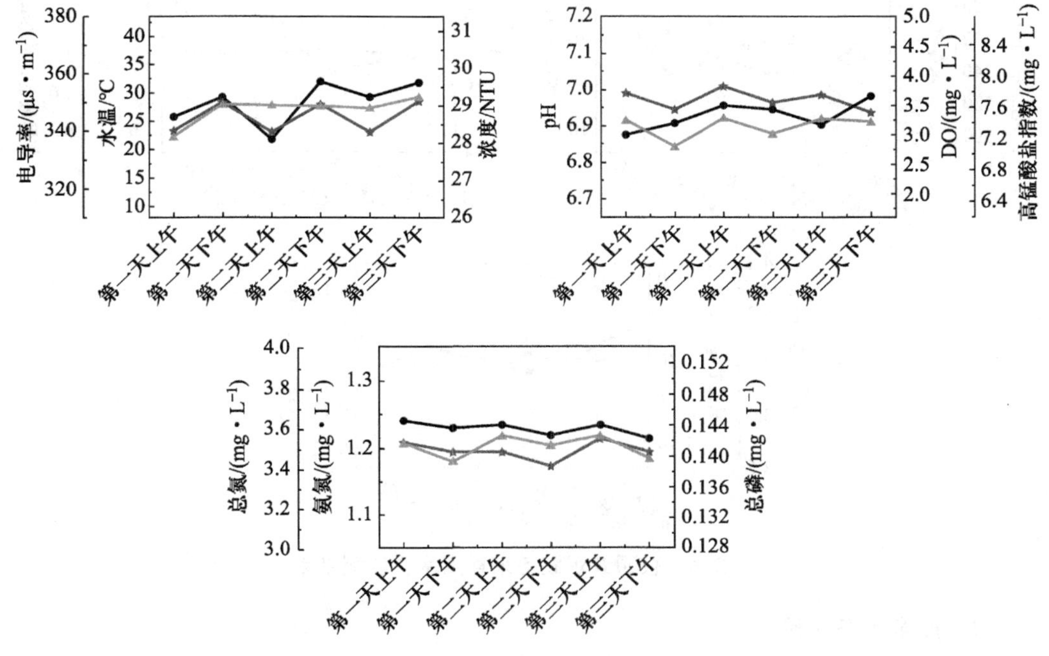

图 2-3　校园景观湖泊水质监测结果

从图 2-3 可以看到，各指标均呈现上午高、下午低的波动，主要是由于湖泊的南、北两面分别设置进水闸口和排水闸口，每晚晚上排水 2 h 后再进水 2 h，上游来水水质较差，污染物浓度较高，进入景观湖泊后，经过湖泊的稀释和水体自净，污染物浓度略微下降，因此上午的浓度略高于下午。

（2）空间序列评价

在进水闸口和出水闸口分别设置采样点 1 和 6，在湖泊中心设置采样点 4，在三个典型水位较浅的近岸区域设置采样点 2、采样点 3 和采样点 5。校园景观湖泊各采样点水质监测结果见图 2-4。

图 2-4 结果表明：① 氨氮、总氮和总磷都呈现进水闸口处高、出水闸口处低的变化趋势；② 浊度和电导率则有一定程度的升高，说明在藻类和微生物的作用下，湖泊具有一定的自净能力；③ 采样点 6 的水温明显低于其他采样点的原因是出水闸口附近有大片绿荫，在夏天日晒明显的情况下，对湖面起到了遮阴的作用。④ 采样点 1 的浊度较低，这是因为此处水深达到 4 m，为最深处；采样点 2、3、5 邻近岸边，水深仅为 1.5 m 左右，容易受到水生生物活动的影响，浊度相对较高；采样点 4 位于湖中心，湖面开阔，更有利于颗粒物的沉降，因此浊度有所回落。

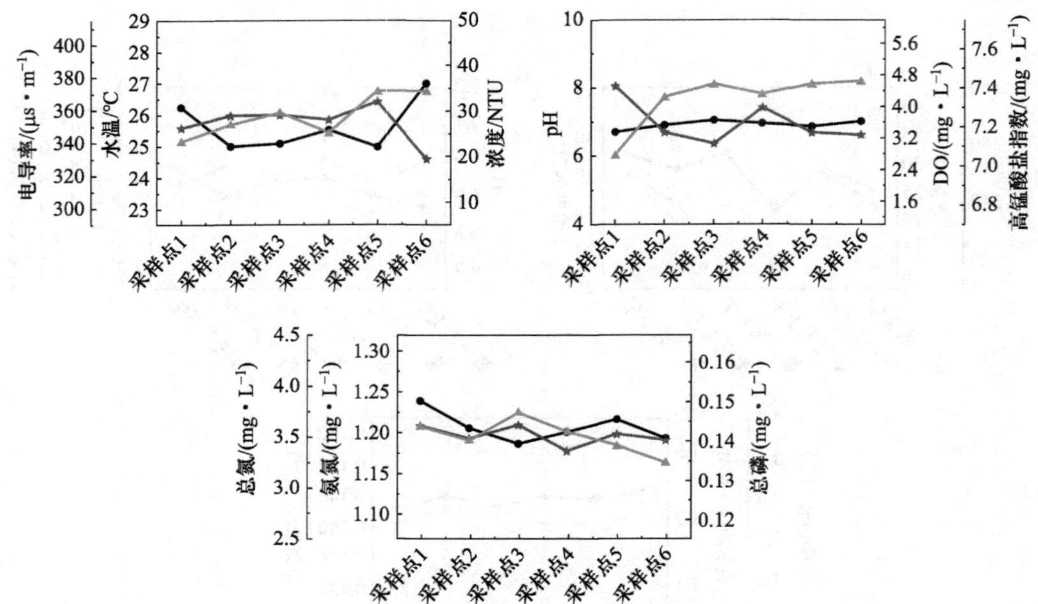

图 2-4 校园景观湖各采样点水质监测结果

2. 营养状态评价

采用综合营养状态指数法对校园景观湖泊的营养状态进行评价。

（1）评价方法和分级

综合营养状态指数法［TLI（∑）］是一种用于评价水体营养状态的方法，该方法采用 0～100 的一系列连续数字对湖泊（水库）营养状态进行分级：

① TLI（∑）<30 为贫营养；

② 30<TLI（∑）≤50 为中营养；

③ TLI（∑）>50 为富营养；

④ 50<TLI（∑）≤60 为轻度富营养；

⑤ 60<TLI（∑）≤70 为中度富营养；

⑥ TLI（∑）>70 为重度富营养。

（2）综合营养状态指数计算

综合营养状态指数计算公式为

$$\mathrm{TLI}(\sum)=\sum_{j=1}^{m} W_j \cdot \mathrm{TLI}(j) \tag{2-1}$$

式中：TLI（∑）——综合营养状态指数；

W_j——第 j 种参数的营养状态指数的相关权重；

TLI（j）——第 j 种参数的营养状态指数。

若以叶绿素 a（chla）作为基准参数，则第 j 种参数的归一化的相关权重计算公式为

$$W_j = \frac{r_{ij}^2}{\sum_{j=1}^{m} r_{ij}^2} \tag{2-2}$$

式中：r_{ij}——第 j 种参数与基准参数 chla 的相关系数；

m——评价参数的个数。

中国湖泊（水库）的叶绿素 a 与其他参数之间的相关关系 r_{ij} 及 r_{ij}^2 见表 2-10。

表 2-10 中国湖泊（水库）的叶绿素 a 与其他参数之间的相关关系 r_{ij} 及 r_{ij}^2

参数	叶绿素（chla）	总磷（TP）	总氮（TN）	透明度（SD）	高锰酸盐指数（COD_{Mn}）
r_{ij}	1	0.84	0.82	-0.83	0.83
r_{ij}^2	1	0.705 6	0.672 4	0.688 9	0.688 9

（3）各指标营养状态指数计算

$$TLI(chla)=10(2.5+1.086\ln chla)$$

$$TLI(TP)=10(9.436+1.624\ln TP)$$

$$TLI(TN)=10(5.453+1.694\ln TN)$$

$$TLI(SD)=10(5.118-1.94\ln SD)$$

$$TLI(COD_{Mn})=10(0.109+2.661\ln COD_{Mn})$$

式中：chla 单位为 mg/m^3；SD 单位为 m；其他指标单位均为 mg/L。

（4）营养状态监测结果及评价

由于 3 d 监测结果变化不大，因此采用算术平均值进行计算。

评价营养状态的 5 项指标的监测结果算术平均值分别为：叶绿素 a 浓度为 38.7 μg/L，总磷浓度为 0.141 mg/L，总氮浓度为 3.60 mg/L，透明度为 0.45 m，高锰酸盐指数浓度为 7.34 mg/L。

计算得到 $TLI(\sum)=65<70$，因此在 7 月时，该校园景观湖泊属于中度富营养状态。

3. 水质总体评价

根据《地表水环境质量标准》（GB 3838—2002），该校园景观湖泊的各项指标的监测结果中，溶解氧、氨氮、高锰酸盐指数浓度为Ⅳ类水，而总磷浓度为Ⅴ类水。因此，该湖泊的水质属于Ⅴ类水，符合一般景观要求。而在 7 月时，该湖泊已属于中度富营养状态，建议学校积极寻求改善湖泊水质的方案。

（十）主要文献（略）

案例2：饮用水水质监测与处理工艺改进方案设计与实践

（一）实践目的

某市水厂以长距离输送到水库的黄河水为水源。近些年来，该市饮用水投诉事件屡次发生，为消除影响并提升饮用水的质量，现根据相关生态环境监管要求，对该水厂的水质进行评估，对水厂各处理单元出水、管网运输中水质的达标情况进行监测并提出水处理工艺改进措施。

（二）相关标准及规范

相关标准及规范包括《地表水环境质量标准》（GB 3838—2002）、《生活饮用水卫生标准》（GB 5749—2022）、《城市供水水质标准》（CJ/T 206—2005）等。

（三）采样点的确定

监测采样点清单见表2-11。

表2-11 监测采样点清单

监测目的	采样点编号	采样点具体位置
水源地监测	1-1	取水口1
	1-2	取水口2
	1-3	取水口3
饮用水水厂监测	2-1	水厂进水口
	2-2	混凝池进水口
	2-3	絮凝池出水口
	2-4	沉淀池出水口
	2-5	过滤池出水口
	2-6	清水池出水口
	2-7	泵房出水口
城市管网监测	3-1	管网起点
	3-2	管网末梢

（四）监测项目及监测方法

依据《地表水环境质量标准》（GB 3838—2002）中监测项目和水源水质的实际情况，确定各监测点的监测项目，具体清单见表2-12。

表 2-12 某市地表水水质监测和给水处理工艺运行情况的监测项目

监测目的	采样点编号	监测项目
水源地监测	1-1	细菌总数、大肠杆菌、氨氮、铁、锰、铜、pH、电导率、臭和味、藻密度、总硬度、浊度、色度、水温
	1-2	细菌总数、大肠杆菌、氨氮、铁、锰、铜、pH、电导率、臭和味、藻密度、总硬度、浊度、色度、水温
	1-3	细菌总数、大肠杆菌、氨氮、铁、锰、铜、pH、电导率、臭和味、藻密度、总硬度、浊度、色度、水温
给水处理工艺过程监测	2-1	细菌总数、大肠杆菌、氨氮、铁、锰、铜、pH、电导率、臭和味、藻密度、总硬度、浊度、色度、水温
	2-2	藻密度、土臭素、2- 甲基异莰醇
	2-3	藻密度、土臭素、2- 甲基异莰醇
	2-4	藻密度、土臭素、2- 甲基异莰醇
	2-5	藻密度、土臭素、2- 甲基异莰醇
	2-6	藻密度、土臭素、2- 甲基异莰醇
	2-7	pH、总硬度、色度、浊度、藻密度、土臭素、2- 甲基异莰醇、细菌总数、游离氯
管网运输监测	3-1	游离氯、pH、总碱度、拉森指数、生物可同化有机碳
	3-2	游离氯、pH、总碱度、拉森指数、生物可同化有机碳

（五）采样频率和采样时间

日常运行时应重点对进出水水温、溶解氧、浊度、电导率、pH、耗氧量、氨氮等常规指标进行监测。监测频次至少为 1 次 / 日。出厂水的监测应满足《城市供水水质标准》（CJ/T 206—2005）的要求；其他常规项目和当地风险污染物指标每月监测一次；在夏季重点对叶绿素 a、藻密度及常见臭味物质等指标进行监测。

（六）样品的采集及保存

1. 采样方法

水源地采样方法按照以下要求进行：

① 在同一监测断面分层采样时，应自上而下进行，避免不同层次水体混合；

② 除标准分析方法有特殊要求的监测项目外，采样器、静置容器和样品瓶在使用前应先用水样分别荡洗 2 ~ 3 次；

③ 采样时不可搅动水底的沉积物。除标准分析方法有特殊要求的监测项目外，采集的水样倒入静置容器中，保证足够用量，自然静置 30 min。自然静置时，使用防尘盖遮挡，避免灰尘污染；

④ 使用虹吸装置取上层不含沉降性固体的水样，移入样品瓶，虹吸装置进水尖嘴应保持插至水样表层 50 mm 以下位置。

2. 采样器材及现场测试仪器的准备

按照监测项目所采用的分析方法要求，准备合适的采样器材。可现场测定的项目（pH、溶解氧、水温、电导率、透明度、浊度等）优先选用现场测定方法，并尽量原位监测；本实验中监测项目的采样容器用聚乙烯等材料的塑料容器或者硬质玻璃容器均可；采样前准备好须现场测试的 pH、溶解氧和水温项目的监测仪器。

3. 采样及现场监测

根据监测频率的时间要求，在各监测点位进行水样的采集，并进行 pH、溶解氧和水温项目的现场测定。

4. 样品保存

采集的水样按监测项目标准分析方法的规定添加适量保存剂，标准分析方法中没有规定的，按《水质　样品的保存和管理技术规定》（HJ 493—2009）执行。添加保存剂的过程中，所用器具不可混用，避免交叉污染。

5. 现场记录

地表水采样记录至少包括：水体名称、断面名称及经纬度、水面宽度和水深、断面周边环境、采样日期和时间、天气状况、断面水质表观、采样位置、样品编号、监测项目、样品储存容器、采样体积、水样前处理方式、样品状态感官描述、保存剂、保存方式等。样品状态感官描述包括：样品颜色、有无沉淀等。如果采样现场水体出现特殊情况，那么应记录现场情况。

（七）水样的运输和交接

水样运输前，应将样品瓶的外（内）盖盖紧，需要冷藏保存的样品应按照标准分析方法要求保存，并在运输过程中确保冷藏效果；装箱时应用减震材料分隔固定，以防破损；水样采集后宜尽快送往实验室。根据采样点的地理位置和各监测项目标准分析方法允许的保存时间，规划采样、送样时间，选用适当的运输方式，以防延误；样品运输过程中应采取措施避免沾污、损失和丢失；水样交付实验室时，应清点样品，核查样品的有效性并填写交接记录表；采样记录、样品标签及其包装应完整。若发现样品异常或处于损坏状态，则应如实记录，并尽快采取相关处理措施，必要时重新采样，将符合保存要求的样品尽快运回实验室，按照监测方法对各项监测项目进行分析测试。

（八）监测结果及分析评价

1. 水源地水质评价

由水源地水质监测结果（表 2-13）可知，该市水源地水质较好，满足《地表水环境质量标准》(GB 3838—2002)中集中式生活饮用水地表水源地水质标准,但浊度、细菌总数、大肠杆菌、臭和味不符合《生活饮用水卫生标准》(GB 5749—2022)要求。

表 2–13 水源地水质监测结果

名称	单位	分析结果
色度	度	10 ~ 15
浊度	NTU	80 ~ 500
臭和味	级	严重
pH	—	7.0 ~ 7.5
总硬度(以 $CaCO_3$ 计)	mg/L	250
铁	mg/L	0.2
锰	mg/L	0.1
铜	mg/L	0.1
细菌总数	个 /mL	12 000
大肠杆菌	个 /L	3 000
藻密度	万个 /L	7 803
土臭素	ng/L	43
2– 甲基异莰醇	ng/L	234

2. 水厂各工艺段去除效果分析

表 2–14 是水厂处理后的水质监测结果,大部分水质指标基本符合《生活饮用水卫生标准》(GB 5749—2022)。但是水厂出水的监测结果表明臭味物质 2– 甲基异莰醇和土臭素的浓度超标,我国《生活饮用水卫生标准》(GB 5749—2022)规定 2– 甲基异莰醇和土臭素浓度不得高于 10 ng/L,2– 甲基异莰醇和土臭素浓度严重超标。这两种物质的浓度超过 30 μg/L 便会产生强烈的味道,影响水的口感和饮用价值。水中土臭素浓度远小于 2– 甲基异莰醇,后者是影响该市饮用水口感的主要源头。分析认为,该市水厂监测到的 2– 甲基异莰醇和土臭素主要是由水源地中的藻细胞分泌产生的。

表 2–14 水厂处理后的水质监测结果

污染物指标	单位	监测结果
色度	度	6
浑浊度	NTU	0.5
pH	—	7.03
总硬度	mg/L	397
游离氯	以 Cl_2 计算	0.7
细菌总数	CFU/mL	<1

续表

污染物指标	单位	监测结果
藻密度	万个 /L	7 893
2- 甲基异莰醇	ng/L	100
土臭素	ng/L	21

图 2-5 和图 2-6 是水厂处理工艺全流程中的藻密度和臭味物质的去除效果。各水处理工艺均可以去除部分臭味物质和藻类，藻类主要去除阶段为沉淀，主要是因为常规工艺对胶体、藻类、浊度有很好的去除效果，但是 2- 甲基异莰醇和土臭素的总去除率在 60% 左右，导致出水的臭味物质超标。为了保证水厂出水能够符合人们的健康指标，需要对水厂的制水工艺进行升级改造。

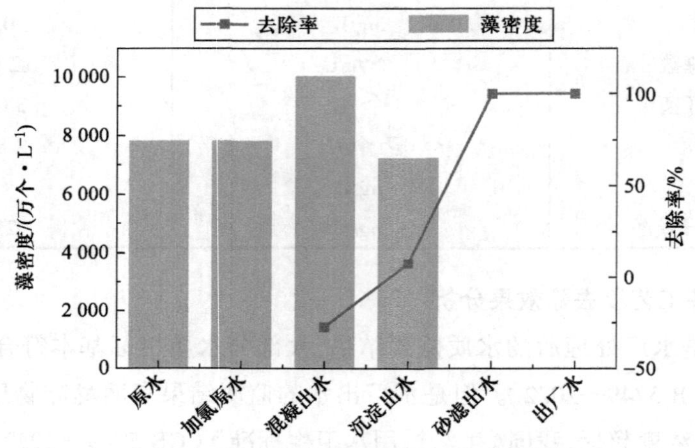

图 2-5 全流程中藻密度的去除效果

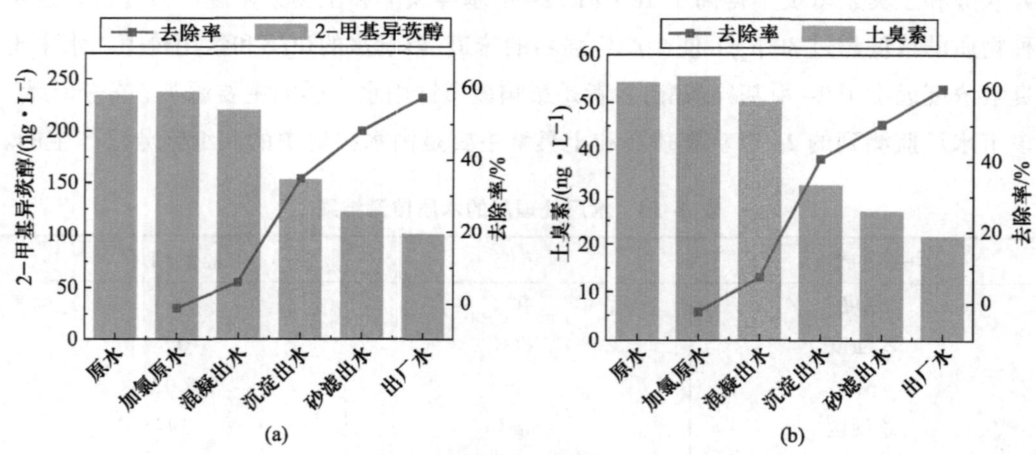

图 2-6 全流程中臭味物质的去除效果

（a）2- 甲基异莰醇;（b）土臭素

3. 水厂工艺改进后的水质分析

臭氧具有化学厌氧作用，而活性炭具有超强的吸附作用和微生物的降解作用，臭氧活性炭技术实现了这三项特点的有效结合，体现了水厂运行的优势。在增加臭氧活性炭预处理之后，藻类和臭味物质的去除率有了明显提升（图 2–7 和图 2–8）。在各工艺段对 2– 甲基异莰醇和土臭素均有不同程度的去除，其中预臭氧工艺效果更为显著，去除率在 50% 以上。砂滤池既可去除藻类、浊度，也对 2– 甲基异莰醇有明显的去除效果，工艺段去除率高达 78%。臭氧 – 活性炭工艺是确保 2– 甲基异莰醇出水合格的最后一道屏障。

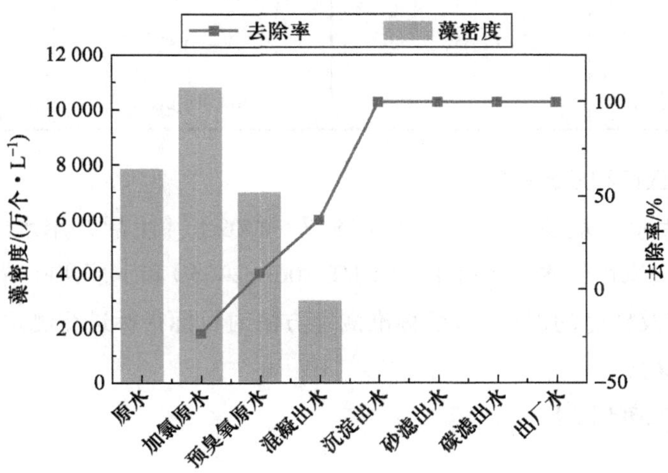

图 2–7　全流程中藻密度的去除效果

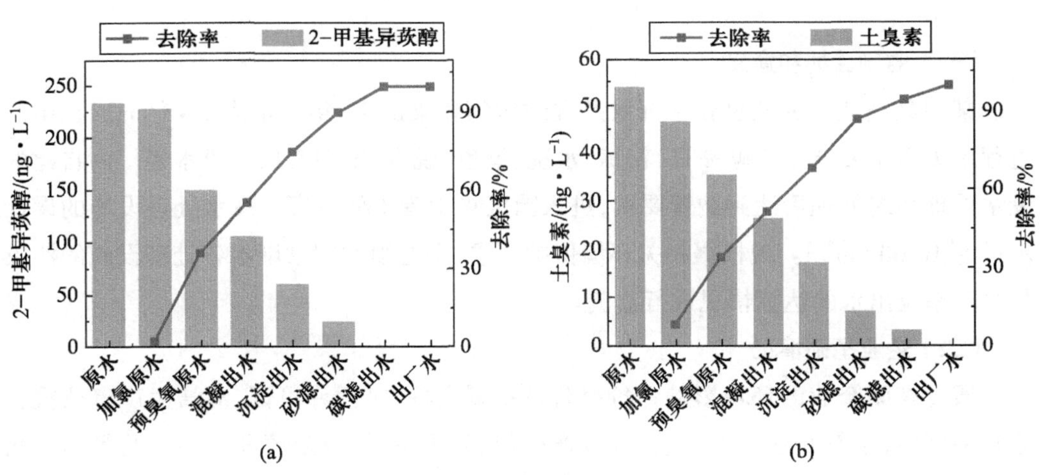

图 2–8　全流程中臭味物质的去除效果

（a）2– 甲基异莰醇；（b）土臭素

4. 管网末梢水质监测情况及评价结果

从表 2–15 可知管网末梢水质良好，pH、游离氯等指标均已达标，为市民提供了安全、可靠、干净的水源。

表 2–15 管网末梢水质监测情况及评价结果

污染物指标	测定值	标准限值	评价结果
pH	7.65	>7.5	达标
游离氯	0.32	≥0.05 mg/L	达标
总碱度	103	≥80 mg（$CaCO_3$）/L	达标
拉森指数	0.5	≤0.5	达标
生物可同化有机碳	64	≤100 μg/L	达标

（九）质量保证和质量控制

依据《地表水环境质量标准》（GB 3838—2002）、《生活饮用水卫生标准》（GB 5749—2022）、《城市供水水质标准》（CJ/T 206—2005）和水厂实际情况，确定监测频率、布点与采样及样品的保存；按照标准测定方法对目标指标进行测定，从监测全过程保证数据的准确性。

（十）主要文献（略）

案例 3：印染企业废水产生与排放污染物监测方案设计与实践

（一）监测目的和意义

某印染企业主要从事化学纤维及混纺织物印染加工，年产量为 1.9 亿 m。在生产过程中废水主要产生于碱减量、精练、水洗、染色、脱水、定型工段。废水经厂内自建的废水处理系统处理后达到纳管要求，进入园区集中废水处理厂。废水处理设施的设计水量为 10 000 m^3/d。现根据相关环境保护要求，企业须对印染废水各处理设施的污染物去除率及出水的达标情况进行监测。

（二）企业基础情况

通过查阅企业的环境影响评价报告及批复文件、排污许可证、清洁生产审核报告等相关资料，了解企业生产工艺、废水产生量、处理量、排放限值和处理工艺等与本次监测相关的基础资料。需要明确：① 产排污环节及监测的污染物指标；② 废水处理工艺流程、设计处理水量、实际处理水量、监测的污染物指标；③ 排放口允许排放的污染物指标及浓度限值、允许排放的水量。

1. 该企业的生产工艺

该印染企业主要从事涤纶染色生产，其生产工艺流程见图 2-9。

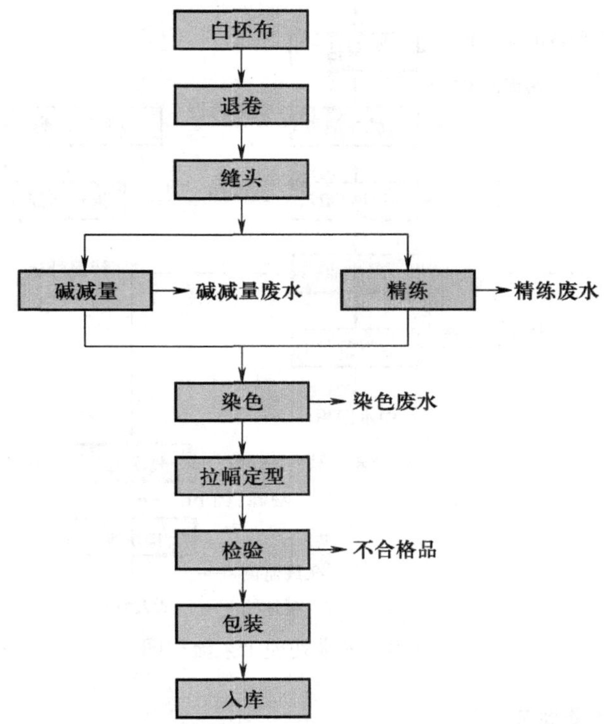

图 2-9 涤纶染色生产工艺流程图

该企业的产排污环节主要有碱减量、精练、染色。碱减量废水的主要特点是碱性强，含有大量对苯二甲酸（PTA）；精练废水的主要特点是含有大量浆料，以聚乙烯醇（PVA）和变性淀粉为主，废水呈碱性；染色废水的主要特点是具有较高的色度，含有表面活性剂、固色剂等各种有机物和盐类，废水呈碱性。

2. 废水处理工艺

废水处理工艺流程见图 2-10。

生产废水依据“分质处理”的原则，对高浓度废水（如头道碱减量废水、精练废水和染色废水）进行混凝预处理，去除 50% 左右的有机物，再与低浓度废水（如水洗废水）混合后进行好氧生化处理，降解废水中的有机物，再经过二次混凝气浮，保证处理出水达到纳管要求。而部分一次混凝气浮的出水再经过反渗透（RO）进一步分离去除污染物后，回用至生产。反渗透的浓水合并入第二次的混凝气浮中，处理后一并纳管排放。

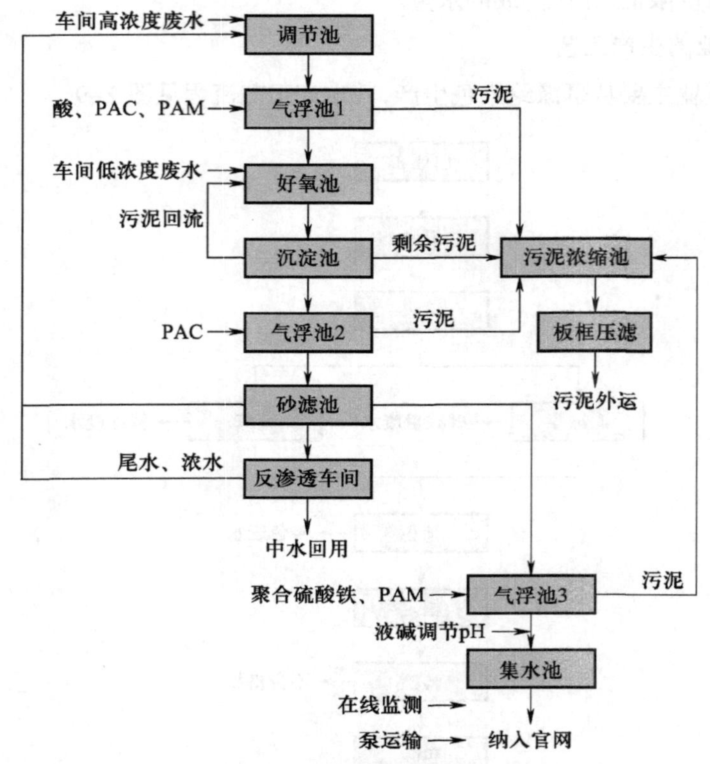

图 2-10 废水处理工艺流程图

（三）相关标准及规范

相关标准及规范包括《污水监测技术规范》（HJ 91.1—2019）、《纺织染整工业水污染物排放标准》（GB 4287—2012）及 2015 年修改单、《排污许可证申请与核发技术规范 纺织印染工业》（HJ 861—2017）、《纺织染整工业回用水水质》（FZ/T 01107—2011）、《纺织行业产排污系数手册》（2020 年，中国环境出版集团），以及各类相关水质监测方法标准。

（四）实践内容和采样点的确定

1. 监测实践内容

监测实践内容包括：① 监测印染生产工艺各产排污环节的污染物产生情况，验证产排污系数；② 监测废水各处理设施的出水水质，评价其处理效率；③ 监测纳管排放口的污染物浓度及水量，评价该印染企业的废水排放情况及排污系数。

2. 采样点确定

在该企业碱减量工艺、精练工艺、染色工艺的排水口各设置一个采样点。

对于废水处理设施运行情况的监测，在调节池出口、气浮池 1 出口、好氧池出口、气浮池 2 出口、砂滤池出口、反渗透车间出口、气浮池 3 出口分别设置采样点。

对于企业废水排放的监测，在企业废水的总排放口设置采样点。

监测采样点清单见表 2–16。

表 2–16 监测采样点清单

监测目的	采样点编号	采样点具体位置
生产过程产排污监测	1–1	碱减量工艺废水排放口
	1–2	精练工艺废水排放口
	1–3	染色工艺废水排放口
废水处理设施处理效率监测	2–1	调节池出口
	2–2	气浮池 1 出口
	2–3	好氧池出口
	2–4	气浮池 2 出口
	2–5	砂滤池出口
	2–6	反渗透车间出口
	2–7	气浮池 3 出口
废水排放监测	3	废水总排放口

（五）监测项目及监测方法

依据《纺织行业产排污系数手册》中涤纶染色的相关污染物监测项目、该企业的排污许可证上的污染物监测项目和废水处理设施的实际情况，确定各监测点的监测项目，具体监测项目清单见表 2–17。

表 2–17 该印染企业产排污监测和废水处理设施处理效率的监测项目

监测目的	采样点编号	监测项目
生产过程产排污监测	1–1	COD、氨氮、总氮、总磷
	1–2	COD、氨氮、总氮、总磷
	1–3	COD、氨氮、总氮、总磷
废水处理设施处理效率监测	2–1	COD、BOD_5、悬浮物、氨氮、总氮、总磷、pH、总锑、色度、苯胺类
	2–2	COD、BOD_5、悬浮物、氨氮、总氮、总磷、pH、总锑、色度
	2–3	水质指标：pH、COD、BOD_5、悬浮物、氨氮、总氮、总磷、总锑、色度、苯胺类、总硬度；工况指标：水温、溶解氧；污泥指标：MLSS①、SV30②、SVI③、MLVSS④

续表

监测目的	采样点编号	监测项目
废水处理设施处理效率监测	2-4	pH、COD、氨氮、总氮、总磷、总锑、色度
	2-5	pH、COD、氨氮、总氮、总磷、总锑、色度
	2-6	pH、COD、悬浮物、总硬度、色度、电导率
	2-7	pH、COD、氨氮、总氮、总磷、总锑
废水排放监测	3	pH、COD、BOD_5、悬浮物、氨氮、总氮、总磷、总锑、色度、苯胺类

注：① MLSS 为混合液悬浮固体浓度。
② SV30 为污泥沉降比。
③ SVI 为污泥指数。
④ MLVSS 为混合液挥发性悬浮固体浓度。

各监测项目采用标准监测方法或统一分析方法进行监测。本次监测项目的具体监测方法见表 2-18。

表 2-18 各监测项目的监测方法

项目类别	监测项目	监测方法
水质指标	pH	《水质 pH 值的测定 电极法》（HJ 1147—2020）
	COD	《水质 化学需氧量的测定 重铬酸盐法》（HJ 828—2017）
	BOD_5	《水质 五日生化需氧量（BOD_5）的测定 稀释与接种法》（HJ 505—2009）
	悬浮物	《水质 悬浮物的测定 重量法》（GB/T 11901—1989）
	氨氮	《水质 氨氮的测定 纳氏试剂分光光度法》（HJ 535—2009）
	总氮	《水质 总氮的测定 碱性过硫酸钾消解紫外分光光度法》（HJ 636—2012）
	总磷	《水质 总磷的测定 流动注射－钼酸铵分光光度法》（HJ 671—2013）
	总锑	《水质 锑的测定 火焰原子吸收分光光度法》（HJ 1046—2019）
	色度	《水质 色度的测定 稀释倍数法》（HJ 1182—2021）
	苯胺类	《水质 苯胺类化合物的测定 气相色谱－质谱法》（HJ 822—2017） 《水质 苯胺类化合物的测定 N-（1-萘基）乙二胺偶氮分光光度法》（GB 11889—1989）
	总硬度	《水质 钙和镁总量的测定 EDTA 滴定法》（GB/T 7477—1987）

续表

项目类别	监测项目	监测方法
	电导率	《电导率的测定（电导仪法）》（SL 78—1994）
工况及污泥指标	水温	《水质　水温的测定　温度计或颠倒温度计测定法》（GB/T 13195—1991）
	溶解氧	《水质　溶解氧的测定　电化学探头法》（HJ 506—2009）
	MLSS	单位体积干重法
	SV30	重力沉降法
	SVI	污泥容积重量法
	MLVSS	重量法

（六）采样频率和采样时间

由于该企业生产稳定，废水处理设施正常运行，废水稳定排放，因此取瞬时水样进行监测。可参考排污许可证中手工监测频率确定排放污染物监测的采样频率。废水处理设施处理效率监测的采样可与排放监测同时进行，也可以适当减少采样频率。

本次实验采样为期 2 d，对于生产过程产排污监测，根据生产的实际情况，结合印染生产的间歇性排水特点，对两个生产周期结束时的排水进行采样，对 3 个采样点各采 2 次样。对于废水处理设施处理效率监测的采样依据间隔 12 h 采样的原则，进行 4 次采样；对于排放监测的所有监测项目，依据间隔 6 h 采样的原则，进行 8 次采样。

（七）样品的采集及保存

1. 监测点位

生产过程产排污监测在规范设置的监测点位采样。

废水处理设施处理效率监测在设施的出水口设置的监测点位采样。上游处理设施的出水口采集的水样可作为下一处理设施的进水水样，用于计算去除率。

2. 采样器材及现场测试仪器的准备

按照监测项目所采用的分析方法要求，准备合适的采样器材。本实验中的 BOD_5 需要采用溶解氧瓶，苯胺类需要采用玻璃容器，其他监测项目的采样容器用聚乙烯等材料的塑料容器或者硬质玻璃容器均可。

采样前准备好须现场测试的 pH、溶解氧和水温项目的监测仪器。

3. 流量测量

生产过程产排污监测的点位设有自动流量计，可直接记录流量值。

废水处理设施处理效率监测可采用流速仪测量废水流速，再通过收集的过水截面积数据，计算废水流量。

4. 采样及现场监测

根据监测频率的时间要求，在各监测点位进行水样的采集，并进行 pH、溶解氧和水温项目的现场测定。

5. 样品保存

按照监测项目的分析方法要求，对不同监测项目加入对应用量的保存剂，满足采集的水样体积要求。具体保存要求见表 2-6。

6. 现场记录

用文字描述印染废水的颜色、浑浊度等水样的表观特征。

做好采样日期、采样时间、采样点、采样项目、样品编号等现场记录。

对于生产过程产排污监测，须记录产品产量、废水产生量。

（八）结果分析与讨论

1. 生产过程产排污系数核算

（1）碱减量工艺

在碱减量工艺的产排污监测的生产周期中，产品产量为每批次 0.4 t，废水排放量为每批次 14.4 m^3。监测结果及参考《纺织行业产排污系数手册》的评价见表 2-19。

表 2-19 碱减量工艺的产排污监测结果及评价

污染物指标	监测结果 /（$mg \cdot L^{-1}$）	产排污系数 /[（$g \cdot t^{-1}$（产品）]	
		监测计算值	参考值
COD	21 500	123 840.00	200 842.81
氨氮	1.72	9.91	49.29
总氮	13.9	80.06	274.26
总磷	2.60	14.98	192.92

（2）精练工艺

在精练工艺的产排污监测的生产周期中，产品产量为每批次 0.4 t，废水排放量为每批次 19.2 m^3。监测结果及参考《纺织行业产排污系数手册》的评价见表 2-20。

表 2–20　精练工艺的产排污监测结果及评价

污染物指标	监测结果 /($mg \cdot L^{-1}$)	产排污系数 /[$g \cdot t^{-1}$(产品)]	
		监测计算值	参考值
COD	18 600	142 848	156 331.36
氨氮	12.9	99.07	160.54
总氮	33.6	258.04	707.65
总磷	2.30	17.66	161.74

(3)染色工艺

在染色工艺的产排污监测的生产周期中,产品产量为每批次 0.4 t,废水排放量为每批次 16.8 m^3。监测结果及参考《纺织行业产排污系数手册》的评价见表 2–21。

表 2–21　染色工艺的产排污监测结果及评价

污染物指标	监测结果 /($mg \cdot L^{-1}$)	产排污系数 /[$g \cdot t^{-1}$(产品)]	
		监测计算值	参考值
COD	9 800	65 856	21 552.61
氨氮	4.34	29.16	216.65
总氮	17.8	119.62	304.51
总磷	2.45	16.46	112.49

(4)结果分析评价

《纺织行业产排污系数手册》中的参考值代表了一般企业的生产情况,该企业生产工艺产排污系数均小于参考值,说明该企业污染物的产生量较小,生产水平高于行业平均水平。

2. 废水处理设施处理效率评价

通过监测废水处理设施进口与出口的污染物浓度,计算去除率,评价该处理设施的处理效率。本次监测的结果见图 2–11,pH 作为工况指标,不考察去除率。

好氧池是该印染企业废水处理设施中去除有机物的主要设施,采用 MLSS、SV30、SVI、MLVSS/MLSS 指标评价池中的污泥状况;采用水温、溶解氧指标评价运行工况。其监测结果及评价见表 2–22。

由测定结果可知,该好氧池中活性污泥的浓度较高,微生物活性较好,能有效地去除废水中有的可降解有机物。但溶解氧浓度略微偏高,曝气强度略大,可能不适于微生物的团聚及生长。可建议企业适当降低风机功率,既节约能源,又保证好氧池的正常运行。

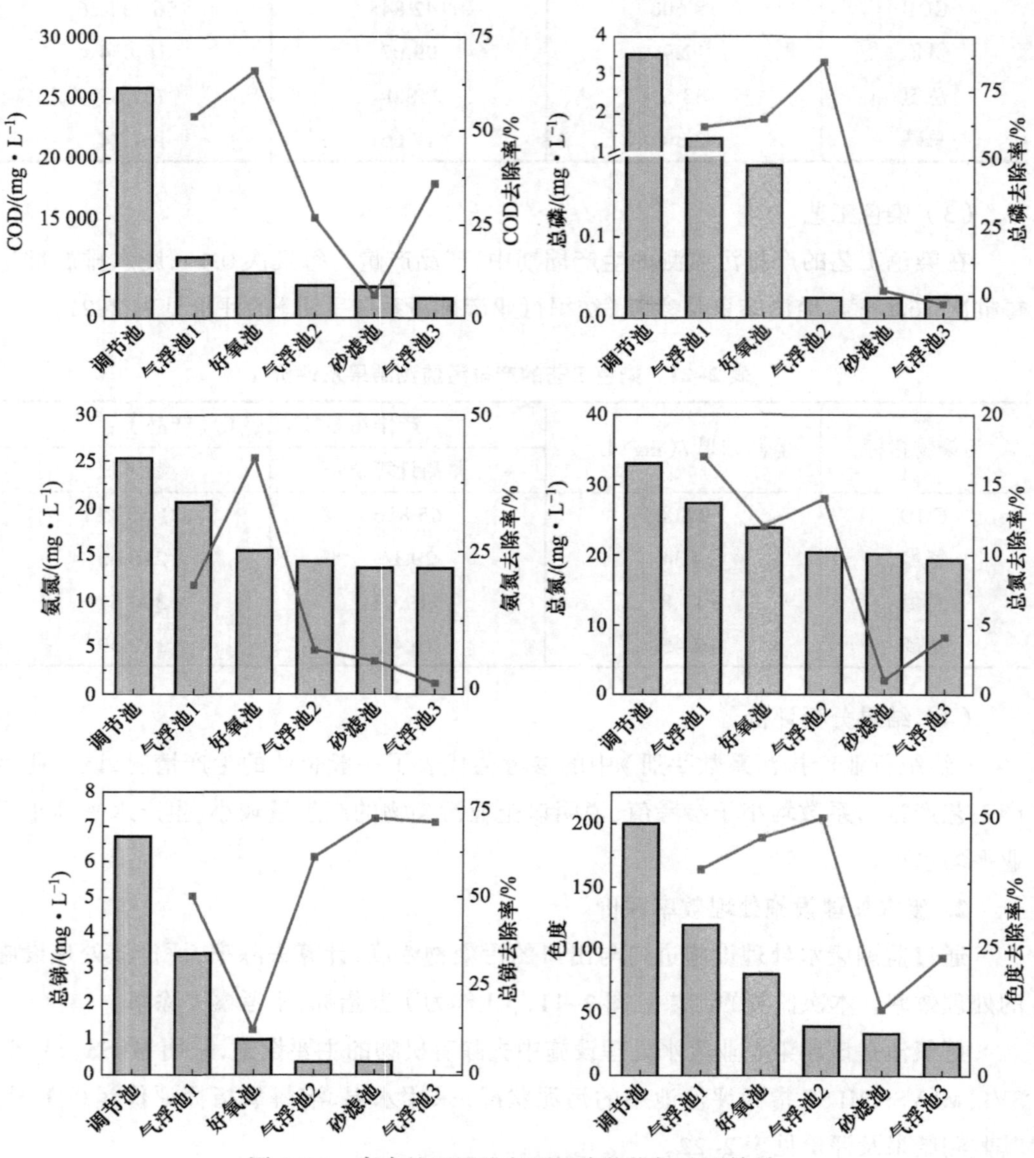

图 2-11　废水处理设施各项污染物指标监测结果

表 2-22 好氧池运行情况监测结果及评价

工况及污泥指标	测定值	参考值	评价结果
溶解氧	3.89	2.0 ~ 3.0 mg/L	偏高
MLSS	3.83	2.0 ~ 4.0 g/L	正常
SV30	37	20% ~ 40%	正常
SVI	123	50 ~ 150	正常
MLVSS/MLSS	78	50% ~ 70%	偏高

为了达到部分废水处理后回用的目的，采用反渗透膜分离处理工艺，因此对反渗透车间出水水质参考《纺织染整工业回用水水质》（FZ/T 01107—2011）进行评价。具体监测结果及评价见表 2-23。

表 2-23 回用水水质监测结果及评价

污染物指标	测定值	标准参考值	评价结果
pH	7.53	6.5 ~ 8.5	符合
COD/（$mg \cdot L^{-1}$）	14	50	符合
悬浮物 /（$mg \cdot L^{-1}$）	2	30	符合
色度 / 倍	2	25	符合
总硬度（$CaCO_3$ 计）/（$mg \cdot L^{-1}$）	57	450	符合
电导率 /（$\mu s \cdot cm^{-1}$）	68	2 500	符合

3. 废水排放达标情况评价

该企业废水处理后部分回用，部分达到间接排放要求，纳入管网，进入园区集中废水处理厂进一步处理达标后排放。依据《纺织染整工业水污染物排放标准》（GB 4287—2012）及 2015 年修改单对排放的废水水质进行评价，具体监测结果及评价见表 2-24。

表 2-24 废水排放达标情况监测结果及评价

污染物指标	测定值	标准限值	评价结果
pH	6.87	6 ~ 9	达标
COD/（$mg \cdot L^{-1}$）	210	500	达标
氨氮 /（$mg \cdot L^{-1}$）	13.5	20	达标
总氮 /（$mg \cdot L^{-1}$）	19.2	30	达标
总磷 /（$mg \cdot L^{-1}$）	0.026 3	1.5	达标
BOD_5/（$mg \cdot L^{-1}$）	3.27	150	达标
悬浮物 /（$mg \cdot L^{-1}$）	22	100	达标
色度 / 倍	27	80	达标
总锑 /（$mg \cdot L^{-1}$）	0.030 1	0.1	达标
苯胺类 /（$mg \cdot L^{-1}$）	0.270	1	达标

（九）质量保证和质量控制

依据《污水监测技术规范》（HJ 91.1—2019）和企业实际情况，确定监测频率、布点与采样及样品的保存；按照《纺织染整工业水污染物排放标准》（GB 4287—2012）及2015年修改单、《纺织染整工业回用水水质》（FZ/T 01107—2011）和《纺织行业产排污系数手册》确定监测项目；按照标准测定方法对污染物指标进行测定，从监测全过程保证数据的准确性。

（十）主要文献（略）

第三章　空气质量监测方案设计与实践

导言

2013 年国务院印发《大气污染防治行动计划》，确定了我国大气污染防治十条措施。十多年来，我国空气质量得到显著提升。从 2013 年到 2022 年，我国 $PM_{2.5}$ 平均浓度下降 57%，重污染天数减少 93%，2022 年我国地级及以上城市空气质量优良天数比例达 86.5%，成为全球空气质量提高速度最快的国家。2023 年 7 月 17 日至 18 日，在全国生态环境保护大会上，习近平总书记强调，要深入贯彻新时代中国特色社会主义生态文明思想，坚持以人民为中心，牢固树立和践行绿水青山就是金山银山的理念，把建设美丽中国摆在强国建设、民族复兴的突出位置。为进一步深入打好蓝天保卫战，生态环境部印发了《空气质量持续改善行动计划》。空气质量监测是评价空气环境质量、控制空气污染物排放的基本手段。在“环境监测”课程的学习中，学生要能够针对空气中不同类型污染物的特性和不同区域或场所空气中污染物分布的特征，设计合理的空气质量监测方案，进行空气质量监测，处理分析获取的数据结果，并对空气质量进行评价。

第一节　空气污染监测概述

一、空气污染物来源和主要特征

（一）污染物来源

空气中污染物的种类繁多，根据污染物的存在状态一般将其分为气体污染物（或分子状态污染物）和颗粒污染物（或气溶胶状污染物）。空气污染物的来源可分为自然源和人为源。其中，由人类的生产和生活造成的污染是空气污染的主要来源，包括工业生产排放、交通运输排放及室内空气污染等。

1. 工业生产排放

废气排放量最大的是以化石燃料为主的工业生产，其燃烧过程中排放氮氧化物、二氧化硫、二氧化碳、粉尘、一氧化碳等。同时，依据工业生产原料与产物的不同，还会排放出芳香烃类、卤代烃类、醛类、酯类、酮类、烯烃类及烷烃类等挥发性有机物。表 3-1 给出了各类工业、企业向空气中排放的主要污染物。

2. 交通运输排放

交通运输排放的污染物主要是交通车辆、飞机和轮船等排出的尾气。其中，由于车辆基数大，并且大规模聚集在城市，对城市空气质量具有较大影响。排放的主要污染物有黑烟、氮氧化物、烃类和一氧化碳等。

表 3-1 各类工业、企业向空气中排放的主要污染物

工业、企业	主要污染物
火力发电厂	烟尘、SO_2、NO_x、汞及其化合物等
聚氯乙烯企业	颗粒物、SO_2、NO_x、氯化氢、氯乙烯、二氯乙烯、二噁英类等
无机化学工业	颗粒物、SO_2、NO_x、砷及其化合物、汞及其化合物等
石油化学工业	颗粒物、SO_2、NO_x、氯化氢、非甲烷烃等
水泥工业	颗粒物、SO_2、NO_x、氟化物、汞及其化合物等
炼铁工业	颗粒物、SO_2、NO_x 等
炼钢工业	颗粒物、氟化物、二噁英类
硫酸工业	颗粒物、SO_2、硫酸烟雾等
橡胶制品工业	颗粒物、氨、甲苯及二甲苯、非甲烷烃等
合成树脂工业	非甲烷烃、颗粒物、丙烯腈、酚类等
炼焦化学工业	颗粒物、SO_2、NO_x、苯并[a]芘、氰化氢、苯等
电池工业	硫酸烟雾、汞及其化合物、铅及其化合物、镉及其化合物等
电子玻璃工业	颗粒物、SO_2、NO_x、氯化氢、氟化物等

3. 室内空气污染

室内空气污染来源于室内活动（如烹饪、吸烟等）和室内用品（如装饰品、化学建材等）。室内空气中的污染物主要包括气体污染物（如挥发性有机物、一氧化碳、氮氧化物等）、微生物污染物（如病毒、过敏反应物、真菌等）及可吸入颗粒物。

（二）污染物的分布特征

空气污染物具有随时空变化大的特点。了解该特点，对合理设计空气污染监测方案、获取正确反映空气污染实际情况的监测结果、追踪和控制空气污染源具有重要的意义。

1. 空气污染物随时间的分布特点

污染的影响有短期的、长期的、急性的、慢性的等，多种污染物可能同时分布于一个地区，多个地区也可能同时存在一种污染物。变化的气象条件如空气流、风速、风向等，使污染物的稀释和扩散也随之变化。因此在环境监测中，同一污染源对同一地点在不同时间段内排出污染物的浓度可能相差数倍甚至数十倍。这是因为空气对污染物的稀释、扩散和迁移输送能力随气象条件的变化而发生变化，污染源排放规律随生产过程的变化而发生变化。

为反映时间变化对污染物浓度的影响，在空气污染监测中提出时间分辨率的概念，依据监测目的的差异，要求在规定的时间范围内反映出污染物浓度变化的实际情况。按时间尺度可将污染物浓度的变化程度分为以分钟、小时、周及季度为计量单位的变化。

2. 空气污染物随空间的分布特点

在空气中的污染物总是随空气的运动而迁移和扩散。各种污染物的迁移和扩散速度又与污染物自身性质、周边环境和气象条件有关。同时在迁移扩散的过程中，又会因为化学和物理因素的影响，使污染物浓度发生变化。此外，如水蒸气在高空大气中凝结成小水滴等过程，也会除去一部分空气污染物。这就使得在不同地点监测同一污染源得到不同浓度的空气污染物数据。

空气污染的空间分布常采用大尺度（洲际及全球污染）、中尺度（区域污染）和小尺度（局部污染）来阐述。

二、国内外环境空气相关标准

为了给生活和生产创造清洁适宜的环境，防治空气污染，保障人体健康和生态安全，我国颁布了多项环境空气相关标准，主要包括环境空气质量标准、空气污染物排放标准、空气监测规范和方法标准等。

（一）环境空气质量标准

1.《环境空气质量标准》（GB 3095—2012）

《环境空气质量标准》（GB 3095—2012）规定了环境空气功能区分类、标准分级、污染物项目、平均时间及浓度限值、监测方法、数据统计的有效性规定及实施与监督等内容。标准适用于环境空气质量评价与管理。标准中的污染物浓度均为质量浓度。

该标准根据地区的地理、气候、生态、政治、经济和空气污染程度，将环境空气质量功能区划分为两类。一类区指国家规定的自然保护区、风景名胜区和其他需特殊保护的地区。二类区指居住区、商业交通居民混合区、文化区、工业区和农村地区。

该标准将环境空气质量标准分为两级，一类区执行一级标准，二类区执行二级标准。

污染物项目包括二氧化硫（SO_2）、二氧化氮（NO_2）、一氧化碳（CO）、臭氧（O_3）、可吸入颗粒物（PM_{10}）、细颗粒物（$PM_{2.5}$）、总悬浮颗粒物（TSP）、氮氧化物（NO_x）、铅（Pb）、苯并[*a*]芘（B*a*P）等。

2.《室内空气质量标准》（GB/T 18883—2022）

随着生活水平的日益提高，人们对室内空气质量的要求也日益提高。《室内空气质量标准》（GB/T 18883—2022）的制定目的是保护人体健康，预防和控制室内空气污染。

标准中规定了室内空气质量参数和检验方法，以及各项污染物的达标浓度限值，适用于住宅和办公建筑物，其他室内环境可参照本标准执行。

该标准规定的控制项目不仅有化学性污染，还有物理性、生物性和放射性污染。对影响室内空气质量的物理因素（温度、相对湿度和风速）视季节性规定了达标限值；化学性污染物中不仅有人们熟悉的甲醛、苯、氨等污染物，还有细颗粒物、二氧化碳、二氧化硫等16种化学性污染物；对生物性指标（细菌总数）和放射性指标（氡）也分别规定了达标限值，充分考虑了室内空气的特殊性。

3.《乘用车内空气质量评价指南》（GB/T 27630—2011）

《乘用车内空气质量评价指南》（GB/T 27630—2011）于2012年3月1日正式实施，其规定了乘用车内空气中苯、甲苯、二甲苯、乙苯、苯乙烯、甲醛、乙醛、丙烯醛的浓度要求。

该指南填补了我国乘用车内空气质量标准的空白，使得乘用车内空气质量是否达标有了明确的参考标准依据，乘用车内空气监测有据可依；同时对监测技术、仪器、环境等作出了严格要求，可以更加客观公正地评判各品牌汽车的乘用车内空气质量。该指南在评价乘用车内空气质量时主要适用于所销售的新生产汽车，使用中的车辆也可参照使用，但该指南对行驶过程中乘用车内空气质量的评价仅具有参考作用。

（二）空气污染物排放标准

我国空气污染物排放标准主要由空气固定源污染物排放标准和空气移动源污染物排放标准两部分组成。

1. 空气固定源污染物排放标准

空气固定源污染物排放标准由综合性排放标准和行业性排放标准组成，两类标准遵循不交叉执行的原则，并优先执行行业标准，其他空气污染物排放则执行综合标准。根据国务院批复实施的《重点区域大气污染防治"十二五"规划》的相关规定，在重点控制区的火电、钢铁、石化、水泥、有色、化工六大行业以及燃煤锅炉项目需执行空气污染物特别排放限值。

《大气污染物综合排放标准》（GB 16297—1996）规定了33种空气污染物的排放限值，适用于现有污染源空气污染物排放管理，建设项目的环境影响评价、设计、环境保护设施竣工验收及其投产后的空气污染物排放管理。该标准的指标体系包括：① 通过排气筒排放的污染物最高允许排放浓度；② 通过排气筒排放的污染物，按排气筒高度规定的最高允许排放速率；③ 以无组织方式排放的污染物，规定无组织排放的监控点及相应的监控浓度限值。任何一个排气筒必须同时遵守①和②两项指标，超过其中一项即为超标排放。

工业企业排放的空气污染物具有其行业特点和特殊性，需要制定更有针对性的行业性排放标准，实施更有针对性的科学监管，一系列相应的行业标准先后发布，如《水泥工业大气污染物排放标准》（GB 4915—2013）、《砖瓦工业大气污染物排放标准》（GB 29620—2013）、《轧钢工业大气污染物排放标准》（GB 28665—2012）等。

2. 空气移动源污染物排放标准

空气移动源污染物排放标准用于防治机动车污染物排放对环境的污染，提高空气环境质量，我国的空气移动源污染物排放标准主要限制机动车辆尾气排放，现有的标准有《城市车辆用柴油发动机排气污染物排放限值及测量方法（WHTC工况法）》（HJ 689—2014）、《轻型汽车污染物排放限值及测量方法（中国第六阶段）》（GB 18352.6—2016）、《重型车用汽油发动机与汽车排气污染物排放限值及测量方法（中国Ⅲ、Ⅳ阶段）》（GB 14762—2008）等20余项。

（三）空气监测规范和方法标准

我国的环境空气保护标准还包括环境空气监测规范和一系列方法标准。例如，《环境空气质量监测点位布设技术规范（试行）》（HJ 664—2013）规定了环境空气质量监测点位布设原则和要求、环境空气质量监测点位布设数量、在环境空气质量监测点位开展的监测项目等内容。《环境空气颗粒物（$PM_{2.5}$）手工监测方法（重量法）技术规范》（HJ 656—2013）等方法标准规定了污染物的监测方法。《环境空气颗粒物（PM_{10}和$PM_{2.5}$）连续自动监测系统技术要求及检测方法》（HJ 653—2021）、《环境空气气态污染物（SO_2、NO_2、O_3、CO）连续自动监测系统技术要求及检测方法》（HJ 654—2013）、《环境空气颗粒物（PM_{10} 和 $PM_{2.5}$）采样器技术要求及检测方法》（HJ 93—2013）、《环境空气颗粒物（PM_{10} 和 $PM_{2.5}$）连续自动监测系统安装和验收技术规范》（HJ 655—2013）、《环境空气气态污染物（SO_2、NO_2、O_3、CO）连续自动监测系统安装和验收技术规范》（HJ 193—2013）等标准则明确了我国空气污染物自动连续监测技术要求和检测方法。《环境空气质量评价技术规范（试行）》（HJ 663—2013）规定了环境空气质量评价的范围、评价时段、评价项目、评价方法及数据统计方法等内容。

三、环境空气质量监测信息网络

为适应时代发展需要，为环境管理、综合决策提供坚实的科技支持，为公众提供优质环境信息服务，建立一个布局合理、覆盖全面、功能齐全、指标完整、运行高效的空气质量监测网络十分必要。空气质量监测信息网络的建设主要包括以下五个阶段：

1. 开展监测现状调研

整合监测地现有监测资源，依据各站点功能属性、区域定位及实际需求建设空气质量发布网络平台。

2. 制定分阶段建设目标

逐步扩大区域空气监测网络，除覆盖主要城市站点外，还可考虑逐步加入交通站点、背景站点、区域传输通道站点等。监测数据包括常规空气质量监测指标和气象参数等，并向社会公众发布。

3. 加强监测数据共享

推进空气质量监测与气象数据共享机制，使其能够为重污染天气预报、防控、污染来源解析、区域传输路径确认、重污染天气成因分析等科学决策提供重要数据支撑，并为预警研判和制订防控对策提供科学依据。

4. 统一监测标准和质量控制体系

各监测站点应执行统一质量控制和质量保证体系，统一区域空气质量监测标准。根据各地排放清单和企业名录，确定空气污染重点管控企业及对 $PM_{2.5}$ 和 O_3 等典型空气污染物生成贡献大的行业，实施区域内重点企业固定源空气污染物在线监控、数据共享和重污染天气区域联防联控。

5. 建立监测信息统一公布机制

在建立一体化空气质量监测网络的基础上，通过媒体向社会统一发布监测地空气质量信息。公众可查询空气质量变化趋势和历史数据，以促进监测地区环境空气质量的提升。

第二节　空气样品采样点布设和采集的一般要求

一、采样点布设和采样计划

在制订采样计划时，需要根据监测目的进行现场调研和资料收集。调研收集的资料主要包括监测区域内的污染源分布及排放情况、当地气象资料、地形资料、土地利用和功能分区情况、人口分布情况等。此外，监测区域以往的空气监测资料如有可能也要尽量收集，供制订采样方案时参考。

（一）采样点的布设原则

① 采样点位置的选择应具有代表性，在一定的区域范围内，采样点的测量值应能代表空气环境污染水平和变化规律。

② 采样点位置的选择应考虑周边地理环境、交通运输及工作配套条件。采样点的位置应覆盖整个区域不同的地点，如低浓度、中浓度和高浓度地点。

③ 采样点周边应开阔，采样口水平线与建筑物高度的夹角应不大于 30°。同时，周边不应有局地污染源，还应规避具有较强吸附能力的建筑和植物。

④ 在主导风向较为显著的地方，应以污染源下风方向为主要监测位置，布设较多的采样点，而上风方向作为对照可布设少量采样点。

⑤ 工业密集的、人口密度大的、频繁超标地区应多布设采样点，郊区、农村等人口密度较小的地区可少布设采样点。

（二）采样点的布设方法

1. 网格布点法

该方法适用于污染源较多，且污染源均匀分布的区域。该方法随机性强，可以较好地呈现污染物的空间分布，如图 3-1 所示。此外，若网格划分得足够小，获取的数据可用来绘制污染物浓度空间分布图谱，有利于城市环境规划和管理。

2. 同心圆布点法

该方法适用于由多个污染源构成的污染群，且重大污染源相对集中的区域。确定污染群的排放中心，以其为圆心，在不同半径的同心圆和放射线的交点上布设采样点，见图 3-2。同时，在主导风的下风方向、高浓度区域、高浓度与低浓度的交界区域等布点要密集。

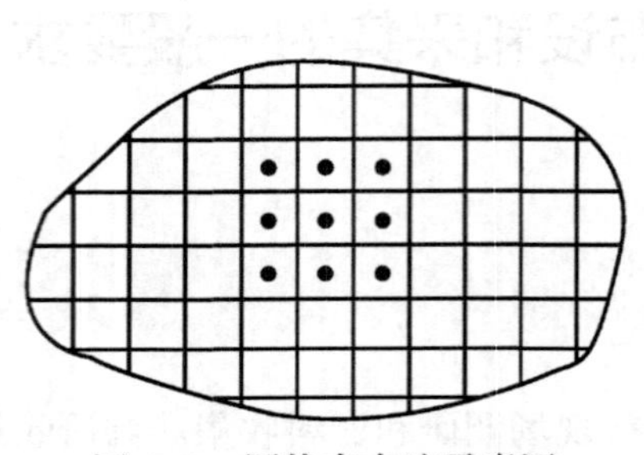
图 3–1 网格布点法示意图

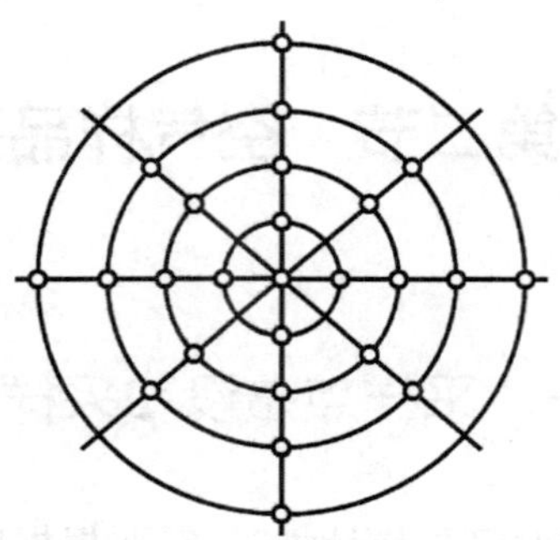
图 3–2 同心圆布点法示意图

3. 扇形布点法

该方法适用于主导风向明显的、孤立的高架点源。以点源所在位置为顶点，主导风向为轴线，在下风方向的区域上划出一个扇形区作为布点范围，见图 3–3。扇形顶角角度一般为 45°（视风向情况而定，但不超过 90°）。

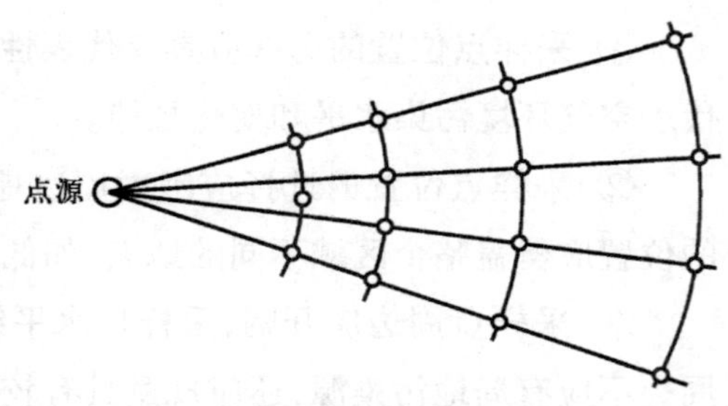

图 3–3 扇形布点法示意图

在采用同心圆布点和扇形布点时，应注意高架污染源的扩散特点。污染源正下方污染物浓度较低，随距离的增加，很快出现浓度最大值，随后以指数规律降低。因此，不宜等距离划分同心圆或扇形弧线，以免漏测最大浓度的位置。

4. 功能区布点法

该方法多用于区域性常规监测，以了解污染物对不同功能区的影响。先将各区域按商业区、工业区、居民区、交通稠密区等不同类型进行划分，再依据具体人力、物力条件及污染情况在各个功能区布设一定数量的采样点。各功能区采样点的数量不要求平均，在污染源集中的工业区和人口密集居住区可多设采样点。

5. 配对布点法

该方法适用于线性污染源。例如，依据道路布局和车流分布，选择典型路段，采用配对布点法布设监测点。

（三）监测项目和采样频率

监测项目和采样频率取决于监测目的及污染源种类和特征。城市的环境空气例行监测项目如表 3–2 所示。自动监测系统满足实时监控的数据采集要求；连续采样实验室分析方法需满足《环境空气质量手工监测技术规范》（HJ 194—2017）和《环境空气质量标准》（GB 3095—2012）对长期、短期浓度统计的数据有效性的规定。被动式吸收监测方式可根据被监测区域的实际情况，以周、月或季度为周期进行采样监测。

表 3-2　城市的环境空气例行监测项目

监测项目	重点城市	一般城市（连续采样，实验室分析）	一般城市（自动监测）	空气背景站	典型区域农村空气监测站
SO_2	★	★	★	★	★
NO_2	★	★	★	★	★
PM_{10}	★	★	★	★	★
TSP	▲	▲	▲	▲	▲
CO	★	▲	▲	★	▲
O_3	★	▲	▲	★	▲
有毒有机物	★	▲	▲	★	▲
CO_2				▲	
NMHC、CH_4	★	▲	▲	▲	▲

注：★为规定的监测项目；▲为根据情况和区域特性选择的监测项目。NMHC 表示非甲烷总烃。

二、空气样品采集及采样设备

空气样品采样的方式多种多样，筛选时要考虑污染物的浓度、污染物在空气中的存在状态及相关分析方法等因素。

（一）直接采样法

当空气中被测组分浓度较高，或监测分析方法灵敏度较高时，直接采集少量样品就可满足分析监测需要。例如，用氢火焰离子化检测器监测空气中甲苯；用紫外荧光光谱监测空气中二氧化硫等。这种监测方法测得的结果是瞬时或者短时间内的平均浓度，而且可快速获取分析结果。常用的取样仪器有采样袋、真空瓶、针筒采样器、采样罐等。使用的方式一般有真空法、置换法、充气法等。

（二）富集采样法

富集采样法是利用吸附剂或吸收液等，使待测污染物被吸附或吸收，从而达到浓缩的目的。空气中某些污染物的浓度级数较低（10^{-6}～10^{-9}），直接采样不能满足分析检出限的要求，因此需要利用富集采样法对空气样品进行浓缩。同时，富集采样法一般需要较长的采样时间，获取的数据代表该采样时段的平均浓度，更能体现空气污染的真实情况。此类采样方法有溶液吸收法、固体阻留法、低温冷凝法、滤膜采集法等。

1. 溶液吸收法

该方法主要用于气态、蒸气态污染物的采集。采样时利用抽气装置，使待测气体以一定的流量通过吸收液，随后由吸收时间、气体流量及吸收液体积计算空气中污染物的浓度。

选择吸收液时一般考虑以下几方面原则：可以快速与被富集的污染物发生化学反应或对其溶解度大；污染物被吸收后，须有足够的稳定时间用于分析测试；污染物被吸收后，不应对下一阶段测试产生负面影响；吸收液须成本低、毒性小、便于回收利用。

为增大被采集的气体样品与吸收液的接触面积，须选用结构适宜的气体吸收管或吸收瓶。常见的气体吸收管（瓶）有气泡式吸收管、冲击式吸收管、多孔玻板吸收管（瓶）等。其中，多孔玻板吸收管（图 3–4）可以增大富集气体与吸收液的接触面积，吸收效率高。

2. 固体阻留法

该方法利用一根玻璃管或塑料管，内装纤维状或颗粒状填充剂进行采样（见图 3–5）。当待测气体以一定流速通过此管时，相关组分因吸附、溶解或化学反应等被阻留在填充剂上，从而达到浓缩采样。被浓缩的待测组分再通过解吸或洗脱等方式进行测定。依据填充剂阻留作用原理的差异，可分为吸附型、分配型及反应型 3 种类型。

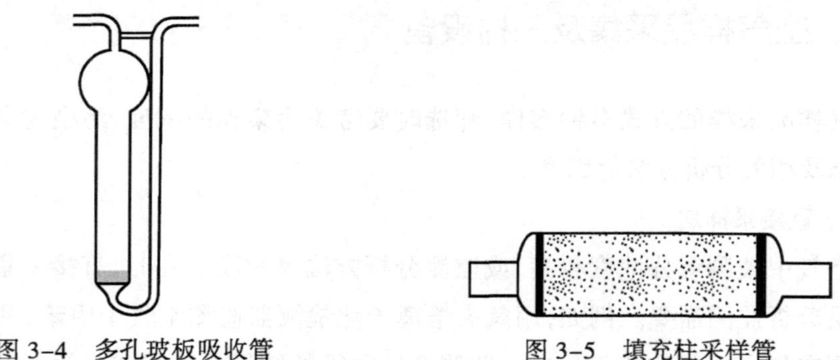

图 3–4 多孔玻板吸收管　　图 3–5 填充柱采样管

Tenax 吸附管作为典型吸附管，因其具有较高的使用温度、良好的疏水性及老化性，被广泛应用于气体、液体和固体中的挥发性物质或半挥发性物质的吸附性采集，可以检测到 10^{-9} 甚至 10^{-12} 数量级的挥发性有机物。

3. 低温冷凝法

该方法被用于空气中某些低沸点气态物质如苯乙烯、三氯乙醛等的采样。将 U 形或蛇形采样管插入冷阱中进行低温采样。当待测气体流经采样管时，待测组分被冷凝浓缩在采样管底部，再经室温或加热汽化后进行测定（见图 3-6）。常用的制冷体系有冰－水（0 ℃）、冰－盐水（-10 ℃）、干冰－乙醇（-72 ℃）、液氧（-183 ℃）、液氮（-196 ℃）等。

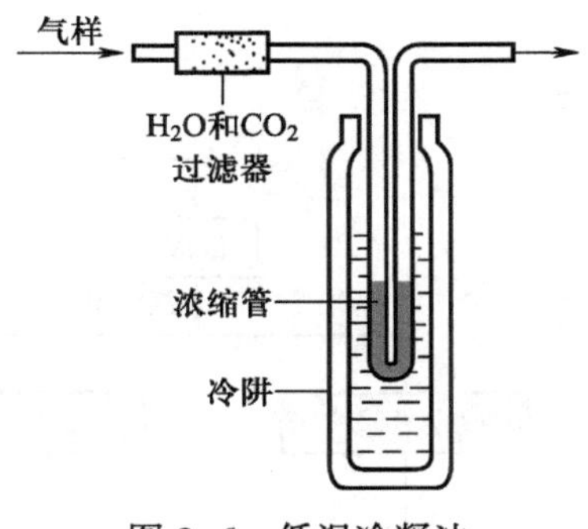

图 3-6　低温冷凝法

4. 滤膜采集法

该方法主要用于空气中颗粒态污染物的采集，如飘尘、雾、烟等。将滤料抽入空气，空气中的颗粒物就被阻留在滤膜上。用滤膜采集空气中的颗粒物，是利用直接阻挡、惯性沉降、扩散沉降和静电吸引等作用，且这些作用所产生的影响与采样流速、滤料性质和气溶胶的性质有密切联系。

三、样品保存与处理

样品的保存有比较严格的技术标准，因为空气样品比较容易受外界温度、光照等方面的影响，所以一般是在避光低温的条件下进行有效的保存。进行样品采集的时候，还需要依据具体的监测项目，适当添加固定剂。除此之外，保存样品的时候，应该避免不同样品之间出现交叉污染的情况。

在环境空气质量监测现场采样工作结束后，对空气样品按照相关保存要求进行保存，并做好相应的标识。同时，还要对空气样品进行检查，避免空气样品不合格。如果空气样品存在问题，那么应及时重新进行采集。采集的样品应放在不与被测污染物发生化学反应的玻璃或其他容器内，容器要密封并注明样品编号。

采集好的样品应尽快分析。样品的保存与运输应指派专门人员负责管理，并且在需要分析时，应及时把样品送到实验室，避免样品过期对数据的有效性产生影响。

第三节　环境空气质量监测方法

一、空气颗粒物监测

（一）自然沉降量

在空气环境下，单位时间依靠重力自然沉降在单位面积上的颗粒物的质量称为自然沉降量，也称为降尘量。自然沉降量用重量法测定，自然沉降物中成分的分析过程如图 3–7 所示。

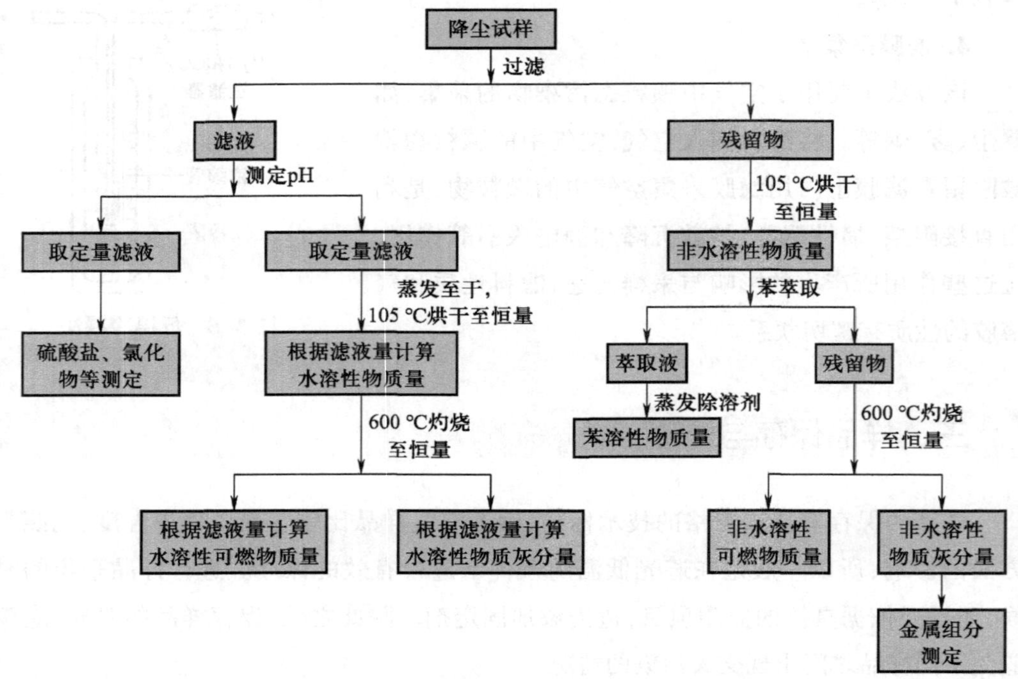

图 3–7 自然沉降物中成分的分析过程

（可燃物质总量 = 水溶性可燃物质量 + 非水溶性可燃物质量；

灰分总量 = 水溶性物质灰分量 + 非水溶性物质灰分量）

（二）总悬浮颗粒物

悬浮在空气中的空气动力学当量直径不大于 100 μm 的颗粒物统称为总悬浮颗粒物（TSP）。TSP 的测定一般采用滤膜捕集 – 重量法，其原理为：通过具有一定切割特性的采样器，以恒速抽取定量体积的空气，空气中粒径小于 100 μm 的悬浮颗粒物被截留在已恒重的滤膜上。通过采样前后滤膜质量的变化及采样体积，计算 TSP 的浓度。

（三）可吸入颗粒物

可吸入颗粒物，通常指粒径在 10 μm 以下的颗粒物，又称为 PM_{10}。对于空气中可吸入颗粒物的监测，主要采用可吸入颗粒物采样器。国内外可吸入颗粒物采样器的种类较多，按照其工作原理主要可分为 4 类：重量法、微量振荡天平法、β 射线吸收法和光散射法。

1. 重量法

根据采样流量不同，分为大流量采样重量法和小流量采样重量法。对于空气可吸入颗粒物的监测，主要使用大流量采样重量法。例如，安德逊采样器（Anderson sampler）是一种采集空气中不同粒度颗粒物样品的串级撞击式采样装置。采样器各级都放置滤纸，采样时空气中的颗粒物随气流进入采样器，通过不同孔径的孔板，惯性作用使不同粒径的颗粒被分离，而分别截留在滤纸上。在采样前及采样后对各级滤纸进行称重，计算两者质量的差值，可得到各级粒度颗粒物的质量浓度。

2. 微量振荡天平法

微量振荡天平法是基于锥形元件微量振荡天平原理而研发出的一种监测方式。元件会在自然频率的影响下发生振荡，振荡频率主要由滤膜颗粒物质量决定。被监测空气进入空锥形管后，利用滤膜质量随时间的变化来计算精确的颗粒质量浓度。

3. β 射线吸收法

该方法是借助 β 粒子穿透物质时强度随吸收层厚度变化而进行测量。在原子核出现 β 衰变之后，会释放出 β 粒子。借助 β 射线吸收原理，可以得出滤纸采样前后的质量差，进而根据采样体积计算出颗粒物浓度。

4. 光散射法

该方法是基于光照射空气中的悬浮颗粒物产生散射光原理的监测方式。在一定条件下，颗粒物质量与散射光强度成正比，根据散射光强度的变化，可以获得颗粒物的质量浓度数据。

（四）细颗粒物

细颗粒物又称为 $PM_{2.5}$、细粒、细颗粒，指环境空气中空气动力学当量直径小于或等于 2.5 μm 的颗粒物。细颗粒物的化学成分主要包括有机碳（OC）、元素碳（EC）、硝酸盐、硫酸盐、铵盐、钠盐等。

二、气态污染物监测

1. 二氧化硫

二氧化硫（SO_2）是最简单、最常见的硫氧化物，是空气主要污染物之一，也是例行监测的必要项目。

空气中的 SO_2 可采用分光光度法、定电位电解法、紫外荧光光谱法、电导法、气相色谱法等进行测定。其中，紫外荧光光谱法和电导法主要用于自动监测。

《环境空气 二氧化硫的测定 甲醛吸收－副玫瑰苯胺分光光度法》（HJ 482—2009）是一种分光光度法。其基本原理为：甲醛缓冲溶液吸收空气样品中的 SO_2 后，生成稳定的羟甲基磺酸加成化合物。在样品溶液中加入氢氧化钠使加成化合物分解，

释放出的 SO_2 与副玫瑰苯胺（PRA）、甲醛作用，生成紫红色化合物。

2. 氮氧化物

氮氧化物（NO_x）包括一氧化二氮（N_2O）、一氧化氮（NO）、二氧化氮（NO_2）、三氧化二氮（N_2O_3）、四氧化二氮（N_2O_4）、五氧化二氮（N_2O_5）等多种形态，主要来源于化石燃料的高温燃烧、硝酸和化肥等生产排放的废气，以及汽车尾气等。空气中的氮氧化物主要为 NO 和 NO_2。

空气中 NO、NO_2 的测定方法主要有盐酸萘乙二胺分光光度法、原电池库仑滴定法、化学发光分析法等，其中化学发光分析法可用于自动监测。

（1）NO_2 的测定

可依据《环境空气 氮氧化物（一氧化氮和二氧化氮）的测定 盐酸萘乙二胺分光光度法》（HJ 479—2009）直接检测空气中的 NO_2 浓度。NO_2 与吸收液[N-（1-萘基）乙二胺盐酸盐和对氨基苯磺酸]中的对氨基苯磺酸进行重氮化反应，再与 N-（1-萘基）乙二胺盐酸盐作用，生成粉红色的偶氮染料。在波长 540 ~ 545 nm 处测定。

（2）氮氧化物的测定

若要测定 NO_x 或单独测定 NO，则需要将 NO 氧化成 NO_2。可分别利用高锰酸钾溶液或二氧化铬石英砂将 NO 氧化成 NO_2。如图 3-8 所示，采样时将一只氧化瓶串联在两只吸收瓶中间，空气中 NO_2 被第一只吸收瓶中的吸收液吸收并生成偶氮染料。空气中的 NO 不与吸收液反应，其通过氧化瓶被氧化为 NO_2 后，再被第二支吸收瓶中的吸收液吸收，可分别测定其吸光度。

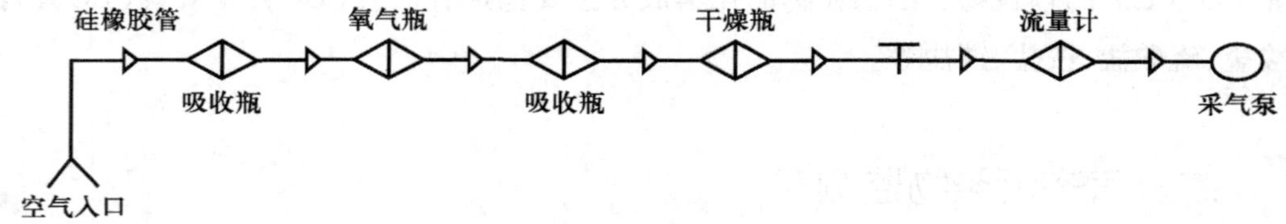

图 3-8 NO 和 NO_2 采样流程示意图

3. 光化学氧化剂

总氧化剂指空气中除氧以外具有氧化性的全部污染物，一般指能氧化碘化钾析出碘的物质，主要是空气光化学反应的产物，包括臭氧（O_3）、过氧乙酰硝酸酯、氮氧化物等。

光化学氧化剂指除氮氧化物之外的能够氧化碘化钾的物质。光化学氧化剂的测定常采用硼酸碘化钾分光光度法。一般情况下，O_3 占光化学氧化剂总量的 90% 以上，故常以 O_3 浓度作光化学氧化剂的含量。

O_3 的测定采用紫外分光光度法，以恒定的流速将空气样品通入气路系统，样品与空气进入吸收池（或经过臭氧涤除器再进入吸收池），O_3 在 254 nm 波长的紫外光处显示特征吸收峰。

4. 总烃及非甲烷总烃

总烃（THC）指所有的碳氢化合物。作为空气污染物的烃类常指具有挥发性的碳氢化合物（$C_1 \sim C_8$）。空气中的烃类主要源于化工、焦化、天然气的逸散及汽车尾气的排放等。

除甲烷之外的碳氢化合物称为非甲烷总烃（NMHC）。2017 年修订的 NMHC 的测定方法对总烃进行了重新定义，明确为在气相色谱仪的氢火焰离子化检测器（FID）上有响应的气态有机物的总和。目前，国内现行有效的测定固定污染源排气中 NMHC 的标准方法为《固定污染源废气 总烃、甲烷和非甲烷总烃的测定 气相色谱法》（HJ 38—2017）。

5. 挥发性有机物

挥发性有机物（VOCs）指熔点低于室温，沸点为 50 ~ 260 ℃，以气体形式存在于空气中的挥发性有机物的总称。按化学结构的不同可分为芳香烃类、卤代烃类、醛类、酯类、酮类、烯烃类及烷烃类等。

VOCs 测定的一般方法是：用富集法采样，经过溶剂洗脱或热解吸出待测组分，用气相色谱法测定。常用填装固体吸附剂的采样管采样，如活性炭、分子筛等。

三、生物气溶胶监测

生物气溶胶通常指空气动力学当量直径小于 100 μm 的含有微生物或来源于生物性物质的气溶胶。一般包括 $PM_{2.5}$、PM_{10} 等空气颗粒物中悬浮着的大量细菌、病毒、真菌、致敏花粉、过敏原、霉菌孢子、蕨类孢子和寄生虫卵等各类菌类毒素，以及它们的碎片和分泌物。生物气溶胶主要来源于土壤、植被、水体等释放出的物质，以及包括人类在内的动物、医院、养殖场、垃圾填埋场、污水处理厂等的排放物。生物气溶胶的呼吸暴露有可能导致各种呼吸系统疾病，如传染性非典型肺炎（SARS）、甲型流感（H1N1）、新型冠状病毒感染（COVID-19）、哮喘、过敏等。另外，因为生物气溶胶含有部分存活的微生物，一旦被吸入人体，在一定条件下还可以自我繁殖，所以特定生物气溶胶的危害是没有阈值的。

传统的生物气溶胶监测一般采用离线分析的方法，即先采样后分析。常用的采样方法包括重力沉降法、液体或固体撞击法、静电采样法和滤膜采样法等。常用的离线分析方法主要包括培养、染色与显微镜观察、基因扩增、酶联免疫等。目前，人们关注较多的生物气溶胶采样技术为大流量快速捕获技术，如每分钟采集 1 000 L 空气的便携式 HighBio Trap 采样器。而在生物气溶胶分析方面，环介导等温扩增（LAMP）的方法也开始被应用于生物气溶胶的监测，尤其是病原微生物的监测，其具有反应灵敏、检出限低等特点。生物气溶胶的实时在线监测是一个挑战性问题。越来越多的研究开始关注生物气溶胶的实时在线监测技术，例如，利用生物气溶胶质谱法（BAMS）、表面增强拉曼光谱（SERS）、基于荧光染料的流式细胞术（FCM）等方式，实现生物气溶胶的快速、实时分析。此外，基于 DNA、电学和纳米生物传感的技术通过将生物识别分子和传感元件相结合，将生物信号转化为其他可检测的信号，具有良好的发展前景。

四、其他空气污染物监测

1. 苯系物

苯系物包括苯、甲苯、乙苯、邻二甲苯、对二甲苯、间二甲苯等，一般经富集采样、解吸后，采用气相色谱法进行测定。常用活性炭吸附或低温冷凝法采样，二硫化碳洗脱或热解吸后进样，经色谱柱分离后进行检测。

2. 挥发酚

挥发酚主要包括苯酚、甲酚、二甲酚等，常采用气相色谱法或 4- 氨基安替比林分光光度法进行测定。

气相色谱法测定挥发酚时先采用采样管进行吸附采样，再用三氯甲烷解吸后进样，经色谱柱分离后进行检测。

4- 氨基安替比林分光光度法采用装有碱性溶液的吸收瓶进行采样。经水蒸气蒸馏除去干扰物，馏出液中的酚在铁氰化钾存在的条件下，与 4- 氨基安替比林反应生成红色的安替比林染料，于 460 nm 波长处测定其吸光度。

3. 二噁英

二噁英（dioxin）是多氯代二苯并对二噁英（PCDDs）和多氯代二苯并呋喃（PCDFs）的统称，是一类非常稳定的亲脂性化合物，极难溶于水，可溶于大部分的有机溶剂，因此二噁英很容易在生物体内积累。二噁英不仅具有较强的致癌性，还可引起免疫系统的损害和生殖障碍。

测定时，首先利用滤膜和吸附材料进行采样，然后在采集的样品中加入 ^{13}C 标记化合物或 ^{37}Cl 标记化合物作为内标，分别对滤膜和吸附材料进行处理得到样品提取液，再经过净化和浓缩得到最终的分析样品溶液，最后用高分辨气相色谱－高分辨质谱（HRGC-HRMS）法进行定性和定量分析。

五、空气污染物监测注意事项

① 采样仪器使用前，应按仪器说明书对仪器进行检验和标定。采样时采样仪器不能被阳光直接照射。

② 采样仪器在采样前应对采样系统进行气密性检查，不得漏气。

③ 采样前和采样后要用经检定合格的高一级的流量计（如一级皂膜流量计）在采样负载条件下校准采样系统的采样流量，取两次校准的平均值作为采样流量的实际值。校准时的大气压与温度应和采样时相近。两次校准的误差不得超过5%。

④ 现场采样时应注意做好采样记录，对现场情况、时间、地点、气压、气温、相对湿度等做出详细的记录。每个采样样品均应贴上标签，标明点位编号、采样时间、测定项目等信息。

⑤ 采样过程中应配置空白滤膜，空白滤膜应与采样滤膜一起进行恒重、称量，并记录相关数据。空白滤膜应和采样滤膜一起被送至采样地点，不采样并保持和采样滤膜相同的时间，与采样后的滤膜一起运回实验室称量。

⑥ 当有与挥发有机物相同或几乎相同的保留时间的组分干扰测定时，宜通过选择合适的气相色谱柱，或者优化分析条件，将干扰降到最低。

⑦ 样品采集后应对样品进行密封，环境样品与污染源样品在运输和保存过程中应分隔放置，并防止异味污染。

第四节 实践案例

案例1：校园室内环境生物气溶胶监测与分析

（一）监测目的

① 探究校园中的气载微生物，监测其含量与种类。

② 根据分析结果，描述空气的质量状况与潜在的风险。

③ 对校园空气质量改善提出相应的建议。

④ 在实验过程中，熟悉仪器基本操作方法，锻炼团队协作能力。

（二）现场资料调查

对要监测的校园室内环境进行场所使用调查和环境状况调查，主要包括室内空间大小、场所使用情况、通风情况，如表 3–3 所示。

表 3–3 室内环境调查记录表

场所名称		食堂	宿舍	教室
室内空间	使用面积 /m^2	1 032	10	398
	室内高度 /m	3.5	3	4
场所使用情况	使用人数 / 人	390	4	200
	人口密度 /（人 · m^{-2}）	0.38	0.4	0.50
	每天使用时间 /h	6	20	8
通风情况	通风方式	开窗	开窗	开窗
	每天通风时间 /h	8	8	4

（三）样品采集

1. 采样点布设

采样点的数量根据室内面积大小和现场情况而确定，要能正确反映室内空气污染物的污染程度。本实验中在所采样的宿舍、食堂、教室各设一个采样点，同时为与室内空气污染形成对照，在校园内道路旁设一个采样点作为室外监测点。

所设采样点避开通风口，离墙壁距离大于 0.5 m，离门窗距离大于 1 m。

采样点高度原则上与人的呼吸带高度一致，相对高度为 1 m。

2. 采样时间和频率

采样时间和频率根据监测目标选取，本实验选用安德逊六级采样器，采样流量为 28.3 L/min，室内监测点连续监测 8 min，室外监测点连续监测 15 min。

按照监测目标考虑是否有人对空气污染情况的影响，在室内场所有人和无人时分别进行采样。

3. 采样方法

在生物气溶胶常用的采样方法中，固体撞击法应用最广泛，本实验采用固体撞击法。固体撞击法是采用撞击式空气微生物采样器采样，通过抽气动力作用，使空气通过狭缝或小孔而产生高速气流，使悬浮在空气中的生物气溶胶撞击到固体培养基平板上，经一定条件的培养后，计算出空气中微生物浓度的采样测定方法。

4. 仪器与设备

高压蒸汽灭菌器、撞击式空气微生物采样器、平皿。

5. 采样平皿的制备

① 测定菌落总数，采样采用普通营养琼脂培养基。在每升蒸馏水中加入 20 g 蛋白胨、3 g 牛肉浸膏、5 g 氯化钠和 15～20 g 琼脂，充分混合后加热溶解，校正 pH 至 7.4，过滤分装，121 ℃高压灭菌 15 min。若测定特殊微生物，则可选用相应的采样培养基。

② 平皿采用 Φ90 mm × 18 mm 的玻璃培养皿，用高压蒸汽灭菌后备用。

③ 在无菌条件下用量杯往平皿内倒入 24～30 mL 琼脂，琼脂表面与高密圈（8 mm）一平，以保证采样时喷孔与琼脂表面之间 2～3 mm 的最佳撞击距离。

④ 将加入固体培养基的平皿，倒置放入 37 ℃恒温培养箱中培养 24 h，无杂菌生长方可使用。

6. 现场采样

① 测量采样时间、环境气温、相对湿度与压强等信息，并记录在采样记录表里。

② 将三脚架支开并锁紧，把三脚架顶部调至水平，撞击器底部与三脚架顶端螺纹连接，主机放在桌上或地上，用橡胶管连接撞击器出气口与主机进气口。

③ 按顺序放入采样平皿，一只手打开平皿盖，另一只手迅速盖上撞击盘，然后按住撞击器上部，挂上三个弹簧挂钩。放入和取出采样平皿时，注意佩戴口罩，以防口鼻排出细菌污染平皿。

④ 用定时器设定采样时间为 8 min 或 15 min，打开撞击器进气口上盖，离开采样点 2 m 之外，启动采样。

⑤ 采样完毕后，取出采样平皿扣上盖子，注意记录好样品顺序和编号（表 3-4）。

⑥ 设置平行实验，在同一采样点采样两次。

表 3-4 室内空气采样及现场监测记录表

采样地点	采样编号	采样时间		环境气温/℃	环境气压/atm	相对湿度/%	采样时间/min	采样流量/(L·min^{-1})	采样体积/L
		起始时间	终止时间						
食堂	A1-1	10:10	10:18	25	1.04	40	8	28.3	226.4
	A1-2	10:30	10:38	25	1.04	40	8		
	A2-1	22:04	22:12	18	1.04	52	8		
	A2-2	22:30	22:38	18	1.04	52	8		

续表

采样地点	采样编号	采样时间		环境气温/℃	环境气压/atm	相对湿度/%	采样时间/min	采样流量/(L·min^{-1})	采样体积/L
		起始时间	终止时间						
宿舍	B1-1	8:55	9:03	27	1.04	46	8	28.3	226.4
	B1-2	9:08	9:16	27	1.04	46	8		
	B2-1	16:00	16:08	23	1.04	44	8		
	B2-2	16:13	16:21	23	1.04	44	8		
教室	C1-1	8:05	8:13	22	1.04	68	8		
	C1-2	8:15	8:23	22	1.04	67	8		
	C2-1	12:30	12:38	23	1.04	51	8		
	C2-2	12:40	12:48	23	1.04	51	8		
室外	D1-1	15:33	15:48	20	1.02	69	15		424.5
	D1-2	15:50	16:05	20	1.02	70	15		
	D2-1	15:32	15:47	18	1.02	69	15		
	D2-2	16:50	17:05	18	1.02	68	15		

注:各个监测点第一组均为有人情况下采样,第二组为无人情况下采样。

(四)监测项目及其分析方法

根据国家标准《室内空气质量标准》(GB/T 18883—2022)中的规定,室内空气质量生物性监测项目为菌落总数。本项目采用培养法测定菌落总数,并进一步用采样显微镜观察法初步判断细菌种类。

1. 仪器与材料

平皿、恒温培养箱、光学显微镜。

2. 测定步骤

① 将采样后的平皿倒置于 37 ℃恒温培养箱中,培养 48 h。

② 计数各级平皿上的菌落数,一个菌落即是一个菌落形成单位(CFU)。

根据各级平皿测得的菌落数及其总和、采样流量和采样时间,换算成空气样品中的菌落数,结果以 CFU/m^3 表示。

空气样品中的菌落数(CFU/m^3)= 平皿菌落数(CFU)× 1 000/ 采样时间(min)× 28.3(L/min)

③ 将平皿中菌落制作成装片，在显微镜下观察其形态特征。

（五）监测结果分析

1. 空气样品中的菌落数

在《室内空气质量标准》（GB/T 18883—2022）中，对室内空气中的菌落总数要求为≤ 1 500 CFU/m^3。

本监测项目分别对食堂、宿舍及教室三个室内场所及一个室外场所进行采样，各场所空气样品中的菌落数如图 3-9 所示。可以看出，三个室内场所空气样品中的菌落数均小于 400 CFU/m^3，符合国家标准中的规定要求。而食堂、宿舍及教室三个室内场所空气样品中的菌落数均高于室外场所，其中宿舍空气样品中的菌落数最高。

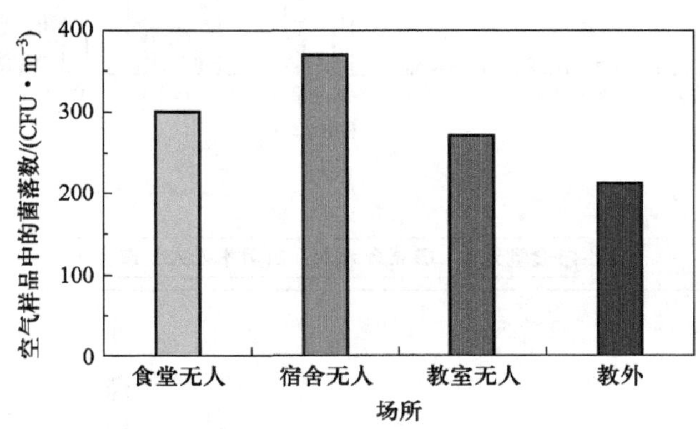

图 3-9 各场所空气样品中的菌落数

2. 空气中微生物的粒径分布

由于本项目采用安德逊六级空气微生物采样器进行采样，可得到不同粒径生物气溶胶的浓度分布情况。各场所空气样品中各粒径的菌落数及其占菌落总数的百分比如图 3-10 所示。

可以看出，食堂、宿舍及教室这三个场所空气中均主要为粒径相对较小的生物气溶胶。其中，食堂生物气溶胶粒径主要分布在 1.1 ~ 3.3 μm；宿舍生物气溶胶粒径主要分布在 0.65 ~ 1.1 μm，但较大粒径的生物气溶胶占比相对于其他样品更高；教室生物气溶胶粒径主要分布在 0.65 ~ 3.3 μm；而室外生物气溶胶粒径主要分布在 0.65 ~ 2.1 μm。

3. 人员活动对生物气溶胶浓度的影响

为考察人员活动情况对室内环境中生物气溶胶浓度的影响，分别对教室、宿舍在有人和无人情况下进行采样监测，结果如图 3-11 和图 3-12 所示。

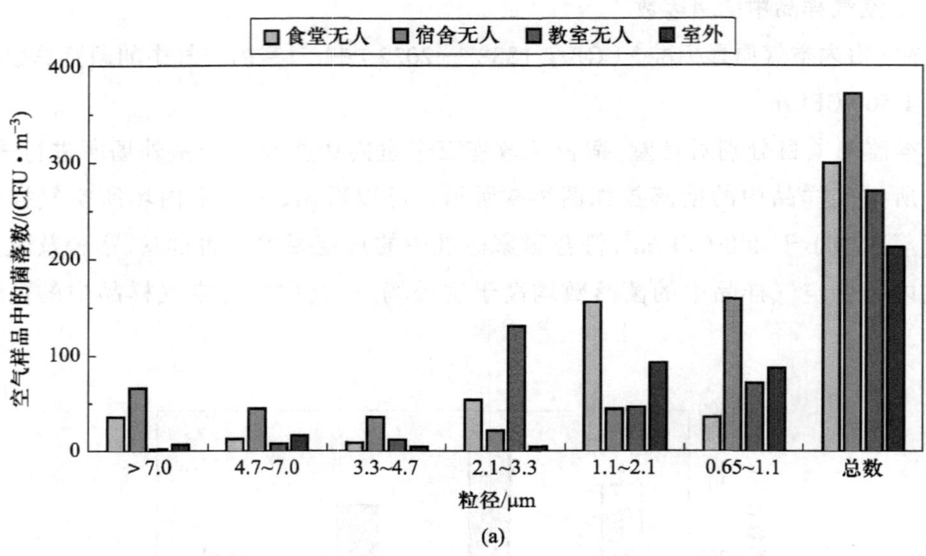

(a)

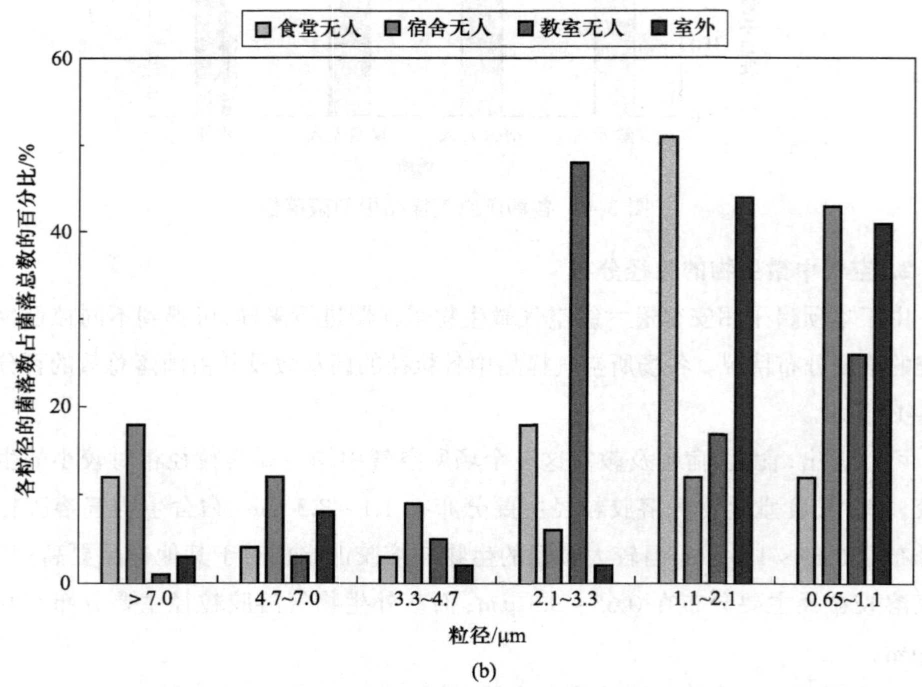

(b)

图 3-10 各场所空气样品中各粒径的菌落数及其占菌落总数的百分比

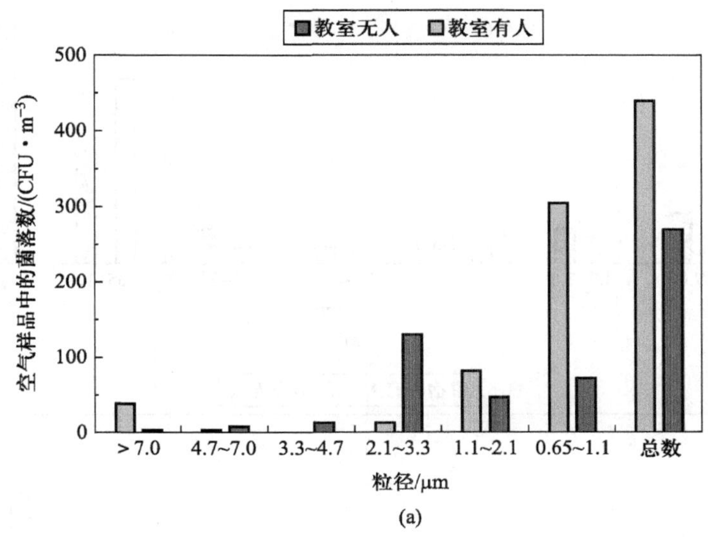

(a)

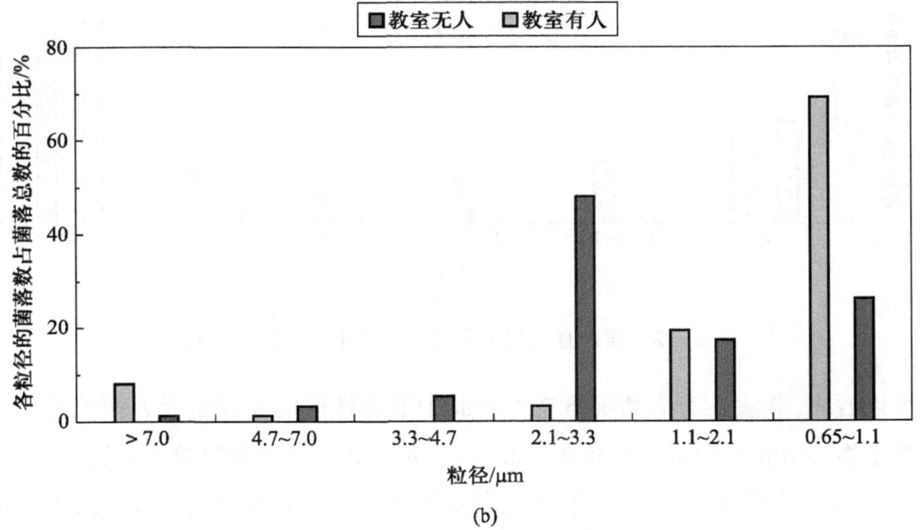

(b)

图 3-11　教室有人和无人情况下的生物气溶胶比较

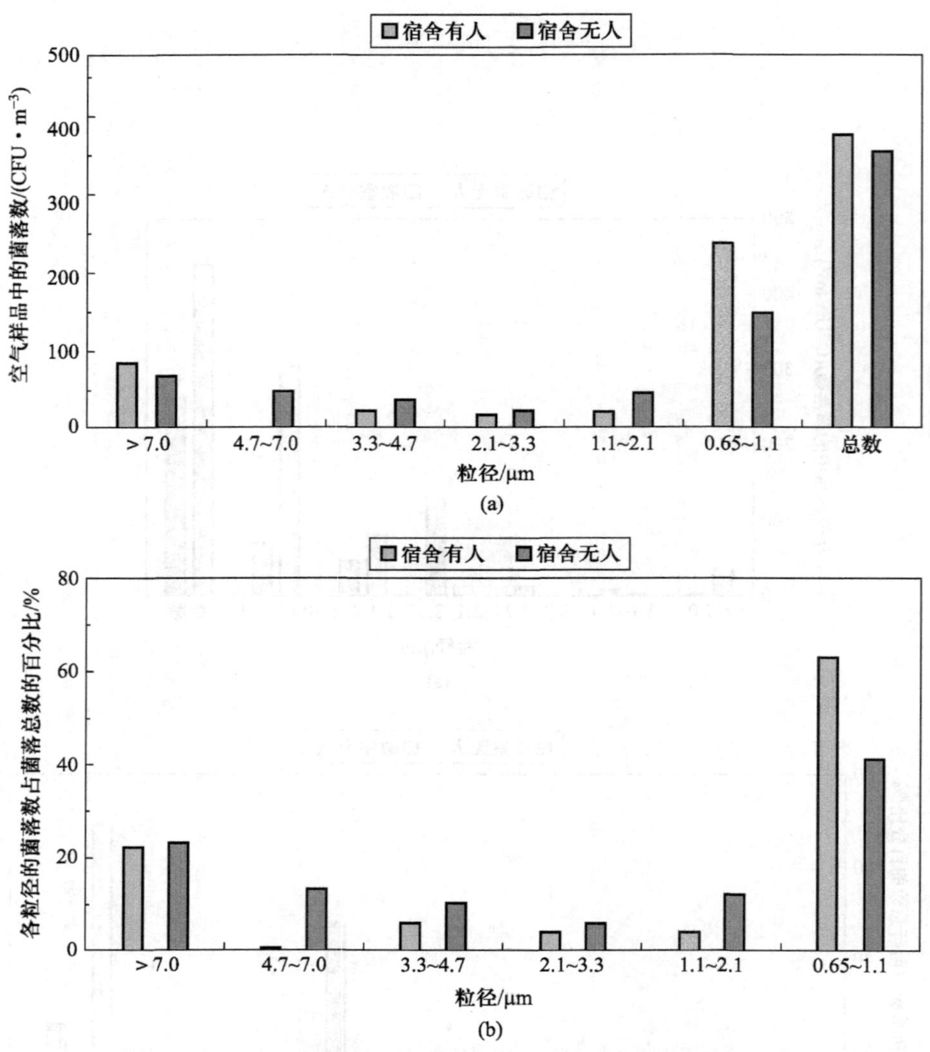

图 3-12 宿舍有人和无人情况下的生物气溶胶比较

可以看出，教室在有人情况下空气样品中的菌落数明显高于无人情况下，且教室有人时生物气溶胶粒径主要分布在 0.65 ~ 1.1 μm，无人时生物气溶胶粒径主要分布在 2.1 ~ 3.3 μm。而对于宿舍来说，有人情况下空气样品中的菌落数略高于无人情况，且二者的粒径分布规律相近，生物气溶胶粒径均主要分布在 0.65 ~ 1.1 μm。

4. 空气中的细菌种类分析

采用显微镜观察法对空气样品中的微生物细胞形态进行观察，部分细菌照片如图 3-13 所示。初步判断，室内空气样品中的微生物主要有布兰汉球菌属、链球菌属、四联微球菌、根霉菌属、微球菌、变形杆菌属、栗褐链霉菌、棒状杆菌、假丝酵母菌等，而室外空

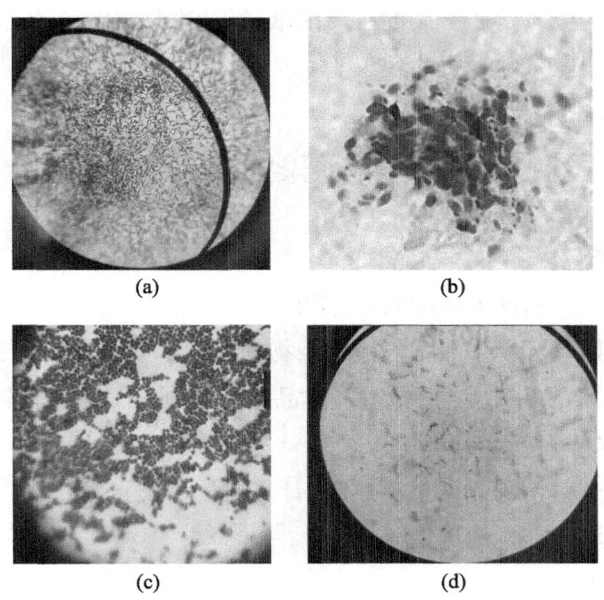

图 3-13　显微镜观察空气样品中的细菌照片

（a）芽孢杆菌；（b）酵母菌；（c）微球菌；（d）弧菌属

气样品中的微生物主要有诺卡氏菌、弧菌属、根霉菌、微球菌、金黄色葡萄球菌、芽孢杆菌等。相对于室外空气，室内空气中的微生物种类更多样丰富。以上所列的菌种多为非致病菌或条件致病菌，一般对人体健康危害较小。但有些细菌在某些特殊情况下会有致病性，如微球菌会导致伤口感染，布兰汉球菌会引发扁桃体炎等。因此要多注意室内场所的通风，降低室内空气中的微生物浓度。

（六）室内空气质量评价

① 本项目监测的校园室内环境中的生物气溶胶浓度均较低，符合《室内空气质量标准》（GB/T 18883—2022）的规定要求，总体上室内空气质量较好。

② 对于校园中不同的室内场所，宿舍空气中的生物气溶胶浓度最高，食堂次之，教室空气中生物气溶胶浓度最低。

③ 不同场所的空气中均主要为粒径较小的生物气溶胶。

④ 人员活动会对空气中生物气溶胶浓度产生一定影响，有人情况下空气生物气溶胶浓度较高。

⑤ 室内空气中的细菌种类多于室外环境。

（七）思考与讨论

① 根据监测结果，将其与相关标准比较，评价室内空气质量状况，评估室内环境

生物气溶胶对人体的健康风险。

② 分析影响生物气溶胶浓度的主要因素，推断生物气溶胶的主要来源。

③ 对改善室内空气质量提出建议。

案例 2：校园空气典型气体污染物监测与分析

（一）实践目的

① 掌握空气质量监测方案的制订方法。

② 监测某一区域环境中典型气体污染物的浓度水平，并评价该区域的空气质量。

③ 在现场调研的基础上，根据空气样品布点原则，采用适宜的布点方法，确定合理的采样时间与采样频率。

④ 根据典型气体污染物的监测结果，计算空气污染指数（API），评价校园区域空气质量状况，分析可能存在的污染源。

（二）现场调查

调查校园内及校园周边区域环境中可能存在的气体污染物排放源及其数量、污染物名称、排放方式等，为空气环境监测项目的选择提供依据，绘制并填写调查情况记录表，可参照表 3–5。

表 3–5 校园空气污染源调查情况记录表

污染源名称	数量	污染物名称	污染物排放方式	污染物治理措施
食堂				
锅炉房				
建筑工地				
交通干线				

此外，还应对校园所在地的地形地貌特征、气象资料（如风向、风速、气温、气压、降水量、相对湿度）等进行收集调查。

（三）监测指标

根据国家环境空气质量标准和校园及其周边的空气污染物排放情况来筛选监测项目，大学校园一般无特征污染物排放，结合空气污染源调查结果，可选 SO_2、NO_2 等作为空气质量监测项目。

（四）采样方案

1. 采样点布设

根据污染物的等标排放量，结合校园各环境功能区的要求，以及当地的地形、地貌、气象条件，按功能区划分的布点法和网格布点法相结合的方式来布置采样点。

2. 采样时间和频率

采用间歇性采样方法，可根据实际条件连续监测 3～5 d。每天采样频率根据实际时间、精力情况而定，例如 SO_2、NO_2 等每隔 2～3 h 采样一次。采样记录表见表 3–6。

采样应同时记录当时的气象因素，主要包括气温、气压、风向、风速、阴晴等。

表 3–6 采样记录表

监测项目	采样方法	流量 /（$L \cdot min^{-1}$）	采样日期	采样频率	采样时间

注：各个采样点第一组均为有人情况下采样，第二组为无人情况下采样。

3. 采样方法

根据确定的监测项目，按照《空气和废气监测分析方法》《环境监测技术规范》和《环境空气质量标准》等所规定的采样和分析方法执行，具体方法见表 3–7。

表 3–7 环境空气监测项目及分析方法

监测项目	采样方法	流量 /（$L \cdot min^{-1}$）	采气量 /L	分析方法	检出下限 /（$mg \cdot m^{-3}$）
SO_2	溶液吸收法	0.5	22.5	四氯汞钾－盐酸副玫瑰苯胺分光光度法	0.009
NO_2	溶液吸收法	0.3	13.5	盐酸萘乙二胺分光光度法	0.01

（五）实验分析

参照《空气和废气监测分析方法》《环境空气质量标准》等所规定的分析方法对

待测污染物进行分析测定。

例如，空气中的 SO_2 可采用四氯汞钾－盐酸副玫瑰苯胺分光光度法测定，空气中的 NO_2 可采用盐酸萘乙二胺分光光度法测定。

（六）监测结果与分析

将不同采样点的监测结果记录在表 3-8。

可进一步根据气体污染物监测结果，计算校园环境的 API，计算方法如下：

$$API_i=A(I-1)+\frac{A(I)-A(I-1)}{B(I)-B(I-1)}\times[C(I)-B(I-1)]$$

表 3-8 各采样点的监测结果记录表

采样点	监测项目	小时平均			日平均		
		浓度 /（$mg\cdot m^{-3}$）	超标率	超标倍数	浓度 /（$mg\cdot m^{-3}$）	超标率	超标倍数
1	SO_2						
	NO_2						
2	SO_2						
	NO_2						
3	SO_2						
	NO_2						
4	SO_2						
	NO_2						

$$API=\max(API_i)$$

式中： $C(I)$——污染物实测值；

$A(I)$、$A(I-1)$——某 API 区间的 API 上下限值；

$B(I)$、$B(I-1)$——与 $A(I)$、$A(I-1)$ 对应的污染物浓度限值；

API_i——某污染物的分 API；

API——空气整体的 API。

根据监测结果进行 API 的计算，从而确定空气质量等级。

（七）报告的编写

监测报告一般包括任务来源、监测目的、现场调查、组织和人员分工、监测计划制订、准备工作、计划实施、质量保证（或实验室质量控制）、采样和样品保存、运输、实验室分析、数据处理、区域环境质量状况结论等内容。

（八）思考与讨论

① 依据校园环境空气质量的监测结果，将其与国家相关标准比较，分析评价校园空气质量现状。

② 分析可能产生空气污染的原因。

③ 对校园空气质量改善提出建议和措施。

案例 3：交通道路周边空气颗粒物监测与分析

（一）实践目的

① 监测交通道路周边环境中空气颗粒物的浓度水平，并评价该区域的空气质量。

② 掌握空气中颗粒污染物的采样与测定方法。

③ 根据交通道路及周边环境的实际情况，制订合理的采样方案。

④ 根据颗粒污染物的监测结果，计算空气污染指数（API），评价交通道路周边空气质量状况。

（二）现场调查

道路环境空气监测主要关注靠近住宅区的狭窄拥堵路段、繁忙的商业街区路段、重型车辆交通占比高的路段、道路交叉口路段、新建道路、交通流变化显著的路段、公交站和长途汽车路段。

将经过监测路段的机动车分为小型车（轿车、面包车）、中型车（公交车、中型客货车）、大型车（拖挂车）3 种，测量通过实验仪器放置点所在实验道路截面的各车型车流量。可参照表 3-9 对各类车型的车流量进行统计。

表 3-9 各类车型车流量统计表

编号	总交通流量 /（辆 · h^{-1}）	小型车流量比例 /%	中型车流量比例 /%	大型车流量比例 /%
1				
2				
3				
…				

（三）监测项目

可选择常用的空气颗粒污染物监测项目，如 TSP、$PM_{2.5}$ 和 PM_{10}。

（四）采样方案

1. 采样点布设

基于交通道路环境中，行人悬浮颗粒物暴露接触量最高的实际情况，以行人的健康为出发点，道路采样点设置在道路边人行道上。各主要交叉口、道路中段和绿化带内也可设置采样点。选择远离交通道路影响的地方设置对照点。每个采样点同时采集所选择的各项监测指标。

2. 采样时间和频率

根据实际的实践条件，可选择在一年中的不同季节分别进行集中监测，每次为期 6 d。监测时间段可分为早晨（7：30—9：30）、中午（11：00—13：00）、下午（14：00—16：00）、傍晚（17：00—19：00）等时段。

3. 采样与分析方法

TSP、PM_{10} 及 $PM_{2.5}$ 浓度的测定方法均为重量法，实验分析采用国家有关空气质量监测的标准和装置（GB/T 15432—1995，HJ 93—2013，GB/T 6921—1986）进行。采样高度为 1.5 m，流量设定为 100 L/min。采样前将玻璃纤维滤膜编号，连同信封在烘箱中烘干，放到干燥器中稳定，称至恒重，再把滤膜放入对应编号的信封中。采样后，将滤膜对折叠放回对应的信封中，放到干燥器中稳定，称至恒重。同时，对温度、相对湿度、风速、气压进行测量，并记录车流量数据。

城市交通道路空气中悬浮颗粒物污染主要来源于机动车尾气排放、道路扬尘、建筑扬尘，其浓度也受到颗粒物本底浓度的严重影响。城市交通道路颗粒物本底浓度，应该是排除交通道路影响后空气中稳定的颗粒物浓度。对照点远离交通污染源，与近地面空气中稳定颗粒物浓度接近，因此，对照点的浓度可以比较好地反映颗粒物本底浓度。通过监测数据分析气象因素（温度、相对湿度、风速、气压）、车流量、颗粒物本底浓度对道路悬浮颗粒物污染的影响。

（五）监测结果

机动车尾气排放及行驶过路面扬起的道路扬尘是 PM_{10} 的重要来源，车流量的增加，必然导致进入空气中的 PM_{10} 增加，使 PM_{10} 浓度呈现增长趋势。

对照点浓度能在一定程度上反映空气中颗粒物的本底浓度，因此可以通过对照点浓度的高低分析道路悬浮物颗粒浓度的变化情况，结果可参考表 3-10。

表 3-10 对照点 PM_{10}、$PM_{2.5}$ 及 TSP 日平均浓度 单位：mg/m^3

时间	监测道路类型	PM_{10} 日平均浓度	$PM_{2.5}$ 日平均浓度	TSP 日平均浓度

用颗粒污染物监测结果，计算交通道路周边环境的 API。参考相关标准，确定其空气质量等级。

（六）思考与讨论

① 根据监测结果，对交通道路周边空气污染情况进行评估。

② 分析各悬浮颗粒物指标之间的关系。

③ 分析交通道路周边环境中颗粒物浓度的主要影响因素。

④ 讨论空气中的颗粒污染物可能对交通道路周边环境人群产生的健康风险。

⑤ 提出改善交通道路周边环境空气质量的建议。

案例 4：工业园区挥发性有机物监测与分析

（一）实践目的

① 了解挥发性有机物（VOCs）的采样与测定方法，监测某工业园区范围内空气中挥发性有机物的浓度水平。

② 根据工业园区的具体情况，采用适宜的布点方法，确定合理的采样时间与采样频率。

③ 根据监测结果，分析工业园区挥发性有机物的排放特征。

④ 分析挥发性有机物的主要污染源，为污染物排放的控制提供依据。

（二）现场调查

对工业园区内的各个企业的生产原料、工艺及产品等情况进行调查，充分了解工业园区的企业构成及分布情况，分析判断可能为挥发性有机物污染源的重点企业及其污染源点位。

同时，对工业园区所在地的地形地貌特征、气象资料（如风向、平均风速、平均气温、平均气压、降水量、相对湿度）等进行收集调查。

（三）监测项目

挥发性有机物，主要包括烷烃、芳香烃等。

（四）采样方案

1. 采样点布设

根据采样方式与监测数据时间分辨率的不同，挥发性有机物监测可分为手工监测与自动监测两种模式。手工监测可多点同时采样，但时间分辨率低。自动监测可获得高分辨率的观测数据，更加有利于深入开展挥发性有机物时间变化规律等方面的研究。

参照点：可于监测当时风向的上风方向设置 1 ~ 2 个点作为参照点。

采样点：可在该工业园区东、南、西、北四个方向每个方向各设置一个采样点，采样点距离地面高度约为 1.8 m。也可针对产生挥发性有机物污染的重点企业在其周边各个方向设置采样点。

2. 采样时间和频率

采样时间可选择夏季某一连续时间段，每小时连续采样。

3. 采样方法

空气中的挥发性有机物浓度一般较低，需要采用富集采样法。可用装有以活性炭为主的吸附剂的吸附管进行采样，记录采样流量和采样时间，计算出采样体积。

（五）实验分析

通常可采用热脱附气相色谱 – 质谱法进行测定。首先将固体吸附剂中的挥发性有机物进行热脱附，以氦气为载气，样品中的目标物随脱附气进入气相色谱柱被分离，然后采用质谱进行检测。通过与待测目标物的标准质谱图对比进行定性，采用外标法或内标法进行定量。

（六）监测结果

根据各监测点中挥发性有机物物种及质量浓度，结合该工业园区内企业分布情况，确定该区域环境空气中挥发性有机物浓度水平。可参照表 3–11 列出监测结果中浓度水平较高的挥发性有机物物种。

表 3–11 工业园区空气样品中的挥发性有机物物种及其浓度

序号	挥发性有机物物种	浓度水平
1		
2		
3		

（七）思考与讨论

① 根据监测结果，分析该工业园区挥发性有机物的排放特征与污染状况。

② 结合现场调查，判断空气中挥发性有机物的主要来源。

③ 分析影响工业园区空气中挥发性有机物浓度的主要因素。

④ 提出针对工业园区挥发性有机物控制的治理措施。

案例 5：畜禽养殖场恶臭污染监测与分析

（一）实践目的

① 了解恶臭污染物的排放标准和测定分析方法。

② 监测并评价某畜禽养殖场及周边环境的恶臭污染状况。

③ 根据畜禽养殖场的情况，采用适宜的布点方法，确定合理的采样时间与采样频率。

④ 根据监测结果，分析畜禽养殖场中恶臭污染的主要来源，提出恶臭污染控制的策略。

（二）现场调查

对该畜禽养殖场的地理位置、畜禽养殖量、占地面积、养殖车间的方位及占地面积进行调查记录。同时记录所在地区的风向、风速等气象条件。

同时还应调查畜禽养殖场周边区域的用地情况，列出环境空气恶臭污染敏感点，如住宅、学校等。

（三）监测项目

选择造成恶臭的空气污染物作为监测项目，主要包括氨、硫化氢、三甲胺、甲硫醇等。

（四）采样方案

1. 采样点布设

排放恶臭的污染源可分为有组织排放源和无组织排放源。畜禽养殖场的恶臭排放属于无组织排放源。可根据畜禽养殖场的占地面积和养殖车间的方位等实际情况，合理布设一定数量的采样点。此外，还应在畜禽养殖场的下风方向，或有臭气方位的边界线上设置采样点。

2. 采样时间和频率

对于连续排放源，相隔 2 h 采样一次，共采集 4 次，取其最大测定值。

对于间歇排放源，在气味最大时间内采样，样品采集次数不少于 3 次，取其最大测定值。

对于环境空气恶臭污染敏感点的监测，根据现场踏勘、调查确定的时段采样，样品采集次数不少于 3 次，取其最大测定值。

3. 采样方法

对于恶臭污染物浓度进行监测时可采用直接采样法，如真空瓶采样、气袋采样等。对于具体的恶臭污染物进行监测时，可根据其实际浓度水平和分析方法的检出限选择直接采样法或富集采样法。

（五）实验分析

恶臭污染物浓度的分析按照《空气质量 恶臭的测定 三点比较式臭袋法》（GB/T 14675—1993）的相关要求进行。

目前，恶臭污染物组成成分的鉴别主要通过仪器分析法，通常采用 GC/MS、HPLC、离子色谱、分光光度等方法进行。气相色谱法是最可靠的畜粪恶臭污染物鉴别法，而配合热传导、火焰离子化、电子俘获、火焰光度传导和电解传导等检测技术可提高气相色谱法的选择性和灵敏度。

（六）监测结果

将实验测得不同种类恶臭污染物的相关数据进行记录，可参考表 3–12。

表 3–12 畜禽养殖场恶臭污染物监测结果记录

序号	监测项目	采样体积 /L	恶臭污染物质量 /g	恶臭污染物浓度 /（$mg \cdot m^{-3}$）
1	氨			
2	硫化氢			
3	三甲胺			
4	甲硫醇			
…				

排放浓度：

$$C=\frac{G}{V_{nd}}\times 10^6$$

式中：C——恶臭污染物的浓度，mg/m^3；

G——采样所得的恶臭污染物的质量，g；

V_{nd}——采样体积，L（干燥的标准状态）。

（七）思考与讨论

① 根据监测结果，分析评估畜禽养殖场的恶臭污染情况。

② 结合现场调查，判断恶臭污染物的主要来源。

③ 分析季节（或气温、湿度）、养殖场规模等因素对恶臭污染状况的影响。

④ 分析畜禽养殖场对周围环境中人群生活可能产生的影响。

⑤ 为畜禽养殖场恶臭污染治理提供建议。

第四章　土壤质量监测方案设计与实践

导言

土壤污染不仅影响土壤的生产力和生态功能，还可能通过食物链对人类健康构成威胁。土壤环境监测作为环境保护和污染治理的重要手段，对掌握土壤环境质量状况、预防和控制土壤污染、保障农产品质量和生态安全具有重要意义。

本章紧密结合国家环境保护政策与法规，课程设计内容涵盖土壤环境监测的方案设计、样品采集与处理、实验室分析、数据处理与科学分析，以及对土壤污染风险进行评估和预测等方面，注重理论与实践相结合，强调环境监测的规范性和准确性。在实践环节，学生将亲自动手进行土壤样品采集、处理和分析，运用所学理论知识解决实际问题。通过实践操作，学生不仅能够熟练掌握土壤环境监测的基本技能和方法，还能培养严谨的科学态度、团队协作精神和创新意识。

土壤环境监测课程设计不仅是一门专业实践课程，而且注重引导学生关注社会热点问题，关注民生福祉，将个人发展与国家需要紧密结合起来。通过课程学习，学生将深刻领悟人与自然和谐共生的重要性，树立绿色发展的理念，为推动我国生态文明建设贡献自己的力量。

第一节　土壤与土壤污染

土壤指陆地表面呈连续分布、具有肥力并能生长作物的疏松表层，是由岩石风化以及空气、水特别是动植物和微生物对地壳表层的长期作用而形成的。土壤的固体物质包括矿物质和有机质两部分，矿物质占土壤固体总质量的90%以上，有机质占固体总质量的1%～10%，一般耕地土壤中有机质约占5%，且绝大部分在土壤表层。

土壤污染指人类活动或自然过程产生的有害物质进入土壤，其数量和累积速度超过了土壤净化作用的速度，破坏了自然动态平衡，引起土壤化学、物理、生物等方面特性的改变，影响土壤功能和有效利用，危害公众健康或者破坏生态环境的现象。工业、农业、生活和交通等人类活动所产生的污染物，通过液体、气体、固体等多种形式进入土壤，统称为人为污染，是土壤环境污染的主要研究对象。

土壤中污染物按性质可分为无机污染物、有机污染物、生物污染物和放射性污染物。有机污染物又可分为挥发性污染物、半挥发性污染物等；无机污染物主要是重金属及其他无机污染物；放射性污染物指各种放射性核素，放射性水平高于天然本底值；生物污染物指外来的对生态系统及人类健康造成不良影响的有害生物。

土壤污染具有以下特点：

① 异质性：土壤的土质结构和特性等在空间上存在很大的不同，污染物进入土壤的方式、强度、形态等也各不相同，进入土壤后污染物在各种不同因素作用下，其迁移、转化等都不同，使污染的空间分布特征更加异质化。

② 隐蔽性和滞后性：污染物在土壤中长期积累，要经过长期摄入污染土壤、吸入土壤污染物蒸气、摄入污染土壤淋溶的地下水、摄食污染土壤生产的农产品等途径暴露后，才能通过人体和动物的健康状况变化反映出来。

③ 不可逆性和长期性：重金属污染物进入土壤环境后，与复杂的土壤组成物质发生一系列物理化学作用，最终不可逆地形成难溶化合物沉积在土壤环境中。因此，土壤一旦遭受污染便极难恢复。

④ 后果严重性：污染物进入土壤环境后不仅会危及生态安全，危害农产品安全，还会通过食物链进入人体，危害人体健康。

第二节　土壤环境质量标准、技术规范

我国最早的土壤环境质量标准是《土壤环境质量标准》（GB 15618—1995），于 1995 年发布、1996 年实施，主要对象是农业用地，未包含建设用地。2018 年 6 月，生态环境部发布了《土壤环境质量　农用地土壤污染风险管控标准（试行）》（GB 15618—2018）（代替 GB 15618—1995）和《土壤环境质量　建设用地土壤污染风险管控标准（试行）》（GB 36600—2018），重点提出了土壤污染风险筛查和管控的概念及其限值，突出风险筛查和分类，更能科学合理指导农用地与建设用地的安全利用。与土壤环境质量标准相配合实施的标准、导则和技术规范等包括：《土壤环境监测技术规范》（HJ/T 166—2004）、《建设用地土壤污染状况调查技术导则》（HJ 25.1—2019）、《地块土壤和地下水中挥发性有机物采样技术导则》（HJ 1019—2019）、《土壤和沉积物　13 个微量元

素 形态顺序提取程序》(GB/T 25282—2010)、《农用地土壤环境损害鉴定评估技术规范》(NY/T 4155—2022)、《地下水质量标准》(GB/T 14848—2017)、《地下水环境监测技术规范》(HJ 164—2020)。

第三节 土壤环境质量监测内容

防止土壤污染,首先要对土壤环境质量进行监测,即调查明确是否存在污染、污染程度如何、污染物类型及其来源和未来发展趋势。这些都是土壤环境质量监测要解决的关键问题,只有这样才能更好地为污染防控提供决策支撑。

通常土壤环境质量监测指标可分为以下几类:

① 物理指标:土壤质地、土壤水分、孔隙度、容重、温度、毛细作用等;

② 化学指标:酸碱性、养分含量(氮、磷、钾等)、有机质含量、各种污染物包括重金属和有毒非金属(汞、镉、铬、镍、铅、砷和硒等)、氟化物、农药残留量(有机氯、有机磷等)、石油及其产品等;

③ 生物指标:土壤动物如蚯蚓数量、微生物种群、土壤酶等。

《土壤环境质量 农用地土壤污染风险管控标准(试行)》(GB 15618—2018)中土壤污染风险筛选值的基本项目为必测项目,见表4-1,共计8种重金属元素;因为土壤pH对其重金属含量影响较大,所以该标准将风险筛选值以四个pH区间给出了明确的风险筛选限值。

表 4-1 农用地土壤污染风险筛选值(基本项目) 单位:mg/kg

序号	污染物项目①,②		风险筛选值			
			pH ≤ 5.5	5.5<pH ≤ 6.5	6.5<pH ≤ 7.5	pH>7.5
1	镉	水田	0.3	0.4	0.6	0.8
		其他	0.3	0.3	0.3	0.6
2	汞	水田	0.5	0.5	0.6	1.0
		其他	1.3	1.8	2.4	3.4
3	砷	水田	30	30	25	20
		其他	40	40	30	25
4	铅	水田	80	100	140	240
		其他	70	90	120	170

续表

序号	污染物项目①,②		风险筛选值			
			pH ≤ 5.5	5.5<pH ≤ 6.5	6.5<pH ≤ 7.5	pH>7.5
5	铬	水田	250	250	300	350
		其他	150	150	200	200
6	铜	水田	150	150	200	200
		其他	50	50	100	190
7	镍		60	70	100	190
8	锌		200	200	250	300

注：① 重金属和类金属砷均按元素总量计。
② 对于水旱轮作地，采用其中较严格的风险筛选值。

农用地土壤污染风险筛选值的其他项目为选测项目，包括六六六、滴滴涕和苯并[a]芘风险筛选值（表 4–2）。

表 4–2　农用地土壤污染风险筛选值（其他项目）　单位：mg/kg

序号	污染物项目	风险筛选值
1	六六六总量①	0.10
2	滴滴涕总量②	0.10
3	苯并[a]芘	0.55

注：① 六六六总量为 α – 六六六、β – 六六六、γ – 六六六、δ – 六六六四种异构体的含量总和。
② 滴滴涕总量为 p,p′ – 滴滴伊、p,p′ – 滴滴滴、o,p′ – 滴滴涕、p,p′ – 滴滴涕四种衍生物的含量总和。

《土壤环境质量　建设用地土壤污染风险管控标准（试行）》（GB 36600—2018）则针对建设用地的土壤污染风险评估和管控提供了科学依据，有助于避免污染物的扩散和迁移，判断土壤污染对人体的健康风险，并采取相应的措施进行管控。具体可参见我国生态环境部生态环境标准相关内容。

第四节　土壤样品采样点布设

一、资料收集

实施土壤环境质量调查，需要收集目标地块土壤及地下水的相关资料，具体包括：① 监测区域的地理信息图、地形、地貌图和交通信息图，气候资料（温度、降水量和蒸发量),敏感目标及其分布,国家和地方相关政策、法规和标准等资料。

② 地块土壤环境资料、历史资料和有关政府文件等,如区域环境保护规划、环境质量公报、用地企事业单位在政府机关相关环境备案和批复,以及生态和水源保护区规划等。

③ 地块所在区域工农业生产及排污、污灌、化肥农药施用情况资料,可能造成土壤污染事故的主要污染物物理化学性质、毒性与生物稳定性及防治等资料。

④ 监测区域遥感信息与土壤利用及其演变过程方面的资料等。

现场踏勘的主要内容包括:地块的现状与历史情况,相邻地块的现状与历史情况,周围区域的现状与历史情况,区域的地质、水文地质和地形的描述等。

二、土壤、地下水样品采样点布设

1. 土壤样品采样点布设

土壤采样点是在监测单元内实施监测采样的具体点位,科学划分采样单元是采样点布设的前期基础性工作。归纳起来,监测布点方法一般有4种方式,即简单随机布点法、分块随机布点法、系统随机布点法和专业判断布点法,如图4–1所示。

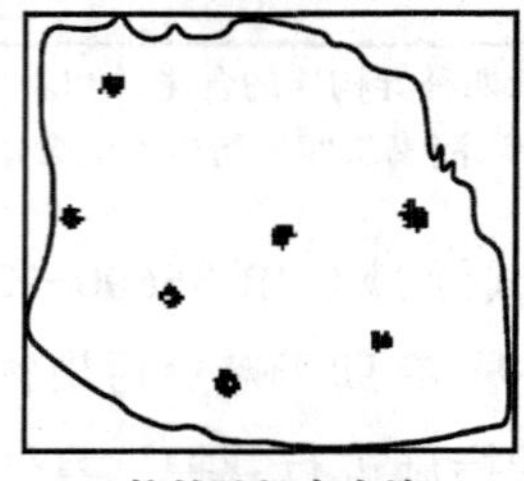

简单随机布点法

分块随机布点法

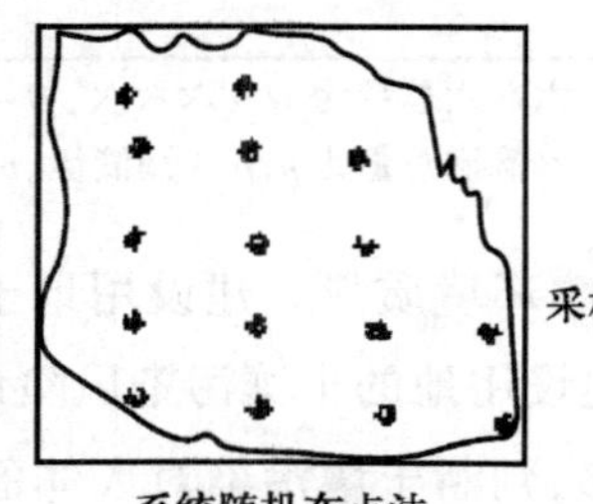

系统随机布点法

图4–1 布点方法示意图

简单随机布点法:适应于各类场地情况,特别是污染分布不明确或污染分布范围大的场地。

分块随机布点法:适用于污染分布不均匀,并获得污染分布情况的场地。

系统随机布点法:适用于污染分布比较均匀的场地。

专业判断布点法:适用于潜在污染明确的场地。

在土壤样品采样点布设的同时,也要考虑布设地下水采样井位。

需要注意的是:无论是哪类土壤环境状况调查,均应在调查场地附近布设对照点,尽量选择在一定时间内未经外界扰动的表层土壤,必要时也可采集一定深度的土壤样品。地下水对照点设置还应考虑地下水的流向、水力坡降、含水层渗透性、埋深和厚度等水文地质条件。

2. 地下水采样点布设

地下水采样一般布设两类监测井：背景值监测井和调查监测井；必要时可构建合理的采样井监测网络。

第五节　样品采集、采样设备与原位分析

一、样品采集和保存

1. 土壤样品采集和保存

样品采集量为 1 kg 左右，取样后装入样品袋，对于潮湿样品可内衬塑料袋（供无机物测定）或将样品置于玻璃瓶内（供有机物测定）。采样的同时，由专人填写样品标签、采样记录；标签一式两份，一份放入袋中，一份系在袋口，标签上标注采样日期、地点、样品编号、监测项目、采样深度和地理信息标记。采样结束，须逐项检查采样记录、样袋标签和土壤样品。将底土和表土按原层回填到采样坑中，方可离开现场，并在采样示意图上标出采样地点，避免下次在相同处采集剖面样。土壤样品标签样式和土壤采样现场记录表分别见表 4–3 和表 4–4。

表 4–3　土壤样品标签样式

土壤样品标签
样品编号：
采样地点： 东经　　　　北纬
采样层次：
特征描述：
采样深度：
监测项目：
采样日期：
采样人员：

表 4-4 土壤采样现场记录表

<table>
<tr><td colspan="2">采样地点</td><td></td><td>东经</td><td></td><td>北纬</td><td></td></tr>
<tr><td colspan="2">样品编号</td><td></td><td colspan="2">采样日期</td><td colspan="2"></td></tr>
<tr><td colspan="2">样品类别</td><td></td><td colspan="2">采样人员</td><td colspan="2"></td></tr>
<tr><td colspan="2">采样层次</td><td></td><td colspan="2">采样深度 /cm</td><td colspan="2"></td></tr>
<tr><td rowspan="3">样品描述</td><td>土壤颜色</td><td></td><td colspan="2">植物根系</td><td colspan="2"></td></tr>
<tr><td>土壤质地</td><td></td><td colspan="2">沙砾含量</td><td colspan="2"></td></tr>
<tr><td>土壤湿度</td><td></td><td colspan="2">其他异物</td><td colspan="2"></td></tr>
<tr><td colspan="2">采样点示意图</td><td colspan="2"></td><td>自上而下
植被描述</td><td colspan="2"></td></tr>
</table>

采样点可采表层样或土壤剖面。一般监测采集表层样，采样深度为 0 ~ 20 cm，特殊要求的监测（土壤背景、环境影响评价、污染事故等）在必要时选择部分采样点采集剖面样品。

表层土壤的采集一般采用挖掘方式进行，一般使用锹、铲及竹片等简单工具，也可进行钻孔取样，在采样过程中，应尽量减少土壤扰动，保证土壤样品在采样过程不被二次污染；下层土壤的采集以钻孔取样为主，也可采用槽探的方式进行采样。

土壤样品的保存方法：现场采集样品后，必须逐件与样品登记表、样品标签和采样现场记录表进行核对，核对无误后分类装箱，运往实验室。运输过程中严防样品的损失、混淆和沾污。对光敏感的样品应有避光外包装。对于易分解或易挥发等不稳定组分的样品要采取低温保存的运输方式，并尽快送到实验室分析测试；测试项目需要新鲜样品的土样，采集后用可密封的聚乙烯或玻璃容器在 4 ℃以下避光保存，样品要充满容器。避免用含有待测组分或对测试有干扰的材料制成的容器盛装保存样品，测定有机污染物用的土壤样品要选用玻璃容器保存。

土壤样品的保存方法可具体按照《土壤质量 土壤样品长期和短期保存指南（GB/T 32722—2018）、《建设用地土壤污染风险管控和修复监测技术导则》（HJ 25.2—2019）、《土壤环境监测技术规范》（HJ/T 166—2004）的要求进行。

2. 地下水样品采集和保存

地下水可采集上层滞水、潜水和承压水。上层滞水的水质与地表水的水质基本相同；潜水通过包气带直接与大气圈、水圈相通，具有季节性变化的特点；而承压水不易受人为活动影响，水质相对稳定。

专用的地下水监测井，井口比较窄（5 ~ 10 cm），但井管深度视监测要求不等（1 ~ 20 m），多采用抽水设备、贝勒管等采样方式。采样前须先洗井，在现场使用便携式水质测定仪对出水进行测定，当浊度小于或等于 10 NTU 时或者当浊度连续三次测定的变化在 ±10% 以内、电导率连续三次测定的变化在 ±10% 以内、pH 连续三次测定的变化在 ±0.1 以内时或者当洗井抽出水量为井内水体积的 3～5 倍时，可结束洗井；采样时采样器放下与提升的动作要轻，避免搅动井水及底部沉积物。

样品采集一般按照挥发性有机物（VOCs）、半挥发性有机物（SVOCs）、稳定有机物及微生物样品、重金属和普通无机物的顺序采集，并参照《地块土壤和地下水中挥发性有机物采样技术导则》（HJ 1019—2019）相关要求，控制出水口流速。

地下水样品的保存参见本教材第二章水样保存相关内容。

二、土壤 / 地下水样品采集设备

需要准备的土壤采样工具和现场检测仪器主要有以下几类：

① 工具类：铁锹、铁铲、圆状取土钻、螺旋取土钻、竹片及适合特殊采样要求的工具等，如图 4-2 所示。

② 器材类：GPS、罗盘、照相机、胶卷、卷尺、样品袋、采样瓶、样品保存箱及现场探测设备，如便携式挥发性有机物检测仪、便携式 X 射线荧光金属元素检测仪等。便携式水质分析设备，如水温、pH、电导率、浊度和氧化还原电位检测仪等。

③ 调查信息记录类：样品标签、采样记录表、铅笔、资料夹等。

④ 安全防护用品：工作服、工作鞋、安全帽和药品箱等。

土壤样品的采集是根据先前制订的监测方案，记录点位坐标，拍摄数码照片和实施采样等工作。采样的基本要求是保证土样具有足够的代表性，即能代表所研究的土壤总体。

地下水样品采集设备参见本教材第二章相关内容。

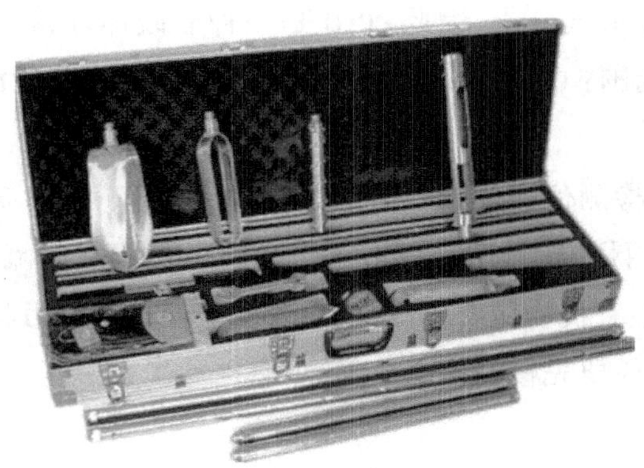

图 4-2　土壤样品采样工具组合套装

三、土壤样品现场检测

1. 重金属现场快速检测

重金属现场快速检测基于X射线荧光光谱法和电化学法－阳极溶出伏安法。下面介绍X射线荧光光谱法。

每种元素都具有自身的特征X射线，其与元素的原子系数有关。X射线荧光光谱法正是利用样品对X射线的吸收随样品中的成分及其多少的变化而变化来定性或定量测定样品中成分的一种方法。只要测出了特征X射线的波长 λ，就可以得出产生该波长的元素，可做定性分析。当X射线（一次X射线）做激发源照射组成样品均匀的试样时，试样中元素产生特征X射线的强度与待测元素含量之间存在线性关系，根据谱线的强度可以进行定量分析。

该方法具有分析迅速、样品前处理简单、可分析元素范围广、谱线简单、光谱干扰少、试样形态多样性及测定时的非破坏性等特点。它不仅用于常量元素的定性和定量分析，而且也可进行微量元素的测定，其检出限多数可达 10^{-3} g/kg。与分离、富集等手段相结合，检出限可达 10^{-5} g/kg。多道分析仪在几分钟之内可同时测定20多种元素的含量。

2. 挥发性有机物现场快速检测

目前普遍采用光离子化检测器（photo ionization detector，PID）快速检测样品中挥发性有机物，称为PID光离子气体检测仪。其基本原理为：使用紫外灯（UV）光源将样品中有机物分子电离成可被检测器检测到的正负离子（离子化）。检测器捕捉到离子化气体的正负电荷并将其转化为电流信号，进而实现挥发性有机物浓度的测量。气体离子在检测器的电极上被检测后，很快会与电离产生的电子结合重新组成原来的气体和蒸气分子，因此，PID是一种非破坏性检测器，可以实现连续实时检测。检测浓度范围：10^{-9} ~ 10^{-6}，但是不能用来定性区分检测到的挥发性有机物种类。

PID光离子气体检测仪适用于检测VOC、TVOC、苯、甲苯、氨、二硫化碳、三甲胺、烯烃、芳香烃、丙酮、丙烯腈、乙酸、乙酸乙酯、乙醚、甲硫醇、甲硫醚、苯乙烯、氯乙烯等挥发性气体，但挥发性有机物包含范围很大，种类甚至达到百万种之多，故在PID光离子气体检测仪使用之前要先核实检测范围。

第六节　土壤样品预处理方法

一、土壤样品预处理

典型的土壤样品制样过程如图 4–3 所示。样品制备的目的是从采取的小样或大样中获取最佳量、具有代表性、能满足试验或分析要求的样品。在预处理过程中，应防止样品产生化学变化和被污染。通常，固体废物样品的预处理包括样品风干、粉碎、筛分、混合和缩分等步骤。

研磨混匀后的样品，分别装于样品袋或样品瓶，填写土壤标签一式两份，瓶内或袋内装一份，瓶外或袋外贴一份。

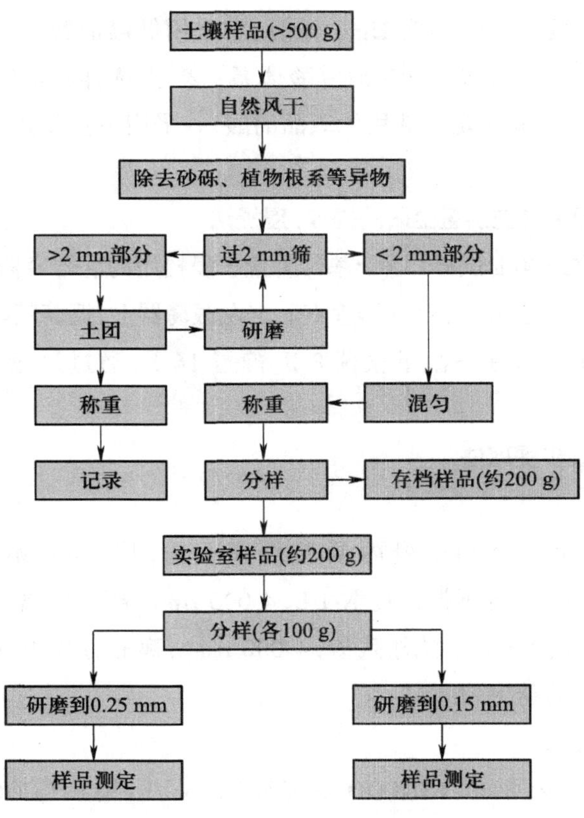

图 4–3　典型的土壤样品制样过程

样品制备过程中,采样时的土壤标签与土壤始终放在一起,严禁混错,样品名称和编码始终不变;制样工具每处理一份样后擦抹(洗)干净,严防交叉污染。分析挥发性、半挥发性有机物或可萃取有机物无须上述制样过程,用新鲜样品按特定的方法进行样品预处理。

二、土壤中重金属样品的预处理方法

(一)针对土壤中重金属总量提取:多元酸消解法

测定土壤中重金属元素的总量时,常常使用各种酸或混合酸进行土壤样品的消解。消解的作用是:① 溶解固体物质;② 破坏土壤中的有机物;③ 将各种形态的金属转变为同一种可测态。常用的酸有硝酸、盐酸、高氯酸、硫酸和氢氟酸等。

土壤样品的消解多采用多元酸消解体系,这与土壤介质的复杂性密切相关;测定元素不同,消解用酸的种类也有所不同。在土壤样品多元酸消解时,消解酸的用量及加酸的顺序就显得更为重要,具体用酸选择参见本教材第二章。

需要特别注意的是:① 测定 Hg 含量时,应采用低温消解法,即 HNO_3–$KMnO_4$ 或 HNO_3–H_2SO_4–$KMnO_4$ 或 HNO_3–HCl 消解酸体系;② 土壤样品消解时,消解酸用量也远高于水样的消解,因此一定要选用优级品的酸,并采用少量多次用酸原则,同时要求进行空白试验。

(二)针对土壤中易交换重金属的提取:浸提法

浸提步骤:称取 100 g 试样(以干基计),置于浸提用的混合容器中,加 1 L 水(包括试样的含水量);将浸提用的混合容器垂直固定在振荡器上,振荡频率调节为(110 ± 10)次 /min,振幅为 40 mm,在室温下振荡 8 h,静置 16 h;通过过滤装置分离得到浸出液待分析测定。

(三)Tessier 五步提取法

1. 可交换态

取 1 g 土壤样品于 50 mL 聚丙烯塑料离心管,取 8 mL $MgCl_2$ 溶液(1 mol/L,pH=7.0)倒入样品中,室温下振荡提取 1 h,4 000 r/min 离心分离 10 min,将上清液置于 50 mL 比色管。用 5 mL 水洗涤残渣,4 000 r/min 离心分离 10 min,将上清液置于 50 mL 比色管,定容后待测定。

2. 碳酸盐结合态

取上步残渣,加入 8 mL CH_3COONa 溶液(1 mol/L,用 CH_3COOH 调 pH=5.0),室温下振荡提取 5 h,4 000 r/min 离心分离 10 min,将上清液置于 50 mL 比色管。用

5 mL 水洗涤残渣，4 000 r/min 离心分离 10 min，将上清液置于 50 mL 比色管，定容后待测定。

3. 铁锰氧化物结合态

取上步残渣，加入 20 mL（0.04 mol/L）$NH_2OH \cdot HCl$ 和 25%（体积分数）CH_3COOH 混合液，在 96 ℃条件下适当搅拌 6 h，4 000 r/min 离心分离 10 min，将上清液置于 50 mL 比色管。用 5 mL 水洗涤残渣，4 000 r/min 离心分离 10 min，将上清液置于 50 mL 比色管，定容后待测定。

4. 有机质及硫化物结合态

在上述残渣中加入 3 mL 0.02 mol/L HNO_3 和 5 mL 30% H_2O_2（pH=2.0），在 85 ℃条件下，适当搅拌 2 h；加入 3 mL 30% H_2O_2，在 85 ℃条件下适当搅拌 3 h；加入 5 mL 3.2 mol/L CH_3COONH_4 和 20%（体积分数）HNO_3 混合液，在室温下连续搅拌 0.5 h，4 000 r/min 离心分离 10 min，将上清液置于 50 mL 比色管。用 5 mL 水洗涤残渣，4 000 r/min 离心分离 10 min，将上清液置于 50 mL 比色管，定容后待测定。

5. 残渣结合态

上步提取后的残渣置于 30 mL 聚四氟乙烯坩埚内，加几滴去离子水润湿，加入 10 mL HF，加入 5 mL 1∶1 $HClO_4$–HNO_3 混合液，加盖低温消化（100 ℃以下）1 h 后，去盖，升高温度（低于 250 ℃）继续消化至 $HClO_4$ 冒浓厚白烟。再加入 5 mL HF 和 5 mL 1∶1 $HClO_4$–HNO_3 混合液，消化至 $HClO_4$ 冒浓厚白烟时，加盖，使黑色有机碳化物充分分解。待坩埚上的黑色有机碳化物消失后，开盖驱赶白烟到近干，加入 5 mL HNO_3 消化至白烟基本消失且残余物近干，取下趁热加入 5 mL 2 mol/L HCl，加热溶解残渣（不能冒烟）。然后转移至 25 mL 容量瓶中，用去离子水定容后待测定。

除 Tessier 五步提取法之外，也可参考《土壤和沉积物　13 个微量元素形态顺序提取程序》（GB/T 25282—2010）进行金属元素的多级提取。

三、土壤中有机物样品的预处理方法

（一）土壤有机质分析方法

土壤有机质是土壤的重要组成部分，在土壤形成、土壤肥力、环境保护及农林业可持续发展等方面具有很重要的作用。测定土壤有机质的方法包括以下 3 种。

1. 重铬酸钾容量法

测定土壤中的有机质是用氧化性强的重铬酸钾硫酸溶液与土壤中的有机碳发生热氧化还原反应（它们之间存在定量关系），再用标准还原剂（硫酸亚铁）滴定剩余的重铬酸钾。

2. 灼烧法（重量法）

该方法通过测定土壤灼烧前后重量的变化情况，计算出土壤有机质的含量。

3. 光度比色法

该方法以硫酸亚铁为标准溶液进行土壤有机质的分光光度测定。

（二）有机污染物提取

土壤中有机污染物监测项目包括苯并［a］芘、有机氯农药等。根据“相似相溶”的原理，提取剂尽量选择与待测物极性相近的有机溶剂；其必须与样品能很好地分离，且不能与样品发生作用。此外，还要求提取剂沸点范围在45～80 ℃为宜。当单一溶剂不能成为理想的提取剂时，常用两种或两种以上不同极性的溶剂以不同的比例配成混合提取剂。

土壤样品中有机物的萃取方法有：索氏提取法、振荡提取法、超声波提取法等。

1. 索氏提取法

准确称取一定量土壤样品或取20.0 g新鲜土壤样品加入等量无水Na_2SO_4研磨均匀，转入滤纸筒中，再将滤纸筒置于索氏萃取器（图4-4）中。在有1～2粒干净沸石的150 mL圆底烧瓶中加入100 mL提取剂，连接索氏萃取器，加热回流16～24 h即可。

2. 振荡提取法

准确称取一定量的土壤样品（新鲜土壤样品加入1～2倍量的无水Na_2SO_4或$MgSO_4 \cdot H_2O$搅匀，放置15～30 min，固化后研成细末），转入标准口三角瓶中加入约2倍体积的提取剂振荡30 min，静置分层或抽滤、离心分出提取剂，样品再分别用1倍体积提取剂提取2次，离心分离提取剂后合并，经净化后分析测定。

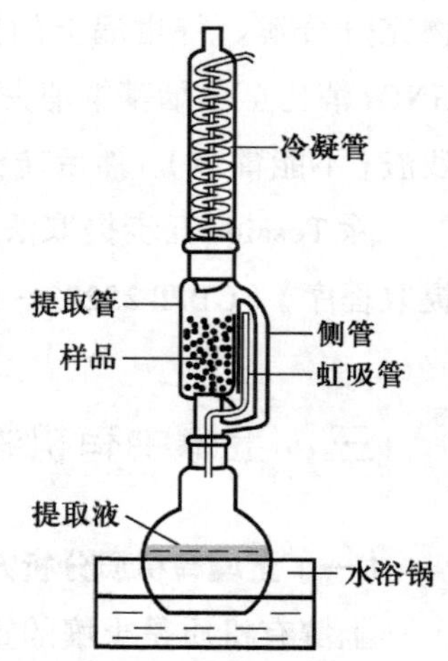

图4-4 索氏提取装置示意图

3. 超声波提取法

利用超声波产生的巨大压力对土壤进行反复冲击，其产生的机械波也起到了充分的搅拌作用，使得土壤不断与提取剂充分接触，从而加速有机污染物在有机相中的溶解。与常规提取法相比，超声波提取具有提取时间短、萃取效率高、无须加热等优点。

第七节　土壤中痕量污染物分析

土壤中痕量污染物分析常用吸收/发射光谱法、色谱－质谱法等。选择分析方法的原则是优先选用国家标准方法，权威部门规定或推荐方法。在实际工作中，通常根据目标污染物的种类、浓度水平及所需的灵敏度和精密度等，选择合适的分析方法。常用的分析方法简要介绍如下：

① 原子吸收光谱法（AAS）：适用于测定土壤中的重金属元素，如铅、镉、汞和砷等。样品经过消解后，元素在火焰或石墨炉中被激发并发射特定波长的光，通过测量光的吸收来定量分析。

② 电感耦合等离子体质谱法（ICP-MS）：这是一种高度灵敏的技术，可以检测土壤中的微量元素和痕量元素。样品经高温消解后，被引入高温的等离子体中，其中的元素被离子化并通过质谱分析。

③ 有机质含量测定（OM）：通过干燥燃烧法或湿化学法来测定土壤中的有机质含量。干燥燃烧法利用高温炉（如 550 ℃）燃烧土壤样品以确定其有机质的含量。

④ 气相色谱－质谱联用（GC-MS）：主要用于分析土壤中的有机污染物，如多环芳烃（PAHs）、农药和塑化剂等。样品经适当提取和纯化后，挥发性有机物被分离并通过质谱进行鉴定和定量。

⑤ 高效液相色谱（HPLC）：用于分离和鉴定土壤中的有机物，尤其是那些不挥发的或热不稳定的化合物。通过与紫外/可见光检测器或其他检测器联用，可以实现对这些化合物的定量分析。

⑥ 超临界流体色谱（SFC）：这是一种较新的色谱技术，结合了气相色谱和液相色谱的特点，特别适用于对土壤中的某些有机污染物进行分析。

⑦ 生物素标记的脂肪酸甲酯（FAMEs）分析：这种方法基于土壤微生物脂肪酸的提取和甲基化，之后与生物素标记反应，通过荧光定量 PCR 技术进行定量分析。

⑧ 核磁共振（NMR）光谱法：可以用来研究土壤有机质的分子结构，包括其化学环境和官能团的类型。

第八节 实 践 案 例

案例 1：校园土壤、植物中重金属监测方案设计与实践

（一）实践背景和实践意义

大学校园是学生生活、学习的主要场所，具有人口密集、人类活动频繁的特点。尤其是一些含有重金属化学物质的实验项目或交通排放，可能会对校园内的生态环境带来巨大压力，直接或间接地影响广大师生的身体健康。不同植物对土壤中的重金属具有不同的富集能力，同时植物中重金属的含量也能反映土壤中重金属污染的情况。本实践旨在通过监测校园内典型区域的土壤及植物中重金属的含量，进一步研究多种重金属元素在校园土壤中的分布情况，有助于综合评估校园重金属潜在风险。

（二）依据相应标准、规范和指南

本实践以《土壤环境质量 建设用地土壤污染风险管控标准（试行）》（GB 36600—2018）中的第一类用地的筛选值作为评价依据。

（三）研究区域、监测指标确定

以某大学实验楼区域为研究对象，探究实验活动对土壤和植物中重金属的影响。实验楼内长期进行高频率的实验活动，并且在楼南侧设有实验室废物的临时存放点。调查区域内生长约 15 种乔本植物（如樟树、罗汉松等），以及 10 种主要的灌木草本类植物。这个区域的植物与土壤受到的外来扰动少，样品具有代表性。

实验楼附近区域共设置 8 个采样点（图 4–5），采样包含 4 种植物，按植株不同器

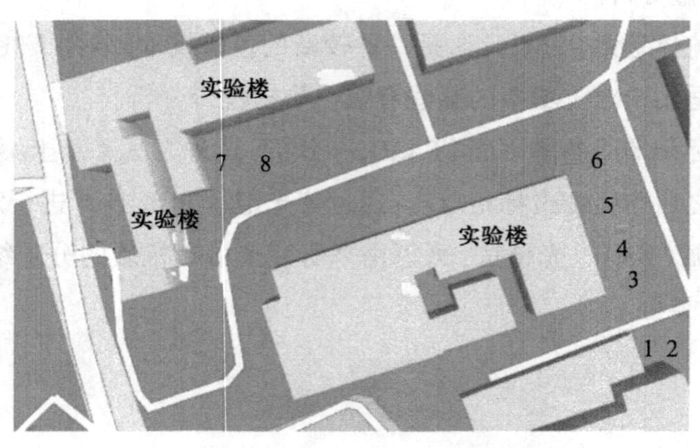

图 4–5 实验楼采样点示意图

官进行采样，共获得 12 份植物样品，并对应植物生长的位置采集 18 个土壤样品，部分土壤采样点采集上、中、下层土壤样品。

（四）样品预处理方法与分析

1. 样品预处理与保存

（1）土壤样品

① 风干：在风干室将土壤样品放置于风干盘中，摊成 2 ~ 3 cm 的薄层，并压碎、翻动，拣出碎石、沙砾、植物残体。

② 样品研磨：将风干的样品倒在有机玻璃板上，用木槌敲打，用木滚、木棒、有机玻璃棒再次压碎，拣出杂质，混匀，并用四分法取压碎样，过孔径 0.85 mm（20 目）尼龙筛。过筛后的样品全部置于无色聚乙烯薄膜上，并充分搅拌混匀，再采用四分法取其两份，一份交样品库存放，另一份用于样品的细磨。

用于细磨的样品研磨到全部过孔径 0.30 mm（50 目）尼龙筛，用于土壤元素全量分析。

③ 样品分装与保存：研磨混匀后的样品，分别装于样品袋或样品瓶，填写土壤标签一式两份，瓶内或袋内一份，瓶外或袋外贴一份，并依据监测指标选择合适的保存方式。

（2）植物样品处理保存

① 植物样品风干：在风干室将植物样品放置于风干盘中摊开，较长的样品须用陶瓷剪刀剪碎，风干至完全干燥。

② 样品粗磨：使用研钵将样品研碎，无须粉碎至十分细碎的状态。

③ 样品分装：研磨混匀后的样品，分别装于样品袋或样品瓶，填写植物标签一式两份，瓶内或袋内一份，瓶外或袋外贴一份。

2. 消解预处理

准确称取 0.200 0 ~ 0.250 0 g 试样（精确至 0.000 1 g）于 30 mL 聚四氟乙烯坩埚中。分别加入 6 mL HNO_3、2 mL HCl、1 mL HF 进行土壤样品微波消解，微波消解程序为 20 min 升温至 200 ℃并保持 30 min。敞口加热至酸液近干，冷却备用。

准确加入 8 mL HNO_3、2 mL HCl 进行植物样品微波消解，先静置过夜，微波消解程序为 20 min 升温至 180 ℃并保持 30 min。在电热板上再加入 2 mL HNO_3 敞口加热至酸液近干，冷却后备用。

3. 分析方法

（1）标准溶液的制备

使用实验室配制的 24 种 50 mg/L 金属混标母液，用去离子水进行稀释，制成标准序列溶液。

使用的所有玻璃器皿需要提前用30%左右的硝酸溶液浸泡24 h以上，以防污染，并且使用经过计量检定合格的移液枪移取母液，用去离子水定容至刻度，制成浓度为0.05 mg/L、0.1 mg/L、0.2 mg/L、0.5 mg/L、1.0 mg/L、5.0 mg/L、10 mg/L、20 mg/L系列标准溶液。

（2）校准曲线的绘制

本实验中采用电感耦合等离子体发射光谱仪（ICP-OES）测定金属离子浓度。在仪器的最佳条件下，以校准溶液的质量浓度为横坐标，测得的谱线强度为纵坐标，绘制校准曲线。相关系数应不低于0.999 5。

（3）样品的测定

试样的测试条件与校准曲线的绘制步骤相同。每个样品平行测定两次，取平均值。当待测元素的浓度范围超出校准曲线的范围时，应对试液进行稀释。

（五）实验结果与分析

1. 样品中重金属含量情况

在本方案设计中，分别对土壤样品和植物样品的多种金属元素含量进行检测，每份样品同时进行两组平行实验，结果如表4–5所示。与土壤风险筛选值相比，在所选区域的所有采样点均未达到土壤风险筛选值，说明该处土壤中的重金属含量均未达到对人体健康产生风险的程度。

表4–5 土壤样品重金属含量测定结果 单位：mg/kg

样品编号	As	Cd	Co	Cr	Cu	Mn	Ni	Pb
1–上层	9.74	2.76	17.5	76.8	64.0	582	32.6	72.2
1–中层	7.35	2.76	17.9	72.4	47.0	600	25.6	67.0
1–下层	10.9	2.86	17.6	75.6	63.3	588	29.5	351
2–上层	14.4	2.63	16.6	80.0	57.3	583	31.0	360
2–中层	9.37	2.35	15.0	77.1	69.7	642	33.5	287
2–下层	1.31	1.75	12.7	69.3	69.2	641	35.1	245
3–上层	6.07	0.93	10.7	65.2	51.6	582	30.2	137
4–中层	6.31	0.84	11.8	43.9	44.7	617	30.4	142
4–上层	15.3	2.90	17.4	79.9	48.0	579	28.2	48.4
5–中层	20.6	2.69	16.1	59.7	24.7	473	24.2	24.2
5–上层	21.4	3.17	19.0	75.6	34.5	614	29.4	31.2
6–下层	19.3	3.44	19.8	85.2	38.3	645	30.6	31.8
6–中层	19.6	3.04	19.1	75.9	36.5	602	40.6	32.2
6–上层	17.4	2.67	15.6	63.6	30.2	488	24.4	28.9

续表

样品编号	As	Cd	Co	Cr	Cu	Mn	Ni	Pb
7- 中层	21.3	3.10	20.9	82.5	59.4	664	32.8	38.6
7- 上层	21.3	3.11	19.1	72.9	80.9	620	30.2	37.8
8- 中层	23.8	3.48	17.8	76.2	445	614	33.1	89.7
8- 上层	30.0	3.16	18.6	74.5	223	530	30.3	77.6

注：表中数据为平行组的平均值。

2. 功能区重金属分布情况

实验楼区域内的 8 个采样点处表层土壤和植物中 As 和 Cu 的含量如图 4–6 和图 4–7 所示。

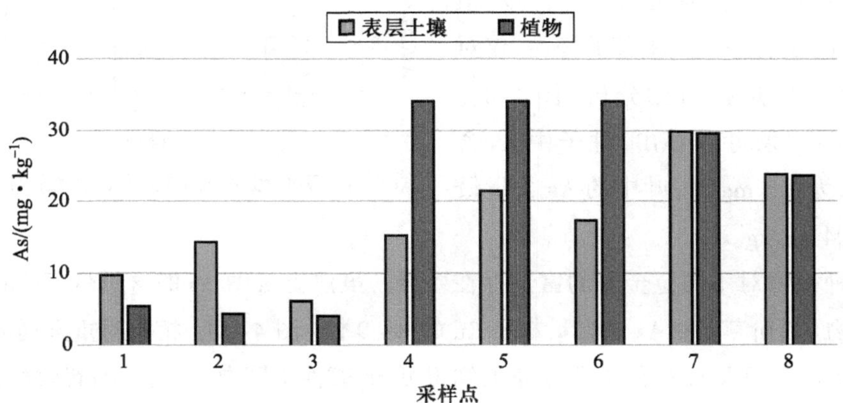

图 4–6　实验楼区域表层土壤和植物中 As 的含量

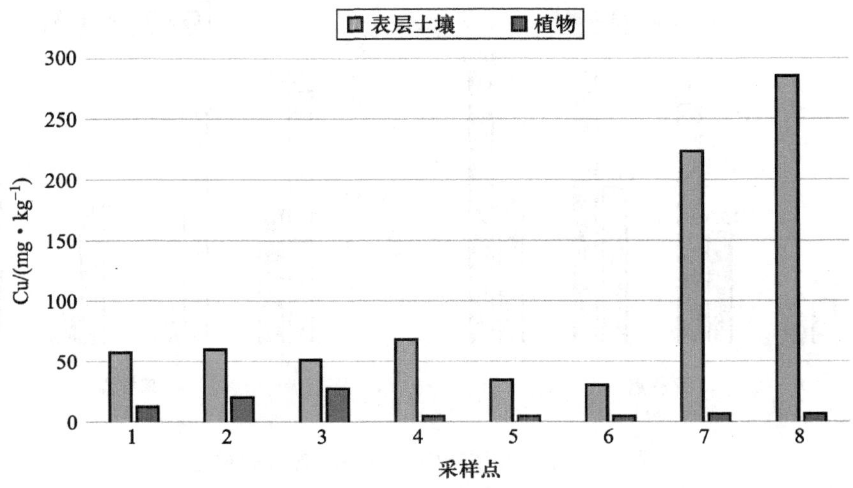

图 4–7　实验楼区域表层土壤和植物中 Cu 的含量

从各采样点 As 和 Cu 的含量分布可以看出，靠近采样点 7、8 的表层土壤中 As 和 Cu 的含量明显高于其他采样点。结合采样点周边的建筑设施和人类活动进行分析，采样点 7、8 附近楼宇长期进行实验活动，且采样点西侧即为废弃设备存放点，这些都可能是导致该处采样点土壤中 As 和 Cu 含量较高的原因。

对植物中两种元素的含量进行比较，As 和 Cu 显现出不同的富集规律，而且植物中同种元素的含量基本与土壤中元素含量保持正相关。

3. 植物中重金属分布情况

利用本方案设计的监测数据，可以对重金属在植物中的分布进行简单的分析。

首先是同种植物不同器官处的重金属含量存在差异。以实验楼区域采样点 1 采集到的紫茉莉为例，为了避免对植株的破坏，没有采集其根部的样品，仅对种子、花和叶进行对比分析（图 4-8）。根据检测结果可以看出，种子中 As 含量最低，为 2.3 mg/kg，叶中的 As 含量最高，为 5.4 mg/kg。

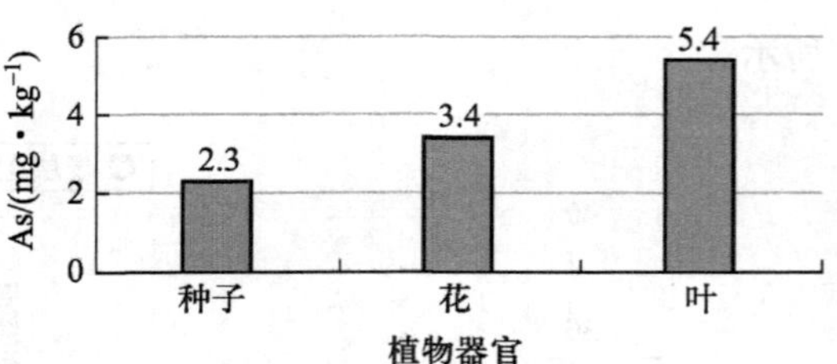

图 4-8 实验楼区域采样点 1 紫茉莉中 As 含量

同种植物对不同重金属的富集存在差异。虽然土壤中 As 的含量低于 Cu，但是对应的植物（沿阶草）中 As 的含量却是 Cu 的 8～9 倍（图 4-9）。植物对重金属的利用与生物有效性有很大的关系，根据所学的知识可知，碱性土壤中 As 的生物有效性较高，Cu 在酸性条件下更易被植物所利用，这可能是二者在植物中富集情况存在差异的原因。

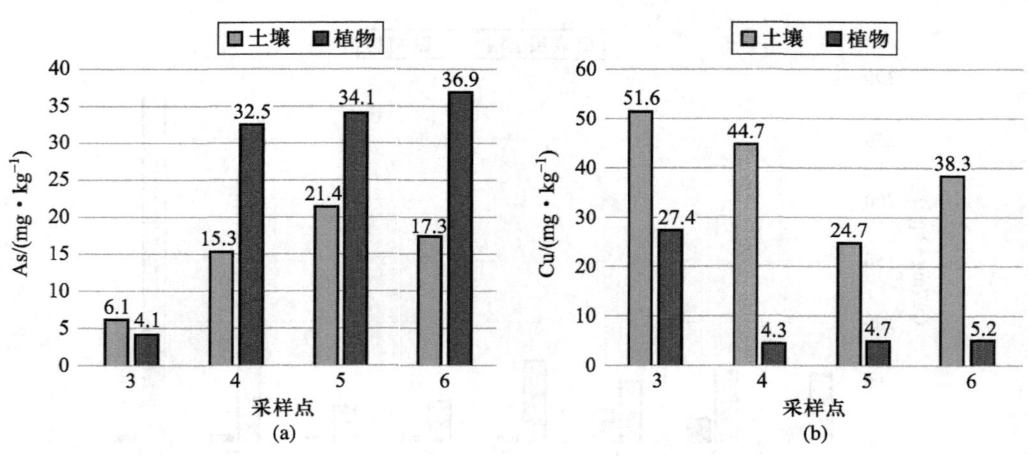

图 4-9 土壤和植物中 As 和 Cu 含量的对比

（a）As 含量；（b）Cu 含量

（六）主要结论与体会

通过本次方案设计及监测结果的分析，得到校园两类功能的典型代表区域内重金属含量分布情况：

① 校园内的实验活动对土壤重金属的分布产生明显影响，实验活动频率密集区域土壤中重金属的含量较高，但植物中的含量与两者没有绝对的关系。

② 土壤分布中重金属的含量随着深度的增大而降低，同时采样点中存在部分个例，推测其原因与客土覆盖有关。

③ 植物分布中，同一株植物的不同部位重金属含量不同，对紫茉莉而言，含量分布为叶＞花＞种子。而同一株植物对不同重金属的富集能力不同，以沿阶草为例，同一株沿阶草对 As 的富集能力远高于 Cu。

本次环境监测课程设计是一次历时一个学期的全过程环境监测实践，在繁忙的一学期里，我们学会了小组合作与有效沟通，9 月初与指导教师沟通并确定研究目标，10 月初开始学习采样方法，并进行实地采样，10 月中旬至 12 月对样本进行预处理及检测。在这一过程中我们学习了基本的采样方法、布点原则、土壤环境质量标准及质量评价，掌握了基本实验器材的使用及数据分析方法，并在 12 月底和组员一同完成了最终报告。

这次课程设计不仅提升了我的科研能力，为日后的学习打下了基础，也让我感受到了科研的乐趣，坚定了我继续从事科研工作的决心。

（七）参考文献（略）

案例 2：上海市土壤中速效钾、铵态氮、有效磷与有机质监测方案设计与实践

（一）实践目的和实践意义

长期保存的土壤样品是国家科技基础支撑条件的重要组成部分，对土壤及环境长期变化研究和科学数据开放共享等具有重要价值。为满足长江环境样品库土壤样品保存及积累监测数据的需求，通过实地采样、预处理、实验检测等一系列监测流程，基本掌握上海市土壤的 pH、铵态氮、有效磷、速效钾与有机质的质量状况。

（二）相关标准及技术规范

相关标准及技术规范包括《土壤环境监测技术规范》（HJ/T 166—2004）、《环境监测质量管理技术导则》（HJ 630—2011）、《全国第二次土壤普查养分分级标准》（中华人民共和国生态环境部）等。

（三）采样点的布设

根据《土壤环境监测技术规范》（HJ/T 166—2004），以 11 km × 11 km 进行网格划分，划分后所得到的交叉点为目标采样点，以此划分后的上海市区内有 50 个目标采样点，崇明岛有 4 个目标采样点。

（四）监测项目及监测方法

选取 pH、铵态氮、有效磷、速效钾与有机质为监测指标。采用便携式 GE-Wi-Fi 系列（Lab/X6）检测仪进行各项目的快速检测，分析检测方法见表 4-6。

表 4-6 分析检测方法

检测项目	样品处理	显色测量
pH	取 6 mL 纯水于离心管，加脱色剂胶囊粉、1.00 g 风干研细土壤样品，拧紧管盖，漩涡混合 10 min（约 2 500 r/min），离心 5 min（7 000 r/min）	将上清液过滤至显色瓶，加 2 滴 pH 检测剂，摇匀，静置 2 min，按“pH”测量
铵态氮	取 5 mL 联合浸提剂（注：须根据土质 pH 选用对应的联合浸提剂）于离心管，加脱色剂胶囊粉、1.00 g 风干研细土壤样品，拧紧管盖，漩涡混合 10 min（约 2 500 r/min），离心 5 min（7 000 r/min）	吸取 1 mL 上清液于显色瓶，加纯水至 5 mL 刻度，3 滴氨氮检测剂①，摇匀，加 3 滴检测剂②，摇匀，静置 10 min，按“土质铵态氮”测量
有效磷（P_2O_5）		吸取 1 mL 上清液于显色瓶，加纯水至 5 mL 刻度，加磷检测剂③胶囊粉，立即摇溶后，再加 8 滴检测剂④，摇匀，静置 10 min，按“土质有效磷”测量
速效钾（K_2O）		吸取 1 mL 上清液于显色瓶，加纯水至 5 mL 刻度，加钾检测剂胶囊粉（注：铵态氮较高时须再加 2 滴甲醛溶液），摇混 1 min，静置 5 min，摇匀后按“土质速效钾”测量
有机质	① 称取 0.050 g 风干研细土壤样品于消解管，加 2 mL 纯水、2.5 mL COD 检测剂⑤、0.5 mL 检测剂⑥，摇匀，拧紧盖。② 启动消解仪（切换“COD”：165 ℃、20 min），待达到设定温度，插入消解管，盖上防护罩。③ 消解结束后，取出消解管自然冷却 5 min，移至冷水中再冷却 5 min。轻移插入定位井盖孔，按“土质有机质”测量	

注：①、②、③、④、⑤、⑥为便携式 GE-Wi-Fi 系列（Lab/X6）检测仪专用检测剂，详见检测仪说明书。

（五）样品的采集及信息记录

1. 样品采集

采样时，应尽量避开靠近马路侧，避开各类管道，相对远离大型建筑物和基础设施，避开沙石、玻璃和木枝等。每个采样点按五点采样法，采集5个分样的表层土壤样品，去除石块、植物残体等杂物后用铝箔纸包裹。

2. 样品信息记录

样品采集时，须记录采样点的GPS坐标、土壤土质、周边情况等基本信息。土壤现场记录表见表4–7。

表4–7　土壤现场记录表

<table>
<tr><td>采样地点</td><td colspan="2"></td><td>东经</td><td></td><td>北纬</td><td></td></tr>
<tr><td>样品编号</td><td colspan="2"></td><td>采样时间</td><td colspan="3"></td></tr>
<tr><td>样品类别</td><td colspan="2"></td><td>采样人员</td><td colspan="3"></td></tr>
<tr><td>采样层次</td><td colspan="2"></td><td>采样深度</td><td colspan="3"></td></tr>
<tr><td rowspan="3">样品描述</td><td>土壤颜色</td><td></td><td>植物根系</td><td colspan="3"></td></tr>
<tr><td>土壤质地</td><td></td><td>沙砾数量</td><td colspan="3"></td></tr>
<tr><td>土壤湿度</td><td></td><td>其他异物</td><td colspan="3"></td></tr>
<tr><td>采样点示意图</td><td colspan="2"></td><td>植被描述</td><td colspan="3"></td></tr>
</table>

（六）样品的制备与分析测试

本次实践样品预处理环节在嘉兴同济环境研究院完成。土壤制样工作主要分为风干、磨碎、过筛等几个部分。本次制样过程主要采取自然风干与冷冻干燥并行的工艺，大部分土壤样品采取自然风干的工艺，对含水量较高的土壤样品进行冷冻干燥。

在干燥结束后，在磨样室将干燥的样品倒在牛皮纸上，用锤子敲打，用木棒再次压碎，拣出杂质，混匀，并用四分法缩分后过20目筛。过筛后的样品再采用四分法取两份，一份交样品库存放，另一份用于本次样品检测。

按照表4–6所示的方法对土壤样品中的相关项目进行分析测试。

（七）质量保证和质量控制

本次实践均采用上海绿帝环保科技有限公司的便携式GE–Wi–Fi系列（Lab/X6）检测仪进行检测，在检测过程中严格按照操作指示进行实验，同时设置空白样品与平行样品进行质量保证。

（八）监测结果及数据分析

受制于时间与设备因素，本次监测主要选取了54个采样点中的16个采样点进行土壤pH、铵态氮、有效磷、速效钾和有机质的监测。监测结果如表4-8所示。

参考《全国第二次土壤普查养分分级标准》中有关土壤有机质、速效钾、有效磷的分级标准（表4-9），对实测数据进行分析。

表4-8 监测结果

编号	pH	铵态氮/（$mg \cdot kg^{-1}$）	有效磷（以P_2O_5计）/（$mg \cdot kg^{-1}$）	速效钾（以K_2O计）/（$mg \cdot kg^{-1}$）	有机质/（$g \cdot kg^{-1}$）
1	7.73	LOD	36	136	38
3	7.53	3.7	11	128	12
5	7.34	6.7	11	116	27
7	7.48	1.3	15	148	19
9	7.56	LOD	64	211	13
11	7.41	LOD	57	213	22
14	7.29	3.6	60	142	9
17	7.24	3.9	14	208	40
20	7.41	3.1	12	191	34
21	7.37	4.8	12	163	21
22	7.21	4.7	58	143	9
26	8.71	4.0	112	167	22
27	7.52	2.7	96	180	18
28	9.41	LOD	2	210	33
101	7.35	0.7	8	108	22
103	7.53	3.6	73	140	—

注：LOD表示低于检出限。

表4-9 全国第二次土壤普查养分分级标准

级别	一级	二级	三级	四级	五级	六级
丰缺	极高	高	中上	中	低	极低
有机质/（$g \cdot kg^{-1}$）	>40.00	30.00 ~ 40.00	20.00 ~ 30.00	10.00 ~ 20.00	6.00 ~ 10.00	<6.00
全氮含量/（$g \cdot kg^{-1}$）	>2.00	1.50 ~ 2.00	1.00 ~ 1.50	0.75 ~ 1.00	0.50 ~ 0.75	<0.50
碱解氮/（$mg \cdot kg^{-1}$）	>150.00	120.00 ~ 150.00	90.00 ~ 120.00	60.00 ~ 90.00	30.00 ~ 60.00	<30.00

续表

级别	一级	二级	三级	四级	五级	六级
全磷(P_2O_5)/($g \cdot kg^{-1}$)	>2.00	1.50 ~ 2.00	1.00 ~ 1.50	0.75 ~ 1.00	0.50 ~ 0.75	<0.50
有效磷(P_2O_5)/($mg \cdot kg^{-1}$)	>40.00	20.00 ~ 40.00	10.00 ~ 20.00	5.00 ~ 10.00	3.00 ~ 5.00	<3.00
全钾(K_2O)/($g \cdot kg^{-1}$)	>20.00	15.00 ~ 20.00	10.00 ~ 15.00	5.00 ~ 10.00	3.00 ~ 5.00	<3.00
速效钾(K_2O)/($mg \cdot kg^{-1}$)	>200.00	150.00 ~ 200.00	100.00 ~ 150.00	50.00 ~ 100.00	30.00 ~ 50.00	<30.00

对照监测结果与土壤分级标准可知，所监测的土壤样品中有效磷都在三级标准以上，其中采样点 26、27 的有效磷含量最高，采样点 28、101 的有效磷含量较低。pH 监测结果表明，上海市土壤多为弱碱性，其中 pH 为 7.0 ~ 7.5 的土壤样品多为利用了硫酸亚铁、磷石膏、硫磺粉等酸性改良材料进行土壤改良的绿化种植土。经过改良的土壤有效磷含量明显较高，其余土壤样品中有效磷含量总体偏低，碱性强的土壤中有效磷含量明显较低。

对于土壤样品中的速效钾而言，只有少部分土壤样品达到了一级标准，大部分土壤样品都为二级与三级标准，分布较为均衡，区间差异并不明显（图 4–10）。采样点 101 的速效钾含量较低，但也仍然为三级标准，基本能够满足植物的生长需求。总体而言，上海市土壤中速效钾处于较高的水平。

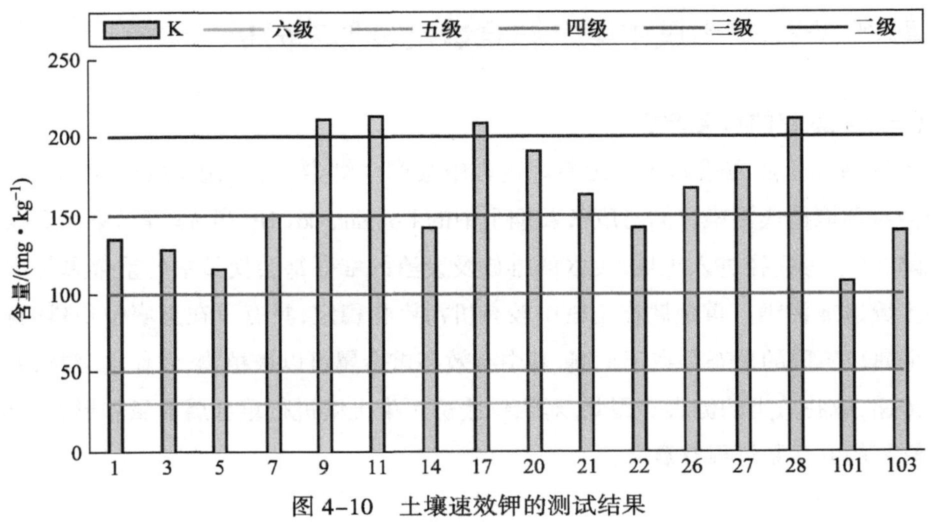

图 4–10 土壤速效钾的测试结果

土壤有机质含量随采样点的不同而呈现明显的区别，大部分采样点土壤样品有机质都为二级与三级标准，其中采样点 14、19 的有机质含量较低，均为 2 g/kg，需要进一步跟踪监测。本次抽查的样品的监测结果还表明，上海市土壤有机质含量大部分小于 20 g/kg，基本能达到绿化种植土的技术要求。

对各监测项目进行综合分析，结果表明：上海市土壤基本上都呈弱碱性，土壤中铵态氮含量较为稳定，并未出现明显的空间差异。有效磷含量结合采样点分析可知，上海市西部有效磷含量普遍较高，东部有效磷含量普遍较低，但大部分都在三级标准以上，基本能够满足植物生长需求。速效钾含量也都在三级标准以上，同时各采样点之间变化不明显。土样有机质含量随采样点的不同变化幅度较大，部分采样点有机质含量较低，处于四级标准，需要进一步分析监测。

对土壤中铵态氮、有效磷、速效钾与有机质含量进行相关性分析，并未发现其中具有明显的相关性，因此不能说明土样中有机质含量与土壤中铵态氮、有效磷、速效钾含量有关。

（九）参考文献

[1] 邓超，周艺烽. 上海绿化种植土壤有效磷含量调查分析[J]. 林业科技通讯，2023，(07)：22-25.

[2] 陈英，周艺烽，沈道路. 上海新建园林绿化土壤质量调查分析[J]. 现代农业科技，2021(06)：173-175.

[3] 马想，伍海兵，梁晶. 上海城市绿地土壤 pH 分布特征及影响因素[J]. 上海农业学报，2023，39(02)：56-63.

案例 3：尾矿土壤中重金属含量及其形态分析

（一）实践目的和实践意义

铅锌冶炼企业在铅锌矿采选冶炼过程中会产生烟尘、废气、废液及废渣，若处置不当则会对环境造成污染。同时废气及烟尘中的 Pb、Zn、Cd、Hg 和 As 等污染物会通过大气沉降、降水等途径进入土壤，废水的排放及废渣的堆存都会使其中的重金属等污染物进入土壤造成污染。重金属在土壤中较有机污染物稳定，具有可在土壤中积累的特性。而重金属以不同的形态存在于土壤，其中有效态重金属可以被植物、农作物吸收，并经食物链传递，威胁人类的健康。因此，对铅锌冶炼污染土壤进行重金属含量和形态分析，对土壤修复的方案制订很有意义。

（二）现场调查和采样布点

对选定的冶炼企业的生产历史、生产原料、工艺、产品及其周边环境进行调查，分析判断特征重金属污染物及其污染源点位。同时，对该企业所在地的地形地貌特征、气象气候资料等进行收集调查。

（三）监测项目和方法

主要监测的特征重金属为砷、铅、镉及其形态分析。

（四）采样方案和方法

1. 采样方案

以某冶炼企业及其周边表层土壤为研究对象，采样布点的具体方案通常需要根据实际情况和监测目标来定制，以下是一些常见的布点方法：

① 随机布点法：这种方法是在采样区域内随机选择采样点，适用于大范围的土壤质量监测。

② 系统布点法：这种方法是在采样区域内按一定的网格密度布置采样点，适用于小范围的土壤质量监测。

③ 重点布点法：这种方法是在采样区域内重点区域布置采样点，适用于研究特定区域土壤污染物的分布。

④ 对比布点法：这种方法是在采样区域内设置对照组和实验组，比较两者的差异，适用于研究土壤污染物的来源和影响。

2. 采样方法、保存

按照《土壤环境监测技术规范》（HT/J 166—2004）等规定，开展样品采集、采样布点设置工作。将采样后的若干个土壤样品分别置于阴凉通风处自然风干，去除土壤中的石块、树枝等杂质，用玛瑙研钵研磨，过 2 mm 筛，并保存于做好标记的密封袋中。

（五）实验分析

1. 含水率测定

① 仪器：干燥器、分析天平。

② 实验步骤：将烧杯置于烘箱内在 105 ± 5 ℃条件下烘干 1 h，称重为 m_0。取 30.00 g 新鲜土壤样品，充分混匀，去除样品中的石块、树枝等杂质，置于烧杯，称重为 m_1。将烧杯置于烘箱内在 105 ± 5 ℃条件下烘干至恒重，室温下冷却，称重为 m_2。进行 2 次平行实验，取平均值。

③ 含水率计算方法：

$$含水率 = \frac{m_1 - m_2}{m_2 - m_0} \times 100\%$$

2. 土壤重金属及其形态分析

① 分析方法：Tessier 五步提取法。

② 仪器：离心机、ICP-OES。

③ 药剂：$MgCl_2$ 溶液、CH_3COONa 溶液（1 mol/L，pH=5，0.04 mol/L）、$NH_2OH \cdot HCl$ 和 25%（体积分数）CH_3COOH 混合液、30% H_2O_2、HF、1∶1 $HClO_4$-HNO_3。

（六）监测结果与分析

将实验数据列入表 4-10。

表 4-10 土壤中 As、Pb、Cd 测定结果 单位：mg/kg

样品编号	As	Pb	Cd
0（对照点）			
1			
2			
3			
4			
5			
…			

基于 Tessier 五步提取法进行对土壤样品中的 Pb 进行形态分析，结果如表 4-11 所示。

表 4-11 土壤样品中 Pb 形态分析结果

样品编号	可交换态	碳酸盐结合态	铁锰结合态	有机结合态	残渣态
0（对照点）					
1					
2					
3					
4					
5					
…					

（七）思考与讨论

① 根据监测结果，分析该企业表层土壤中重金属污染程度及其空间分布性。

② 结合资料收集和现场调查，讨论土壤中重金属与企业生产工艺的关系。

③ 基于该企业用地土壤中重金属的形态分析结果，探讨重金属的迁移性。

④ 依据监测结果，学习建设用地土壤中污染物的风险评价方法。

（八）参考文献（略）

案例4：环太湖土壤重金属监测方案设计与实践

（一）实践目的与实践意义

资料显示，20世纪20年代中期以前，太湖沉积物中金属元素主要为自然沉积；20年代中期至70年代中期，Pb、Cu、Zn、As、Hg等元素含量显著增加，并呈现出明显的与人类活动的相关性。本实践活动旨在监测典型重金属元素在环太湖土壤中的含量，探讨重金属的空间分布特征及其可能来源，并在此基础上对重金属的生态与健康风险进行评价，可以为湖泊重金属的来源追溯与治理工作提供数据参考。

（二）相关标准及技术规范

相关标准及技术规范包括《土壤环境监测技术规范》（HJ/T 166—2004）、《环境监测质量管理技术导则》（HJ 630—2011）、《土壤环境质量　农用地土壤污染风险管控标准（试行）》（GB 15618—2018）、《测量不确定度评定与表示》（JJF 1059.1—2012）、《农田土壤环境质量监测技术规范》（NY/T 395—2012）等。

（三）采样点的布设

参照《土壤环境监测技术规范》（HJ/T 166—2004）中的布点要求，在环太湖地区布设27个土壤采样点。

（四）监测项目及监测方法

依据《土壤环境质量　农用地土壤污染风险管控标准（试行）》（GB 15618—2018）的规定，并结合太湖周边产业发展特点，确定监测项目为Cr、Ni、Cu、Zn、As、Cd、Sb、Pb等8种重金属。监测方法见表4-12。

表4-12　重金属指标的监测方法

项目类别	监测项目	监测方法
基本指标	As	《土壤质量　总砷的测定　二乙基二硫代氨基甲酸银分光光度法》（GB/T 17134—1997） 《土壤质量　总砷的测定　硼氢化钾－硝酸银分光光度法》（GB/T 17135—1997）

续表

项目类别	监测项目	监测方法
基本指标	Cr	《土壤质量 总铬的测定 火焰原子吸收分光光度法》(GB/T 17137—1997)
	Cu、Zn	《土壤质量 铜、锌的测定 火焰原子吸收分光光度法》(GB/T 17138—1997)
	Pb、Cd	《土壤质量 铅、镉的测定 KI-MIBK 萃取火焰原子吸收分光光度法》(GB/T 17140—1997) 《土壤质量 总铅、镉的测定 石墨炉原子吸收分光光度法》(GB/T 17141—1997)
	Ni	《土壤质量 镍的测定 火焰原子吸收分光光度法》(GB/T 17139—1997)
	Sb	《土壤和沉积物 汞、砷、硒、铋、锑的测定 微波消解/原子荧光法》(HJ 680—2013)

(五)样品的采集

1. 样品采集

参照《土壤环境监测技术规范》(HJ/T 166—2004)的要求,在环太湖地区共布设25个土壤采样点。每个采样点按五点采样法取5个分样,用铁铲取表层20 cm的土壤样品,装入棕色密封样品瓶中,及时运回实验室进行相关项目监测。

2. 样品信息记录

样品采集时,须记录采样点的GPS坐标、土壤土质、周边情况等基本信息。土壤现场记录表见表4-13。

表4-13 土壤现场记录表

采样地点			东经		北纬	
样品编号			采样时间			
样品类别			采样人员			
采样层次			采样深度			
样品描述	土壤颜色		植物根系			
	土壤质地		沙砾数量			
	土壤湿度		其他异物			
采样点示意图			植被描述			

（六）样品的分析测试

对采集到的土壤样品首先进行样品预处理和消解，具体方法参见本章第六节。

（七）质量保证和质量控制

本研究监测全过程所采取的质量保证与控制措施主要有：

① 精密度控制：用 3 个平行控制样品测试精密度，保证土壤平行样品之间的相对误差 <5%。

② 准确度控制：每批样品均采用 1 个标准样品控制准确度，标准样品采用国家标准物质土壤（GBW09101b），标准样品的回收率控制在 90% ~ 110%。

（八）监测结果及数据分析

1. 土壤中重金属含量

在本次环太湖土壤样品监测中，25 个采样点的 8 种重金属含量如表 4–14 所示。在 25 个采样点中，8 种重金属都有不同程度的检出，且不同采样点之间重金属含量存在一定相关性。

表 4–14 环湖土壤中重金属的含量 单位：mg/kg

采样点	Cr	Ni	Cu	Zn	As	Cd	Sb	Pb
HZ1	54.11	16.26	22.82	48.26	10.16	0.156 2	0.957 5	29.47
HZ2	48.17	17.56	22.60	101.6	7.459	0.208 2	—	26.90
HZ3	90.34	41.63	31.45	88.51	11.86	0.202 7	1.155	40.45
HZ4	66.81	23.20	12.36	58.32	—	0.043 9	0.174 0	19.04
HZ5	115.8	46.10	36.21	122.3	14.24	0.248 3	2.185	37.86
HZ6	121.9	43.11	19.65	82.79	8.769	0.216 9	0.910 3	19.96
SZ1	82.12	37.58	24.23	71.78	7.080	0.109 6	0.614 1	17.25
SZ2	74.21	30.98	28.95	79.02	8.194	0.214 0	0.739 3	27.26
SZ3	84.28	34.14	33.75	99.89	15.54	0.262 6	1.368	43.31
SZ4	99.43	45.75	34.77	73.37	16.08	0.150 6	1.177	31.15
SZ5	109.4	41.26	31.79	85.63	17.25	0.167 4	1.311	30.01
SZ6	50.99	14.00	22.35	60.42	6.842	0.112 3	—	35.55
SZ7	75.70	21.51	11.01	59.52	22.52	0.108 4	1.253	46.49
SZ8	96.92	35.33	25.72	62.65	13.44	0.110 9	0.956 6	21.16
SZ9	63.42	22.61	14.80	60.17	3.888	0.129 4	0.499 9	18.85

续表

采样点	Cr	Ni	Cu	Zn	As	Cd	Sb	Pb
WX1	78.83	30.97	28.11	73.85	8.039	0.147 2	0.950 7	22.95
WX2	90.45	37.54	32.86	84.61	14.98	0.153 9	1.170	32.20
WX3	88.28	42.15	29.20	92.38	10.48	0.137 4	1.047	19.98
WX4	112.7	41.73	34.48	84.69	18.08	0.176 1	1.265	31.71
WX5	74.97	25.38	9.338	50.00	6.794	0.083 0	0.718 5	18.22
YX1	78.59	31.91	27.01	73.80	9.789	0.229 2	1.067	22.37
YX2	67.94	32.63	48.79	66.63	6.132	0.171 8	0.579 5	22.42
YX3	46.39	13.56	21.14	64.70	6.037	0.272 6	0.739 9	26.59
YX4	59.44	22.00	21.29	53.03	1.331	0.119 3	0.329 2	19.16
YX5	55.53	12.94	20.02	51.23	10.46	0.141 9	1.381	29.18

2. 环太湖土壤中重金属的生态风险评价

（1）评价方法

采用潜在生态风险评价法评价环太湖土壤中重金属的生态风险。评价依据为：土壤背景参考值（表 4-15）。

表 4-15 环太湖地区土壤背景参考值

Cr	Ni	Cu	Zn	As	Cd	Pb
77.8	26.7	22.3	62.6	10	0.13	26.2

（2）生态风险指数计算

单一金属潜在生态风险指数 E_r^i、多金属潜在生态风险指数 RI，其关系如下：

$$C_f^i=\frac{C_D^i}{C_R^i}$$

$$C_d=\sum_{i=1}^{m} C_f^i$$

$$E_r^i=T_r^i\times C_f^i$$

$$\mathrm{RI}=\sum_{i=1}^{m} E_r^i$$

式中：C_f^i——单一金属污染系数；

C_D^i——样品实测浓度；

C_R^i——沉积物样品背景参考值；

C_d——多金属污染系数；

E_r^i——单一金属潜在生态风险指数；

T_r^i——金属的生物毒性响应因子；

RI——多金属潜在生态风险指数。

计算得到8种重金属元素的生物毒性响应因子值分别为：5、1、5、5、30、2、10和40。重金属污染程度和潜在生态危害程度划分标准见表4-16。

表4-16　重金属污染程度和潜在生态危害程度划分标准

污染指数	污染程度	潜在生态风险指数	潜在生态危害程度
$C_f^i<1$ 或 $C_d<5$	低污染	$E_r^i<1$ 或 RI<5	轻微生态危害
$1\leqslant C_f^i<3$ 或 $5\leqslant C_d<10$	中污染	$1\leqslant E_r^i<3$ 或 $5\leqslant$ RI<10	中等生态危害
$3\leqslant C_f^i<6$ 或 $10\leqslant C_d<20$	较高污染	$3\leqslant E_r^i<6$ 或 $10\leqslant$ RI<20	强生态危害
$C_f^i\geqslant 6$ 或 $C_d\geqslant 20$	很高污染	$3\leqslant E_r^i<6$ 或 $10\leqslant$ RI<20	很强生态危害
		$E_r^i\geqslant 6$ 或 RI $\geqslant 20$	极强生态危害

（3）土壤重金属生态风险评价结果

由于目前没有关于Sb的背景参考值与生物毒性响应因子，故只对Cr、Ni、Cu、Zn、As、Cd、Pb做生态风险评价（表4-17）。

表4-17　环太湖土壤中重金属潜在生态风险指数

采样点	E_r^i							RI
	Cr	Ni	Cu	Zn	As	Cd	Pb	
HZ1	1.391	3.045	5.117	0.771	10.16	36.04	5.623	62.15
HZ2	1.238	3.289	5.067	1.623	7.459	48.05	5.133	71.86
HZ3	2.322	7.797	7.051	1.414	11.86	46.77	7.719	84.93
HZ4	1.717	4.345	2.770	0.932	—	10.13	3.633	23.53
HZ5	2.977	8.633	8.119	1.953	14.24	57.30	7.225	100.4
HZ6	3.135	8.074	4.405	1.323	8.769	50.05	3.808	79.56
SZ1	2.111	7.038	5.432	1.147	7.080	25.30	3.291	51.39
SZ2	1.908	5.802	6.490	1.262	8.194	49.39	5.203	78.25

续表

采样点	E_r^i							RI
	Cr	Ni	Cu	Zn	As	Cd	Pb	
SZ3	2.167	6.394	7.568	1.596	15.54	60.60	8.265	102.1
SZ4	2.556	8.567	7.796	1.172	16.08	34.76	5.944	76.88
SZ5	2.813	7.726	7.128	1.368	17.25	38.63	5.727	80.64
SZ6	1.311	2.621	5.012	0.965	6.842	25.91	6.784	49.44
SZ7	1.946	4.029	2.470	0.951	22.52	25.01	8.871	65.80
SZ8	2.492	6.616	5.766	1.001	13.44	25.60	4.037	58.95
SZ9	1.630	4.234	3.319	0.961	3.888	29.87	3.597	47.49
WX1	2.026	5.801	6.304	1.180	8.039	33.97	4.379	61.70
WX2	2.325	7.030	7.368	1.352	14.98	35.51	6.146	74.71
WX3	2.269	7.893	6.547	1.476	10.48	31.70	3.813	64.18
WX4	2.898	7.814	7.731	1.353	18.08	40.65	6.052	84.57
WX5	1.927	4.752	2.094	0.799	6.794	19.15	3.477	39.00
YX1	2.020	5.976	6.056	1.179	9.789	52.90	4.270	82.19
YX2	1.746	6.111	10.94	1.064	6.132	39.65	4.279	69.92
YX3	1.192	2.540	4.741	1.034	6.037	62.91	5.075	83.53
YX4	1.528	4.119	4.773	0.847	1.331	27.54	3.657	43.79
YX5	1.427	2.424	4.488	0.818	10.46	32.75	5.569	57.93
HZ	2.130	5.864	5.422	1.336	10.496	41.388	5.524	70.41
SZ	2.104	5.892	5.665	1.158	12.315	35.006	5.747	67.89
WX	2.289	6.658	6.009	1.232	11.675	32.196	4.773	64.83
YX	1.583	4.234	6.199	0.988	6.749	43.150	4.570	67.47
环太湖	2.043	5.707	5.782	1.182	10.643	37.604	5.263	67.80

表 4-17 结果表明，环太湖土壤的总体重金属潜在生态风险处于轻微生态危害级别（RI<150）。单个元素的潜在生态风险自高至低依次为：Cd>As>Cu>Ni>Pb>Cr>Zn，其中 Cd 的生态风险尤为明显，在 25 个采样点中，有 9 个采样点 Cd 的生态危害程度为中等生态危害水平（$40 \leqslant E_r^i < 80$），占 36%，导致 YX 与 HZ 的 Cd 平均水平达到

中等生态危害水平；其余金属元素在各采样点均处于轻微生态危害水平（E_r^i<40）。从各分区域看，四个区域环太湖土壤中的重金属潜在生态风险自高至低依次为：HZ>SZ>YX>WX，但总体上差别不大。

（九）参考文献（略）

第五章　生物监测方案设计与实践

导言

生物监测指定期和定点（区域）分析与测定生物个体、种群或群落因环境污染或变化所产生反应并阐明环境污染状况的环境监测类别。生物环境监测不仅关注环境中污染物的含量，更强调污染物对生物体及其生态系统的综合影响。

在本章内容设计上，既注重生物监测基础知识的传授，又强调实际操作技能的培养。通过案例分析、实地考察，引导学生主动思考、积极探索，在掌握生物监测技术的同时，也能够在实践中领悟生态环境保护的价值和意义，体验校内外的教学资源和充分合理利用实践平台，对学生动手实践能力的培养具有重要作用。

生物监测课程设计与实践不仅仅是传授专业技能和知识的过程，更是培养学生社会责任感、生态文明意识和可持续发展理念的重要途径。通过本课程的学习，学生将深刻理解人与自然和谐共生的重要性，认识到保护环境、维护生态平衡的紧迫性和必要性，增强作为未来社会公民在环境保护方面的使命感和责任感。

第一节　环境变化和生物监测

环境的变化通常归因于人为干扰（如污染、土地利用变化）或自然压力源（如干旱、冰冻、全球气候变化）。人类活动和自然过程相互交织造成的一系列环境变化，将改变栖息地生物群落特征。传统的物理化学监测只描述了采样时的状况，有可能错过零星的污染物脉冲。通常，污染物种类较多、浓度较低，需要使用高度灵敏的技术进行复杂的分离和分析，成本高昂。一旦确定存在污染物，科学家必须将任何潜在的生物危害与这些微量污染物联系起来，而这种联系在很大程度上是未知的。一些生物的使用可以利用生物群落特征来评估化学污染物和栖息地随时间变化的累积效应，这与传统的环境质量监测方法有根本的不同，并具有许多优点。当许多物理化学测量无法指示污染物的间接生物效应时，它们能够指示污染物的生物效应。例如，将富含磷的污水排入湖中，将对生态系统产生不利影响。磷通常是限制淡水生态系统初级生产的重要因子，因此，磷浓度升高将促进某些物种的生长和繁殖。然而，化学测量可能无法准确反映物种多样性的减少，或其他物种的生长和繁殖如何因竞争性排斥而下降。在生物累积的情况下，特别难以从物理化学监测中收集到污染物的间接影响。金属及其他污染物在生物有机体中积累，导致污染物浓度通过食物网放大。因此，通过传统的物理化学监测，可能不足以反映较高营养级生物的污染物水平，而生物监测将有可能反映污染的综合效应及生物可利用性。

生物监测（biological monitoring; biomonitoring）指定期和定点（区域）分析与测定生物个体、种群或群落因环境污染或变化所产生反应并阐明环境污染状况的环境监测类别［《近岸海域环境监测技术规范　第六部分　近岸海域生物监测》（HJ 442.6—2020）］；也可以定义为利用生物个体、种群、群落等不同层次的状况和变化阐明环境质量状况，从生物角度为环境质量的监测和评价提供依据［引自《河流水生态环境质量监测与评价技术指南》（征求意见稿）］。早期的生物监测表明，硅藻、鱼类和底栖无脊椎动物都是较好的淡水健康状况的代表性生物。如图 5-1 所示，水生大型无脊椎动物记录了与人类取水有关的群落组成变化。其中，条形代表易受干扰的物种（蜉蝣目、丛翅目、毛翅目）和适应干扰的物种（非昆虫）的相对丰度。折线表示每个地点的排水量（Q），沿美国俄勒冈州 Umatilla 河流 36 km 的密集管理路段，排水量显著减少。在河流流量减少 85% 后，易受干扰的物种显著减少。因此，适应干扰的物种在压力条件下茁壮成长。

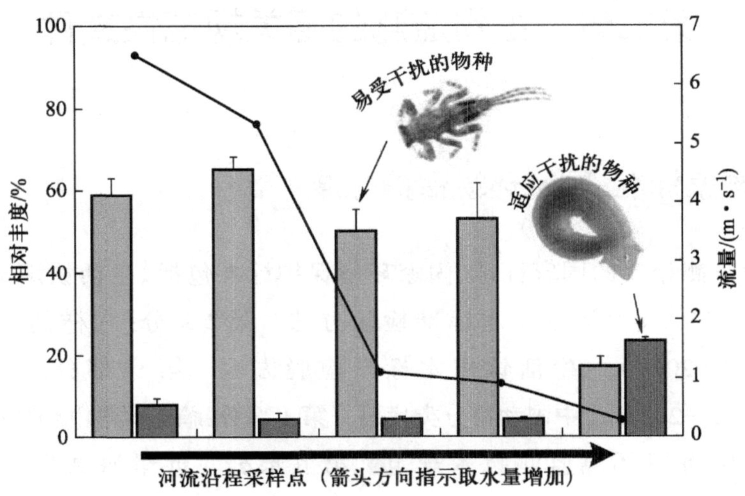

图 5-1　水生大型无脊椎动物记录了与人类取水有关的群落组成变化

（资料来源：Miller 等，2007）

贝类等底栖动物因具有营底栖生活、活动范围相对有限、对污染物的高累积性和低代谢性等特征，可以反映当地污染的长期综合效应，因此，常作为水域污染生物监测的理想指示生物。例如，美国国家海洋和大气管理局（NOAA）自 20 世纪 70 年代开始一直以紫贻贝（*Mytilus edulis*）等开展贝类观察计划（Mussel Watch），其监测的污染物种类包括持久性有机污染物、重金属、石油烃、放射性元素及新污染物等。我国自 20 世纪 80 年代开始，以近江牡蛎（*Crassostrea rivularis*）等开展南海贻贝观察，监测和评价了广东沿海生态环境的污染动态；2003 年起提出了以背角无齿蚌（*Anodonata woodiana*）开展淡水贝类观察（陈修报等，2021）；近年在长江流域等地的研究也表明，铜锈环棱螺（*Bellamya aeruginosa*）也可以用于淡水污染状况的生物监测（马陶武等，2009）。

最近，美国地质调查局提出了一种实用的汞污染生物监测方法（Eagles - Smith 等，2020）：通过测量单个物种中的汞含量来确定一个生态系统中的汞污染范围。他们选择蜻蜓幼虫作为“生物指示物”或“指示生物”，因为蜻蜓幼虫在水下生活，不会有太多移动且易于收集，寿命足以积聚大量的汞。依据蜻蜓汞浓度和鱼类汞浓度之间的关系，得到所谓的损伤指数，进而对每个样本点进行健康风险预测。发现约 12% 的地点会对取食于此的鱼类、野生动物或人类的健康带来高度或严重损害风险。通过构建模型来预测系统中可能的汞含量，然后将模型应用于还没有进行蜻蜓采样的地点。

第二节　生物监测的相关规范性文件

一、国家标准、国家环境保护标准

与生物监测相关的国家标准、国家环境保护标准包括《生活饮用水卫生标准》（GB 5749—2022）、《生活饮用水标准检验方法　第 2 部分：水样的采集和保存》（GB/T 5750.2—2023）、《生活饮用水标准检验方法　第 12 部分：微生物指标》（GB/T 5750.12—2023）、《中国动物分类代码　第 1 部分：脊椎动物》（GB/T 15628.1—2021）、《近岸海域环境监测技术规范　第五部分　近岸海域生物质量监测》（HJ 442.5—2020）、《近岸海域环境监测技术规范　第六部分　近岸海域生物监测》（HJ 442.6—2020）、《生物多样性观测技术导则　地衣和苔藓》（HJ 710.2—2014）、《生物多样性观测技术导则　大中型土壤动物》（HJ 710.10—2014）、《水生态监测技术指南　湖泊和水库水生生物监测与评价（试行）》（HJ 1296—2023）、《水生态监测技术指南　河流水生生物监测与评价（试行）》（HJ 1295—2023）等。

二、全国水生态监测技术体系（中国环境监测总站）

与生物监测相关的全国水生态监测技术体系规范性文件包括《水生态监测技术要求　淡水着生藻类（试行）》（总站水字〔2022〕33号）、《水生态监测技术要求　淡水浮游植物（试行）》（总站水字〔2022〕41号）、《水生态监测技术要求　淡水浮游动物（试行）》（总站水字〔2022〕47号）、《水生态监测技术要求　大型水生植物（试行）》（总站水字〔2022〕330号）、《水生态监测技术要求　淡水大型底栖无脊椎动物（试行）》（总站水字〔2021〕629号）等。

三、其他参考规范性文件

湖泊调查技术规程［M］. 中国科学院南京地理与湖泊研究所，北京：科学出版社，2015.

第三节　生物监测中的生物标志物与生物指示物

生物监测是利用生物反应来评估环境的变化，目的是将这些信息用于生态系统的质量控制。生物标志物（biomarker）和生物指示物（bioindicator，狭义上为指示生物）是生物监测过程层次结构的两个主要组成部分。

生物标志物指在生物系统或样品中可测量的细胞或生化成分或过程、结构或功能的异种诱导变化。这一术语常用于医学毒理学，生物标志物对污染物敏感，并可能更具诊断性，其生态相关性较低（Van der Oost 等，2003），因此在野外生态环境监测活动中的应用受到限制。尽管如此，有研究评估了长期暴露于城市污染物对笼养鲤和野外捕获的蛇颈龙大脑中乙酰胆碱酯酶（AChE）活性的影响，并证明了 AChE 活性作为暴露生物标志物的高度敏感性（De la Torre 等，2002）；还有研究表明，海洋双壳类沟纹蛤仔（*Ruditapes decussatus*）在野外条件下消化腺中的金属硫蛋白（MT）对金属（Cd、Cu 和 Zn）污染的中度升高做出反应，证明其有潜力作为生物标志物检测环境污染物

（Hamza Chaffai 等，2000）。生物标志物可作为环境质量评估的预警系统，用于诊断近几十年来水生环境中环境污染的暴露情况（Hamza Chaffai，2014）。

生物指示物指能通过典型症状或可衡量的反应揭示污染物存在与否的生物体或生物反应。通常选择生态系统中较敏感和快速地对环境污染物产生明显反应的动物、植物或微生物作为指示生物（图 5–2）。例如，常采用蚯蚓作为土壤污染的指示生物，蚯蚓对土壤有较强的敏感性，能敏锐地察觉出土壤中农药、重金属等污染物。指示生物通常具有以下基本特征：对污染物反应敏感，有“预警”的功能；具有代表性，是常见物种，最好是群落中的优势物种；对污染物的反应在个体间的差异小、重现性高。用作指示生物的植物，最好为无性植物。水生生物通常被用作生物指示物或生物标志物，因为它们在其生命周期中暴露于广泛的环境变化。起初，湖沼学家利用选定指示物种的存在或不存在来进行生物监测计划。然而，随着计算机和其他复杂技术的定量分析方法的发展，已经开发出更先进的生物监测技术。当前，生物指示物可以概括为三类：第一类是根据污染物对该物种造成形态或生理伤害的程度判断污染状况；第二类是根据某个敏感物种出现或消失的概率判断污染状况；第三类是动物或植物对污染物有生物累积作用，可以通过分析其体内污染物的含量判断污染状况。一般说来，指示生物应具备下列条件：生活地点相对固定；产量丰富；容易得到；地理分布广泛；能同时积累几种特殊的污染物；体内污染物与外界环境的周转率低，能长时间地把污染物保留在体内。

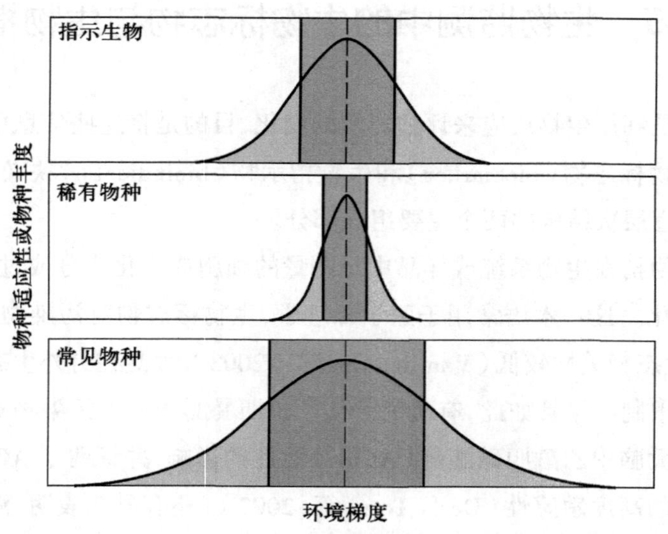

图 5–2 指示生物、稀有物种和常见物种的环境耐受性比较

（资料来源：Holt & Miller，2010）

第四节　环境生物样品的采集与保存

采集环境生物样品满足以下分析需要：① 物种组成、种群数量、生物量、个体大小；② 重金属、POPs、新污染物等。前者主要用于评估其生物多样性及群落结构变化；后者主要评估污染物的生物累积效应及其健康风险。表 5–1 和图 5–3 显示了常见的水生生物样品采集与保存方法和样品类型。

表 5–1　常见的水生生物样品采集与保存方法

样品类别	待测项目	采集方法	样品容器	保存方法	保存时间
微生物	细菌总数 总大肠菌群数 粪大肠菌数 粪肠球菌数	采水过滤	无菌 G	1～4 ℃冷藏	<6 h
浮游植物（水采样品）	叶绿素 a	采水过滤	P 或 G	加 $MgCO_3$ 固定，4 ℃冷藏	24 h
浮游植物（网采样品）	定性鉴定 定量计数	拖网	P 或 G	加鲁哥氏液固定；长期保存改用福尔马林	1 年
浮游植物	初级生产力	采水	G	不允许加入保存剂，取样后，尽快试验	
浮游动物（原生动物、轮虫）	定性鉴定 定量计数	拖网	P 或 G	加鲁哥氏液固定；长期保存改用福尔马林	1 年
	活体鉴定	采水	G	最好不加保存剂，有时可加适当麻醉剂（普鲁卡因等）	现场
浮游动物（枝角类、桡足类）	定性鉴定 定量计数	拖网	P 或 G	加福尔马林固定；若要长期保存，在 40 h 后，换用 70% 乙醇保存	1 年
底栖无脊椎动物	定性鉴定 定量计数	拖网 / 采泥	P 或 G	在 70% 乙醇或 5% 福尔马林中固定保存（添加固定液时，最好逐次升高浓度）	1 年
周丛生物（着生藻类）	定性鉴定 定量计数	刮取或人工基质采集	P 或 G	加鲁哥氏液固定；长期保存改用福尔马林	
鱼类	定性鉴定 定量计数	各类网采	P 或 G	用福尔马林或乙醇固定和保存，现场鉴定计数	数月

续表

样品类别	待测项目	采集方法	样品容器	保存方法	保存时间
浮游生物（网采样品）	污染物分析	拖网	P或G	过滤后，-20 ℃冷冻保存	长期
底栖无脊椎动物（贝类/甲壳类）	污染物分析	底层拖网	P或G	-20 ℃冷冻保存	长期
鱼类	污染物分析	各类网采	P或G	-20 ℃冷冻保存	长期

注：P为聚丙烯容器，G为玻璃容器，以棕色瓶或无色透明瓶套加牛皮纸袋/铝箔纸包裹避光处理

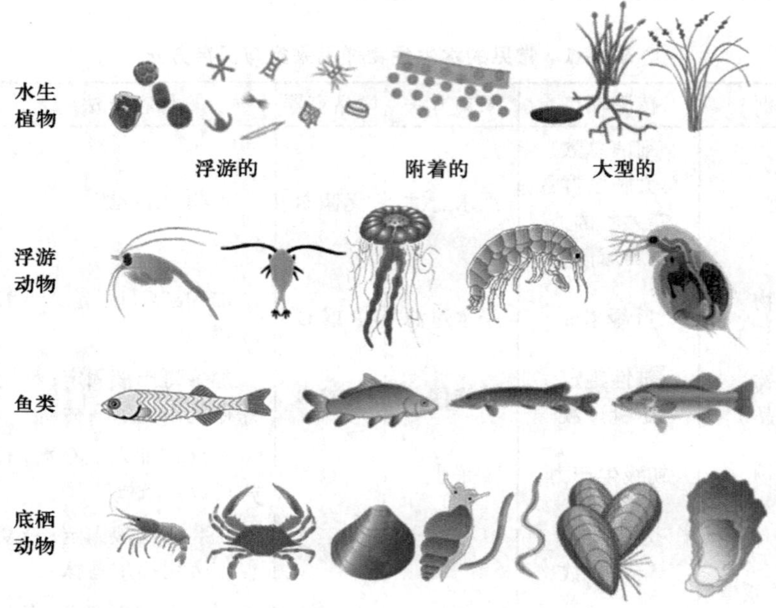

图5-3 常见的水生生物样品类型

（资料来源：马里兰大学环境科学研究中心IAN图片素材库）

一、浮游生物样品采集与保存

（一）浮游植物样品采集

浮游植物（phytoplankton）样品的采集主要有以下几种方法：① 用采水器采集水样；② 用浮游植物网拖网采集；③ 蓝藻浮沫通常直接用采样瓶捞取。采集的样品包括定性样品和定量样品。

定性样品主要使用浮游生物网在水体表层往复、缓慢拖动采集，样品被收集在网底部容器中，将底端出口伸入定性采样瓶，打开底端活塞开关收集定性样品。需获取

不同水层定性样品时，直接用浮游生物网过滤该水层水样即可。定性样品采集完成后应及时清洗浮游生物网，立即加入鲁哥氏液固定，可室温或冷藏避光保存，但需镜检活体样本时无须加固定剂。

如图 5-4 所示，定量样品采集主要使用采水器定量采集水样至定量采样瓶中，应立刻加入鲁哥氏液固定，记录定量样品体积。在样品瓶液面至瓶盖间留有一定空间方便摇匀。在保存过程中，应每周检查鲁哥氏液的氧化程度，如果样品颜色变浅，那么应向样品中补加适量的鲁哥氏液，直至样品颜色恢复为黄褐色。注意每一样品采集前后均须清洗采样网具。若需长期保存样品，则应加入甲醛溶液，注意安全保护措施。

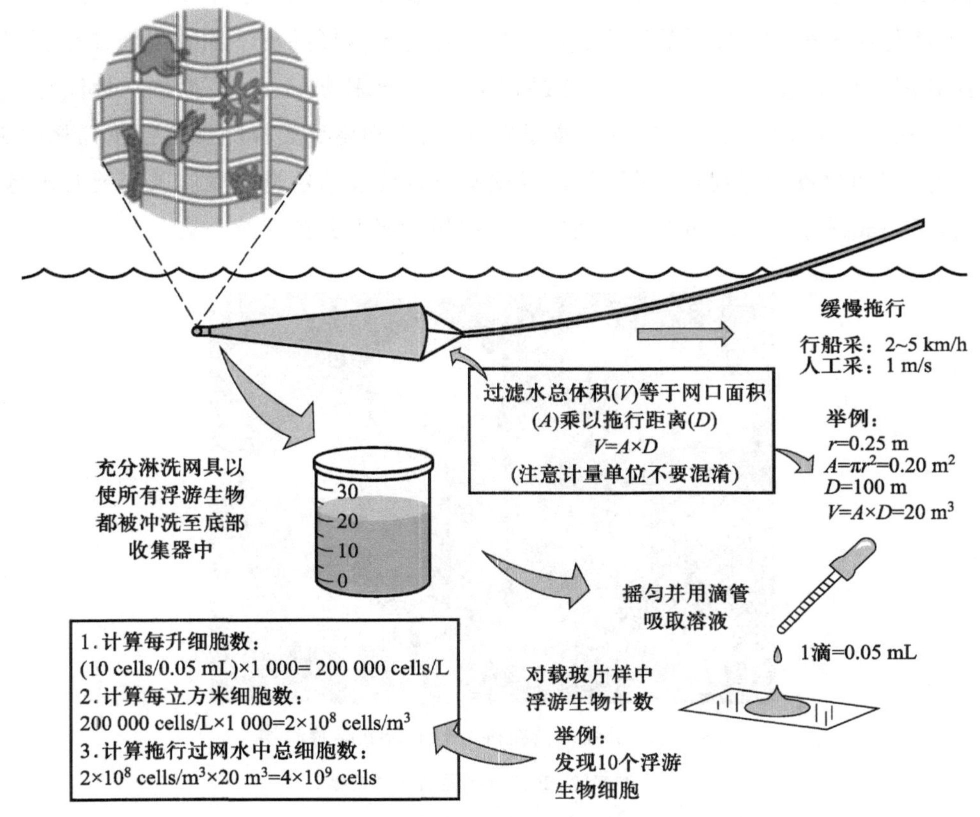

图 5-4 浮游生物样品采集和定量分析示意图

（资料来源：Ohrel 和 Register，2006）

（二）浮游动物样品采集

浮游动物（zooplankton）指在水中营浮游生活的，不具备游泳能力或者游泳能力弱的一类动物类群，主要包括原生动物（protozoa）、轮虫（rotifer）、枝角类（cladocera）、桡足类（copepod）等。

在采集水体中浮游动物样品时，须遵循先采定量样品，后采定性样品的原则。原生动物、轮虫定量样品采集方法与浮游植物定量样品采集方法相同，或可采用浮游植物定量的样品。枝角类和桡足类定量样品采集方法为：用采水器采集水样，分层要求与浮游植物的定量样品相同，经浮游生物网过滤浓缩后，将浓缩样品装入采样瓶，并使用蒸馏水冲洗网内侧，将冲洗浓缩液也加入同一采样瓶中。采水量具体视浮游动物密度而定，密度高，则采水量可减少；密度低，则采水量应适度增加。通常湖泊样品采集 10 ~ 20 L 水样，水库样品采集 30 ~ 50 L 水样。

浮游动物定性样品的采集应在定量样品采集结束后进行。原生动物和轮虫定性样品采集使用 25 号浮游生物网，枝角类和桡足类定性样品采集使用 13 号浮游生物网，方法与浮游植物定性样品采集相同。原生动物定性样品可不加固定剂，冷藏保存，尽快开展活体观察；其他浮游动物样品每 100 mL 水样加入 1 mL 福尔马林固定。原生动物和轮虫定量样品加入鲁哥氏液固定；枝角类和桡足类样品加入福尔马林固定。保存时，定期检查固定剂（定量样品可以观察鲁哥氏液颜色是否变淡），必要时进行添加，直至完成样品分析。图 5-5 为研究人员在科考船上分拣浮游动物。

图 5-5 研究人员在科考船上分拣浮游动物

（资料来源：2017 年 8 月黄清辉拍摄）

二、周丛生物特征与样品采集

（一）周丛生物特征

周丛生物群落指生长在水底石头、枯枝、大型水生植物及其他固着物表面的微型生物群落，主要由细菌、原生动物、轮虫和藻类组成。周丛生物群落对于评价水体污染状况是很有意义的。其中，着生藻类（也称为附着藻类，periphytic algae）为流动水体的主要生产者，生长在浸没于水中的各种基质表面上的微型藻类植物。根据基质的不同，着生藻类可分为附石藻类、附植藻类、附砂藻类、附泥藻类和附动藻类等。淡水中着生藻类以硅藻门（bacillariophyta）为主，其次包括绿藻门（chlorophyta）、蓝藻门（cyanophyta）、隐藻门（cryptophyta）和裸藻门（euglenophyta）等。

（二）周丛生物样品采集

简单的着生藻类采集方法可以用硬质毛刷、硬毛牙刷、解剖刀，以及带有筛绢网兜的刮刀等工具在溪流底部石头表面刮除一定面积的着生藻类（图 5-6）。若需评估藻类的生长速率及附生顺序，则可以放置一定面积的瓷砖、载玻片等具有硬质表面的物体，再于置入后定时采集，以了解其变化，也可以使用标准的着生藻类采集器，该器具可放置多片载玻片，每次采集时，可抽取一片以获取样本。

为了便于比较，一般采用统一的人工基质进行取样研究。最简便、应用最多的人工基质是 25 mm × 75 mm 的标准显微镜载玻片。将几片载玻片同时固定在框架上，可以与底栖动物的篮式采样器相连，再固定于水底或一定的水层中。设置采样点的水深、流速、光照等环境条件应尽量一致．并要有尽量多的平行实验。通过调节绳子的长短，保证硅藻计距离水面 5 ~ 10 cm，使之得到合适的光照。放置时间一般为 2 周。每个采样点至少放置 2 个人工基质，避免不确定的事故，确保采样成功。如果在样品孵育期间发生洪水或冲刷等情况，那么待水体平稳后，须重新安置人工基质；定期了解

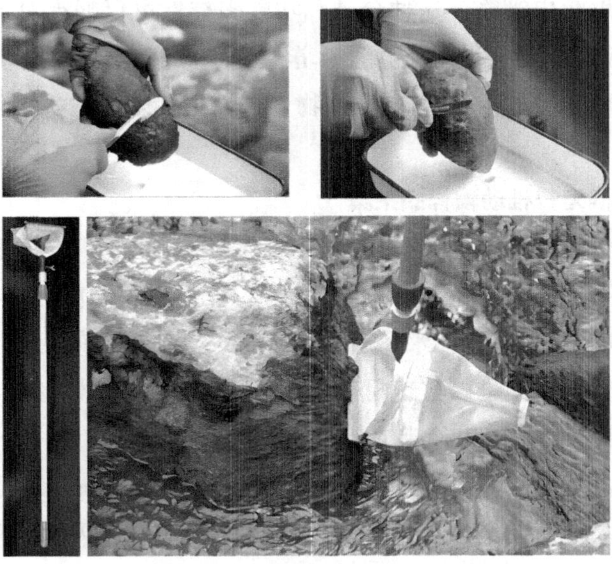

图 5-6　着生藻类采集现场照片

（资料来源：《水生态监测技术要求　淡水着生藻类（试行）》，总站水字〔2022〕33 号）

采样器材放置情况，如果样品丢失就要及时补样。取样时填写采样记录。着生藻类的定性和定量样品保存与浮游植物样品保存方法相同。

三、大型底栖无脊椎动物特征与样品采集

（一）大型底栖无脊椎动物特征

大型底栖无脊椎动物（benthic macroinvertebrate）指生活史全部或至少一个时期栖息于流水或静水系统水体底部表面或基质中且个体不能通过425 μm（40目）网筛的无脊椎动物，其具有相对稳定的生活环境，移动能力差。淡水系统中常见的大型底栖无脊椎动物主要包括水生的扁形动物（platyhelminthes）、线形动物（nematomorpha）、环节动物（annelida）、软体动物（mollusk）、节肢动物（arthropoda）等。

大型底栖无脊椎动物具有许多良好生物指示物的标志性特征：① 良好的指示能力；② 丰富而普遍存在，即使中度的气候和环境变化，也相对稳定；③ 已有充分研究，充分了解生态学和生命史，分类记录良好且稳定，易于调查且成本低；④ 在经济、商业上具有重要性。

由于大型底栖无脊椎动物的物种性质，它们作为生物指示物最常见的应用是在群落规模上。未受影响的溪流和河流通常包含40多个可识别的分类群，代表了一系列栖息地偏好和生活史策略。这种分类和功能多样性可以捕捉对不同压力源和干扰的无数反应，包括细颗粒沉积物、金属、营养盐和水文变化的存在。因此，大型底栖无脊椎动物群落经常被用作环境、生态和生物多样性指标来评估溪流和河流的生物健康状况。

（二）大型底栖无脊椎动物样品采集

大型底栖无脊椎动物的样品采集，如图5-7和图5-8所示，根据水体底质类型的不同可采用抓斗采泥器、人工基质采样器或D型网进行。其中，水体底质为淤泥、碎屑及细沙时使用抓斗采泥器采集；水体底质为卵石、砾石时，可使用D型网采集；深水区域或者其他手工采样器具难以实现时可使用人工基质采样器采集；在草丛、枯枝落叶和底泥表层的底栖动物也可以使用D型网进行采集。

具体如下所述：① 常见抓斗采泥器有彼得森采泥器、Ekman采泥器、Van Veen采泥器等。湖库水体水深超过10 m，应考虑使用机械绞车或多人协同采样。使用抓斗采泥器时，同一采样点一般采集2～4次，物种丰富时可增加到5次，以减少底栖动物在底质中分布不均造成的误差。② 用人工基质采样器采样时，采样器要设置在采样点

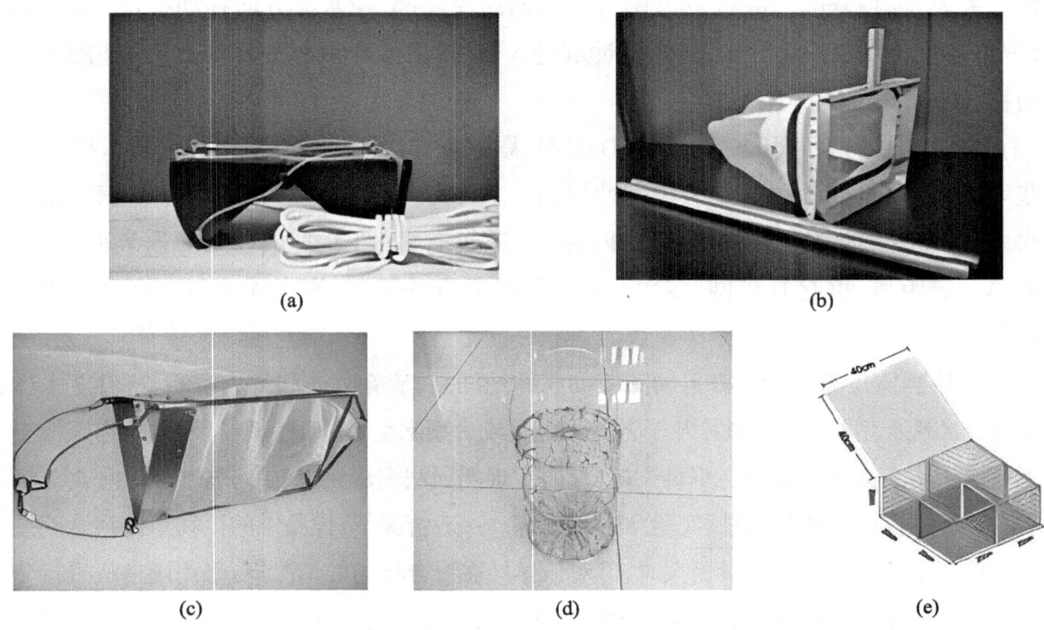

图 5-7　常见大型底栖无脊椎动物采样器材

（资料来源:《湖库水生态环境质量监测与评价技术指南（征求意见稿）》）

（a）抓斗采泥器;（b）D 型网;（c）三角拖网;（d）篮式采样器;（e）十字采样器

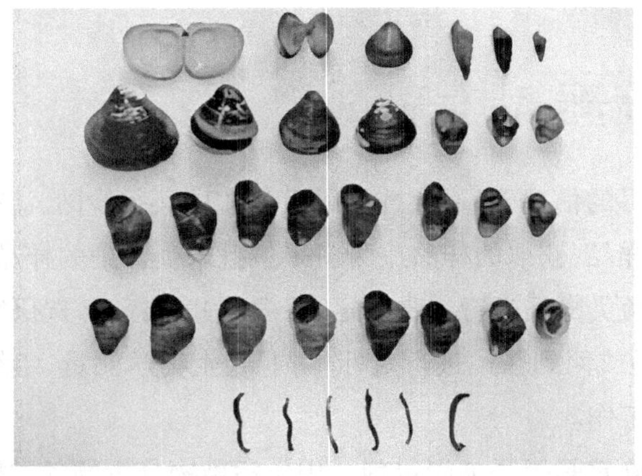

图 5-8　太湖沉积物中常见的大型底栖无脊椎动物实照

附近最具代表性生境的位置。每个采样点至少放置两个采样器,两个采样器用 5 ~ 6 m 的尼龙绳连接,或用尼龙绳固定在岸边的固定物上,或用浮漂做标记。采样器安放位置要综合不同小生境的代表性,放置时间为 14 d。为了避免人为干扰或破坏,采样器放置应避开湖库内走航、观光的主干道。如果在采样器放置期间发生洪水或大风等情况，那么待水体平稳后，须重新放置人工基质采样器。定期了解采样器放置情况，采样器丢失要及时补样。③ 将D型网直边紧贴湖库底部，逆水流方向移动一定距离（如1 m），使生物从底质上分离，随水流冲刷进入网内，根据生物密度大小确定合适的采样面积。

定性样品通常可用三角拖网、D型网、踢网采集，也可使用适宜的定量采样方法获取，应尽可能在各种生境采集定性样品。具体如下所述：将拖网（带有重锤）抛入水中，缓慢拖行一定距离（如10～30 m）后提起拖网；将D型网插到底质表面，推行采集一定距离，提起D型网，多次推行后将样品合并转移，样点周边各种小生境均应采样。

样品挑拣与固定：在40目网筛中彻底冲洗样品，清除杂质和细小沉积物，直至水体澄清。冲洗大型有机质（整片叶子、细枝、藻类或大型水生植物根茎等）及杂质，肉眼检查无底栖生物后弃去。尽量在现场挑拣样品，在现场无法完成挑拣时，可加5%甲醛或70%左右乙醇保存固定样品，带回实验室进行挑拣。一般情况下，样品中的生物个体须全部挑拣。但当某些种类生物数量极大时，可对该样品在混合均匀的情况下，采用网格法进行分样。挑拣的样品可保存在加有少量5%甲醛或70%左右乙醇的广口瓶中。在挑拣过程中发现小个体或罕见生物样本时，应单独分装保存，并予以记录。样品的挑拣以采样当天完成为最佳，当日挑拣工作出现中断时应将待挑拣样品置于0～4 ℃冷藏保存，保存时间一般不超过24 h。

四、鱼类样品采集与保存

在获得捕捞许可的情况下，通常选用手撒（抛）网、手抄网、流刺网、底部拖网及垂钓等方式采集鱼类样品，获取的样品应为新采集且未受污染的样品（图5-9）。及时在野外对所采集到的鱼类样品进行初步鉴定，根据研究目标，筛选研究对象并记录；根据实际情况，选择现场或回到驻地进行对标本拍照、生物学测量、组织材料取样、打标签和标本固定等后续工作。

根据待测项目确定是否添加固定剂。用作污染物分析的鱼类样品，可以直接取鲜样分析或冷冻保存。需固定的标本一定要躯体无损伤、无弯曲，鳞片和鳍条完整。固定标本前，用清水先将鱼体冲洗干净，经长度测量和称重之后，在其下颌或尾柄上系上编号标签。将样品鱼矫正体形后放入10%的福尔马林溶液或95%的乙醇中浸泡固定，个体较大的鱼，应同时向体腔内注射固定液，在标本未僵硬前，将鱼体伸展。待鱼体变硬定形后，更换成5%的福尔马林溶液或70%的乙醇保存。

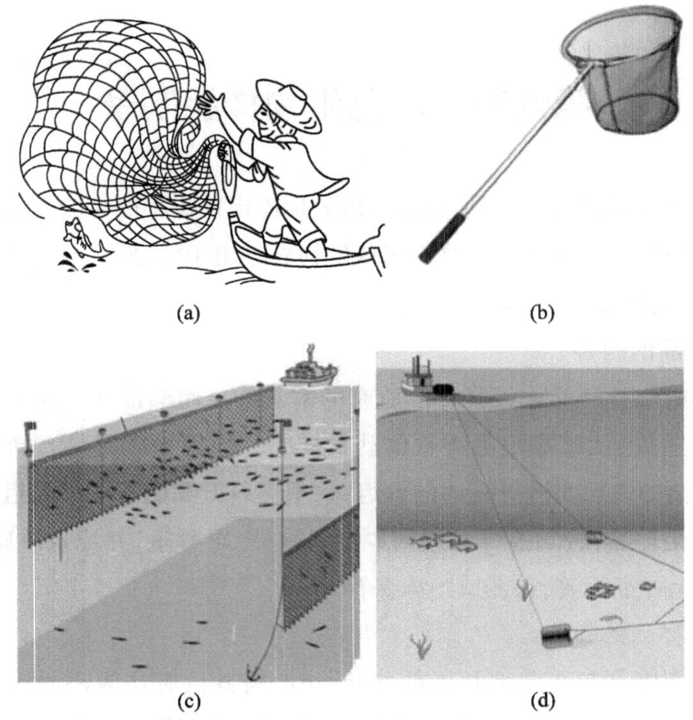

图 5-9　鱼类样品的几种采集方式

（a）手撒（抛）网；（b）手抄网；（c）流刺网；（d）底部拖网

第五节　生物样品种类鉴定与分析

淡水生物种类分类可以参照中国环境监测总站在 2021—2022 年发布的一系列《水生态监测技术要求》文件，此外，还可参考《中国淡水藻类》《中国淡水轮虫志》《淡水微型生物图谱》《原生动物学》《中国动物志（淡水枝角类）》《中国动物志（淡水桡足类）》《中国动物志（无脊椎动物）》《淡水微型生物与底栖动物图谱（第三版）》《中国淡水鱼类图谱》《中国淡水鱼类原色图集》等进行鉴定。

原则上生物的分类鉴定，尤其是优势种，应鉴定到种的水平并计数。确实鉴定不到种的，可鉴定到属。底栖无脊椎动物中，昆虫纲（摇蚊除外）、甲壳纲、蛭纲、多毛纲等应至少鉴定到科；寡毛纲、昆虫纲摇蚊科幼虫应至少鉴定到属；腹足纲、双壳纲则应鉴定到种。鉴定过程中保留分类特征鉴定的照片凭证及标本。种类鉴定的质量控制，采用实验室内不同鉴定人员间互校方法进行，互校比例为 5%～10%。实验室内不同鉴定人员对种类鉴定的误差不超过 20%。

第六节 常见生物样品制备

在环境生物监测实践中，除了前面所述的加固定剂保存的生物样品用于物种分类鉴定、形态学测量之外，往往还要取一部分生物样品用于污染物分析，比较常见的是贝类、甲壳类及鱼类样品，具体制备方法如下：

1. 贝类样品的制备

用塑料刀或塑料刷除去贝壳外部所有的附着物。用蒸馏水或清洁的海水漂洗每一个河蚬、螺、贻贝、牡蛎等腹足类软体动物样品。用另一把塑料刀插入，打开贝壳。用蒸馏水或清洁的表层水洗贝壳内的软组织，用塑料刀和镊子取出软组织，让水流尽。于匀浆器中匀化样品，将匀浆样品放回原塑料容器，再称重，并记录总质量，计算匀浆样品质量。贴上样品标签，待测或冷冻保存。

2. 甲壳类样品的制备

用塑料刀将腹部与头胸部及尾部分开，小心将其内脏从腹部取出，腿全部切除。将腹部翻下，用塑料刀沿腹部外甲边缘切开，用塑料镊子取下内侧外甲并弃去。用另一把塑料刀松动腹部肌肉，并用塑料镊子取出肌肉。用塑料镊子将肌肉移入塑料容器中，称重并记录鲜重。盖紧容器，贴上样品标签，待测或冷冻保存。

3. 鱼类样品的制备

用蒸馏水或清洁表层水洗涤鱼类样品，将其放在工作台上，用塑料刀切除胸鳍并切开背鳍附近自头至尾部的鱼皮。在鳃附近和尾部，横过鱼体各切一刀；在腹部、鳃和尾部两侧各切一刀。四刀只切在鱼体一侧，且不得切太深，以免切开内脏，沾污肉片。用塑料镊子将鱼皮与肉片分离，谨防外表皮沾污肉片。用另一把塑料刀将肌肉与脊椎分离，并用塑料镊子取下肌肉。将组织盛于塑料容器中，称重并记录质量。若一侧的肌肉量不能满足分析用量，则取另一侧肌肉补充。用匀浆器匀化鱼组织，将匀浆转入已知质量的塑料容器中，盖紧并称重，记下匀浆质量和其他数据。贴上样品标签，待测或冷冻保存。

第七节 生物样品中的污染物分析

根据生物监测的目的，采集的生物样品进行相应的污染物分析。如果是近岸海域生物样品，那么可以参考《近岸海域环境监测技术规范 第五部分 近岸海域生物质量监测》（HJ 442.5—2020）规定的近岸海域生物质量监测各项目的分析方法，对生物样品中的石油烃、重金属、六六六、滴滴涕、邻苯二甲酸酯、有机锡、有机磷农药、多环芳烃、多氯联苯和多溴联苯醚等污染物进行测试，根据《海洋生物质量》（GB 18421—2001）评价海洋生物质量。如果是可供食用的水产品，那么可以参考《食品中无机砷的测定　液相色谱　电感耦合等离子体质谱法》（GB/T 23372—2009）、《食品中有机氯农药多组分残留量的测定》（GB/T 5009.19—2008）分别对水产品中无机砷、有机氯农药多组分残留量进行测定；参考《猪肉、牛肉、鸡肉、猪肝和水产品中硝基呋喃类代谢物残留量的测定　液相色谱－串联质谱法》（GB/T 20752—2006）利用液相色谱－串联质谱法对水产品中硝基呋喃类代谢物残留量进行测定；参考《可食动物肌肉、肝脏和水产品中氯霉素、甲砜霉素和氟苯尼考残留量的测定　液相色谱－串联质谱法》（GB/T 20756—2006）利用液相色谱－串联质谱法对水产品中氯霉素、甲砜霉素和氟苯尼考残留量进行测定；参考《水产品中孔雀石绿和结晶紫残留量的测定》（GB/T 19857—2005）利用液相色谱－串联质谱法和高效液相色谱法对孔雀石绿及其代谢物残留量进行测定。如果找不到相应的国家标准方法，那么可以参考一些地方标准或行业标准或其他文献方法。例如，地衣和苔藓中的重金属分析，可以参考地方标准《牧草 7 种金属元素的测定　微波消解 / 电感耦合等离子体质谱法》（DB63/T 1871—2020），利用微波消解 / 电感耦合等离子体质谱法对 7 种金属元素进行测定。

第八节　实践案例

案例 1：东太湖浮游植物监测与实践

水体富营养化是许多湖泊、水库、河口和海湾等面临的重要生态环境问题之一，浮游植物生物多样性监测对于评估富营养化对相关水体生态系统健康的影响具有重要的作用。

（一）监测目标

监测东太湖浮游植物群落结构的季节性变化特征。

（二）采样点布设

根据监测目的布设采样点，按照《水质　湖泊和水库采样技术指导》（GB/T 14581—1993）、《地表水和污水监测技术规范》（HJ/T 91—2002）和《水质　采样技术指导》

（HJ 494—2009）的相关规定执行。根据东太湖不同区域的物理化学特征和栖息地类型差异，将东太湖分为以下三个功能区：原围网区，即水生植物生长茂密的原围网养殖区（采样点 7、8 和 9），总面积 44.1 km^2，围网装置于 2019 年被全部拆除；湿地区，即水生植物生长密集的近岸浅水湿地（采样点 10），总面积 29.1 km^2；敞水区，即水生植物分布少且水体通畅的开阔水域（采样点 1—6 和采样点 12），总面积 104.8 km^2，其中采样点 1、2 位于东茭咀，属于东西太湖的交界地带。对于水深小于 5 m 或者混合均匀的东太湖水体，在每个采样点水面下 0.5 m 处布设一个采样层次，可满足监测要求。

（三）采样频率

采样频率取决于监测目的。一般情况下，采样频率按照季节、水期（丰水期、平水期、枯水期）或月份确定。确定采样频率须同时考虑下列事项：① 若进行逐季或逐月监测，则各季或各月监测时间间隔应基本相同。② 同一水体的监测应使水质、水文及生物采样时间保持一致。本案例中，在 2020 年 7 月至 2021 年 7 月每月中旬，风浪较小的晴朗天气采样，采样一般在上午 8 点至 12 点进行。

（四）样品的采集

主要参考《水生态监测技术要求　淡水浮游植物（试行）》（总站水字〔2022〕41 号）相关要求执行。具体如下：

1. 定性样品

使用 25 号浮游生物网在水体表层至 0.5 m 水深处以 20 ~ 30 cm/s 的速度做“∞”形往复、缓慢拖动 1 ~ 3 min，将浮游生物网提出水面，定性样品被收集在网底部容器中，将底端出口伸入定性采样瓶，打开底端活塞开关收集定性样品。定性样品采集完成后应及时清洗 25 号浮游生物网。

2. 定量样品

使用采水器定量采集 1 ~ 2 L 水至定量采样瓶中，记录定量样品体积。定量样品采集完成后，应在样品瓶液面至瓶盖间留有一定空间以便摇匀。定性样品和定量样品标签应包含采集项目（浮游植物定量或浮游植物定性）、样品编号、采样日期、采样点和采样体积。

注意：当浮游植物（如蓝藻）浮在水面或成片、条带分布时，须采集此藻类密集区域的水样作为峰值参考。定量样品采集应在定性样品采集之前。

3. 样品固定和保存与运输

① 定性样品：样品采集后应立即加入鲁哥氏液固定，用量为水样体积的 1.0% ~ 1.5%。当需镜检活体样本时不加固定剂。已固定的定性样品可室温避光保存，保存时

间不超过 3 周；1 ~ 5 ℃冷藏避光条件下可保存 12 个月。活体样品应保存在 4 ~ 10 ℃环境条件下，保存时间不超过 36 h。注意：活体样本应放入冷藏箱中运输。

② 定量样品：样品采集后应立刻加入鲁哥氏液固定，用量为水样体积的 1.0% ~ 1.5%。样品在保存过程中，应每周检查鲁哥氏液的氧化程度，如果样品颜色变浅，那么应向样品中补加适量的鲁哥氏液，直至样品颜色恢复为黄褐色。

特别值得注意：

① 长期保存样品，应加入甲醛溶液，用量为水样体积的 4%。使用甲醛须采取安全保护措施。

② 样品检测完成后是否须长期保存取决于监测要求。

③ 根据采样记录核对样品。运输中应确保样品无破损、无污染。

（五）监测指标

监测指标为浮游植物的物种组成、种群密度、生物量等。辅助指标为叶绿素 a、总氮（TN）、总磷（TP）、透明度（SD）、浊度（NTU）、水深（WD）、水温（WT）、pH、电导率（EC）、溶解氧（DO）等。

（六）分析测试

各指标的分析方法参考《湖泊富营养化调查规范》《湖泊调查技术规程》《水和废水监测分析方法》《河湖健康评价规范》和国家标准方法中涉及的各种指标的调查和分析方法。

（七）统计分析

计算每个月样品数据的平均值与标准偏差；计算均匀度指数和多样性指数；分析浮游植物群落组成与藻密度的逐月变化特征，比较不同水源地之间浮游植物群落组成的差异性（图 5-10、图 5-11）。

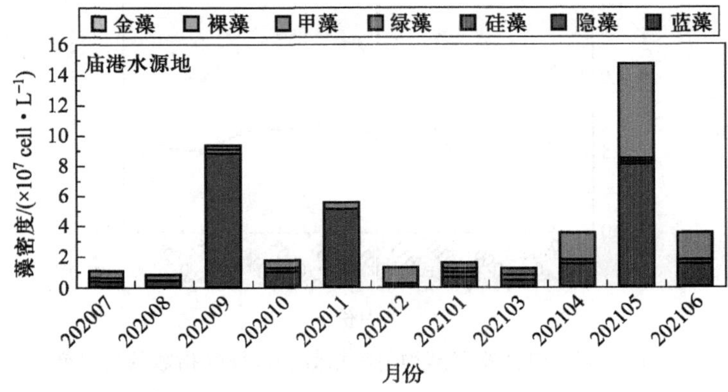

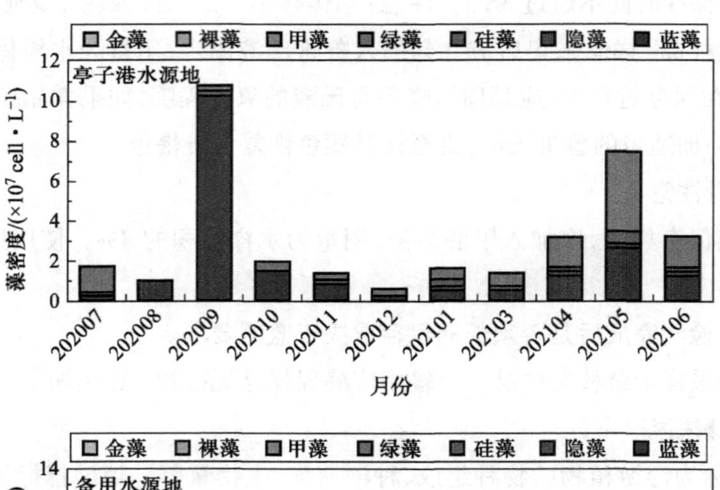

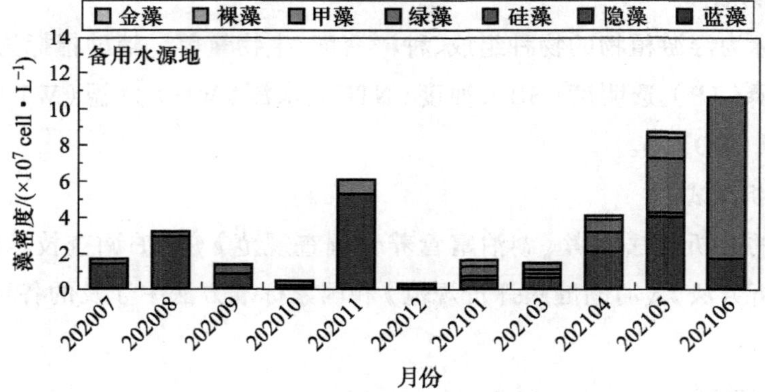

图 5-10 东太湖浮游植物群落组成与藻密度的逐月变化特征

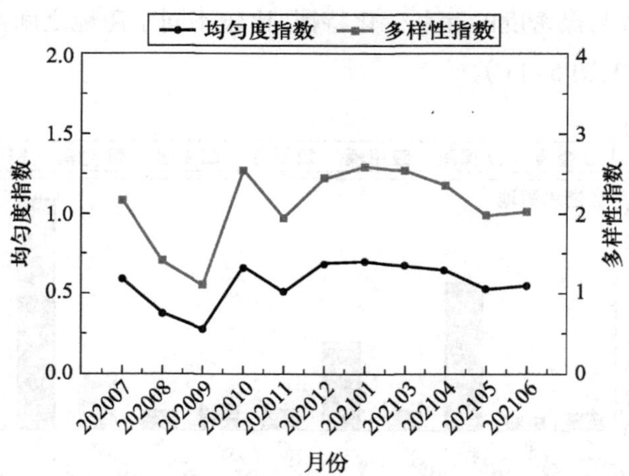

图 5-11 东太湖浮游植物群落均匀度指数和多样性指数的逐月变化特征

（八）质量保证与质量控制

按照监测方案实施样品采集。制定合理的采样操作方案，确定采样时间、采样点和采样层次，用符合质量要求的统一设备采样，采水量尽量保持一致，以保证采集的样品具有代表性和可比性。保证所有野外设备处于良好运行状态，须制订常规检查、维护和校准计划，确保野外监测数据质量。合理安排各类样品采集顺序，避免生物类群在采集前受到较大扰动。及时在现场固定样品，清点样品数量，正确填写样品标签。每次采样前后及时清洗所有接触过样品的采样设备，并仔细检查，防止污染。

每个样品浮游植物优势种种类计数最少 100 cells。每批次样品中，随机抽取 10% 的样品做平行测定，用计数差异百分比（PDE）评估计数精密度，用物种分类差异百分比（PTD）评估分类精密度。一般计数差异百分比控制在 PDE ≤ 30%，分类差异百分比控制在 PTD ≤ 40%。

（九）主要文献（略）

案例 2：周庄南湖（南白荡）大型底栖无脊椎动物监测与实践

（一）监测目标

探明周庄南湖（俗称为南白荡）大型底栖无脊椎动物的赋存状况。

（二）相关规范性文件

相关规范性文件包括《水生态监测技术要求　淡水大型底栖无脊椎动物（试行）》及《湖库水生态环境质量监测与评价技术指南（征求意见稿）》（第七部分水生生物监测）等。

（三）采样点布设

根据监测目的，结合水体自然条件和人类干扰特点布设有代表性的采样点。通常情况下，湖泊和水库可在沿岸带、湾区、敞水区、河口区、草型区、藻型区等区域布设采样点，深水区应仅设少量具代表性的采样点；在深水、浅水复合生境的情况下，可只在浅水区设置采样样方、样带。结合周庄南湖的特征，布设 6 个监测采样点，以采样点经纬度坐标为中心，半径 100 m 的圆形范围为采样区域，根据采样区域内的不同生境选定样方或样带。每一个不同生境至少选择一个样方，样带必须覆盖采样区域的主要生境，单个采样区域中设置不少于 4 个定量采集的样方和 1 个半定量采集的样带，单个样方面积不小于 0.062 5 m^2，单个样带面积不小于 0.9 m^2，或单个采样区域放置不少于 2 个人工基质采样器（即篮式采样器或十字采样器）。湖泊和水库的采样点、采样区域、样方和样带的分布如图 5-12 所示。

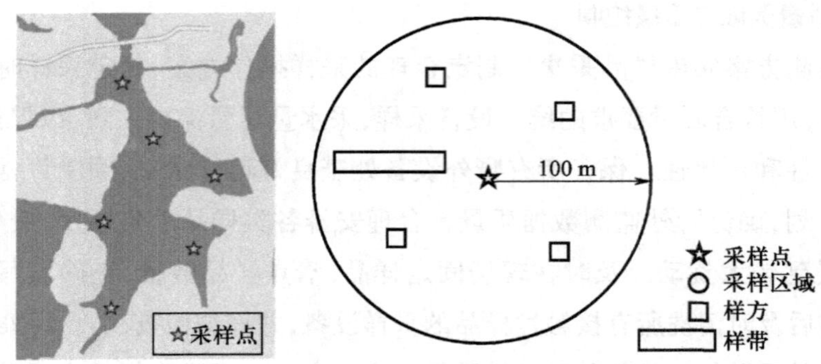

图 5–12 采样点、采样区域、样方和样带分布示意图

如果监测目标涉及年际变化趋势，那么每年至少监测 2 次，可分别在春、秋季开展监测。对于特殊区域，如大型底栖无脊椎动物生长繁殖仅有一季的区域则可选择适宜生物生长、繁殖的时段每年仅进行 1 次监测。对于地区特定种类有特殊繁殖时间段的，采样时间须在此繁殖时间段内。

（四）样品类型和采样工具

样品类型主要有：沉积物、淡水大型底栖无脊椎动物。《水生态监测技术要求 淡水大型底栖无脊椎动物（试行）》中列出了彼得森采泥器、Ekman 采泥器、Van Veen 采泥器、索伯网、三角拖网、D 型网、直角手抄网、踢网、篮式采样器、十字采样器等采样工具的规格、适用条件及使用方法。

（五）监测指标

监测指标主要是物种的栖息密度和生物量；辅助性监测指标涉及生境观测及水质监测等方面的指标。到达采样点后，按技术要求规定的采样位置开展监测工作。使用手持式全球定位系统准确定位采样点经纬度，在采样之前，观测、记录并拍摄生境状况。按照《地表水和污水监测技术规范》（HJ/T 91—2002）的要求，测定并记录水深、水温、pH、溶解氧、电导率、浊度等现场指标，湖泊和水库增测透明度，也可根据需要同步采集水样进行水化学指标的实验室分析。

（六）采样与样品保存

根据监测技术要求，在采样点附近选定样方和样带，并按照湖泊和水库的水体类型选择相应的采样工具开展样品采集。采样一般顺序依次为定量采样、半定量采样和定性采样。结合定量、半定量和定性等各种采样方式。若需了解湖泊和水库的大型底栖无脊椎动物整体状况，则必须采集滨岸带的大型底栖无脊椎动物。

使用彼得森采泥器采集泥样。采样时每个采样点累计采样面积一般为 1/8 ~ 1/3 m^2。即使用 1/16 m^2 的彼得森采泥器或其改良版采泥器（1/12 m^2），采泥 2 ~ 4 次，采样厚度一般为 10 ~ 15 cm。若为疏松的湖底底质，则需要穿透 20 cm 底质，也可以使用 1/6 m^2 带网夹泥器采样 1 ~ 2 次。

也可以使用湖底拖网进行定量或定性采集。采集时，将拖网抛入湖中，在船上缓慢拖行，至一定距离后提起拖网。

（七）样品挑拣与固定

在 40 目网筛中彻底冲洗样品，清除杂质和细小沉积物，直至水体澄清。冲洗大型有机质（整片叶子、细枝、藻类或大型水生植物根茎等）及杂质，肉眼检查无底栖生物后弃去。尽量在现场挑拣样品，在现场无法完成挑拣时，可加 5% 甲醛或 70% 左右乙醇保存固定样品，带回实验室进行挑拣。一般情况下，样品中的生物个体须全部挑拣。但当某些种类生物数量极大时，可对该样品在混合均匀的情况下，采用网格法进行分样。样品的挑拣以采样当天完成为最佳，当日挑拣工作出现中断时应将待挑拣样品置于 0 ~ 4 ℃冷藏保存，保存时间一般不超过 24 h。

（八）鉴定和计数

根据动物样本的大小，选择肉眼、放大镜、体视显微镜或生物显微镜对其进行形态学观察，参照水生态监测技术要求进行分类鉴定。一般情况下，物种的鉴定要求分类到属，区分到种，也可依据监测工作目标的实际需求，将其鉴定到不同分类级别。记录下鉴定期间遇到的任何问题，填写实验室记录表，检查分样编号。

每个采样点的物种按鉴定结果分别一一对应统计个体数。若遇到不完整的动物个体，则一般只以头部计数，其中节肢动物只统计包含头节和胸节的个体，不统计零散的腹部、附肢等。大型底栖无脊椎动物的空壳、枝角类、桡足类及陆生无脊椎动物不计。有生物量测定需求的实验室，按动物样本的个体大小选择相应量程及分度值的天平，对每个采样点的物种进行分类称重。去除待称重个体样本附着的杂物，使用吸水纸吸干表面水分。吸干软体动物等外套腔内的水分，并带壳称重。对于个体较小且无法直接称重获得生物量数据的物种，其生物量以天平的最小分度值（0.000 1 g）计。

填写大型底栖无脊椎动物分析记录表及大型底栖无脊椎动物样品质量控制记录表的分析质控部分。定性样品中同一种类个体数为 1 ~ 9 个计 “+”，表示 “出现”；同一种类个体数为 10 ~ 29 个计 “++”，表示 “多”；同一种类个体数大于 30 个计 “+++”，表示 “很多”。定量样品实测个体总数量除以采样总面积，即可得该种类的个体密度（个 /m^2）或生物量（g/m^2）。

（九）结果分析

计算某一种（类）的个体密度或生物量，计算采样点（断面）底栖动物总个体密度或生物量，计算耐污指数（BMWP 或 BI）、香农 – 维纳多样性指数（Shannon–Wiener）、均匀度指数、生物完整性指数（IBI）等常见指数进行水生生物评价。比较并检验不同种类之间、不同采样点之间的个体密度或生物量或指数的差异性，给出显著性水平。

（十）质量保证与质量控制

至少选择10%已完成分析的样品，开展实验室内人员比对或实验室间比对或与分类鉴定质控专家比对。依据双方鉴定和计数结果，按技术要求进行样品分析质控。

样品挑拣：在每批样品中，每个挑拣员的任一挑拣遗漏比（POR）应≥10，否则该挑拣员所挑拣的搪瓷盘样品按步骤重新挑拣。

样品分析：样品分析结果符合下列要求：① 物种分类差异百分比（PTD）≤15%；② 计数差异百分比（PDE）≤5%，分析结果方为有效。否则，查明原因后按步骤重新进行样品相应分析。

案例3：饮用水中微生物监测与实践

（一）监测目标

监测办公室桶装水饮水机出水中的菌落总数随时间变化趋势。

（二）执行标准

相关执行标准包括《生活饮用水标准检验方法　第2部分：水样的采集和保存》（GB/T 5750.2—2023）、《生活饮用水标准检验方法　第12部分：微生物指标》（GB/T 5750.12—2023）、《生活饮用水卫生标准》（GB 5749—2022）等。

（三）采样方案设计

采集饮水机开水、凉水样品各1份/天，持续一周，注意采集平行样品。

1. 监测指标

监测指标为菌落总数（≤100 CFU/mL）。其中，CFU表示菌落形成单位。

2. 样品采集

从不同的办公场所，选取不少于3台饮水机，自桶装水开封日起开展为期1周的监测，每天采集开水、凉水样品各1份，直接用已灭菌的采样瓶采集，并避免手指和其他物品对瓶口的沾污，每125 mL水样加入0.1 mg硫代硫酸钠以除去可能残留的余氯。

（四）分析测试

以无菌操作方法用灭菌吸管吸取1 mL充分混匀的水样，注入灭菌平皿中，倾注约15 mL已融化并冷却到45 ℃左右的营养琼脂培养基，立即旋摇平皿，使水样与培养基充分混匀。每次检验时应做三平行接种，同时另用3个平皿只倾注营养琼脂培养基作为空白对照。待冷却凝固后，反转平皿，使底面向上，置于（36±1）℃培养箱内培养 48 h，然后取出在显微镜下进行菌落计数，即为 1 mL 水样中的菌落总数。对于菌落计数及报告方法、不同稀释度的选择及报告方法，可以参考《生活饮用水标准检验方法　第 12 部分：微生物指标》（GB/T 5750.12—2006）实施。

（五）结果分析

对于每台饮水机每个采样时间每份水样的三个平行检验结果，计算菌落总数的平均值和标准偏差，将开水、凉水样品中的菌落总数分别对采样时间（桶装水开封时间）作图，可以直观看到办公室桶装水饮水机出水中的菌落总数随时间的变化情况；利用趋势分析方法检验饮用水中的菌落总数是否随时间呈现显著上升趋势；比较开水与凉水的菌落总数变化趋势的差异性；比较不同饮水机出水是否具有相似的变化趋势。

（六）质量保证与质量控制

检验空白对照样品是否有菌落检出；检验平行测试结果的相对标准偏差是否在可接受的范围（如小于 10%）。

案例 4：大气沉降污染的生物监测与实践

（一）实践目的和意义

苔藓是一群小型的多细胞绿色植物，分布于除海洋以外的多数陆生和水生环境。长期以来，苔藓植物一直被用作大气污染监测的典型生物学指标，长期暴露于污染环境中的苔藓植物，受污染物胁迫，其植物体形态特征、生长状态及植物群落组成和多样性等方面表现出明显的症状反应，所得的监测结果直观可靠，能够较为及时而准确地指示环境污染状况（吴婷婷等，2022）。目前，我国利用苔藓植物开展环境监测应用主要集中在青藏高原、长江流域及部分高山苔原地区。

（二）监测目标

高原地区公路两侧土生苔藓多样性及其重金属浓度的空间分布特征。

（三）执行标准

相关执行标准包括《生物多样性观测技术导则　地衣和苔藓》（HJ 710.2—2014）等。

（四）采样点布设方法

采用系统采样法布设，如图 5-13 所示。依据《生物多样性观测技术导则　地衣和苔藓》（HJ 710.2—2014），间隔 1 000 m 设置至少 3 条样带，再沿样带按等距离（如 100 m）设置样地。一般单个观测样地面积不小于 200 m^2，样地数量不少于 10 个，根

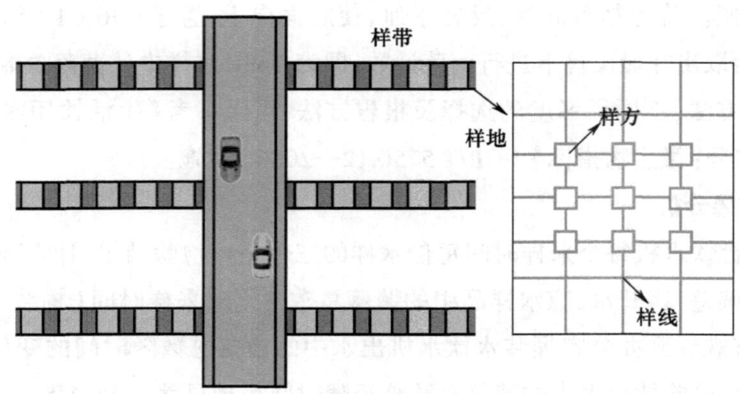

图 5-13 样带、样地、样线与样方设置示意图

据生境情况可适当调整样地面积。在每个观测样地内按间隔 4 m 拉平行样线，每条样线上每隔 4 m 设置一个样方（50 cm × 50 cm），并对样方进行编号。每个样地至少选择 5 个样方进行记录，以保证观测的代表性。

（五）现场观测与苔藓采样

采样工具：小铲子、手锤等。

监测指标：主要观测的苔藓群落特征指标包括种类组成、盖度、频度、厚度、生物量、优势种和伴生植物。

苔藓生物多样性观测采样一般选择苔藓生长旺盛期进行，如春季或秋季雨后或潮湿天气。将与样方大小一致的铁筛置于样方上。首先记录样方中苔藓的种数；其次采用样点截取法计测目标生物盖度，方法是计测整个苔藓层在网格线交叉处出现的次数，计算出样方内苔藓的总盖度；然后记录相同种类的苔藓物种在网格线交叉处出现的次数，用于计算每种苔藓物种的盖度。

对每个样方内分布的苔藓，根据物种鉴定和污染物分析需要，进行适度采样，每种苔藓采集的数量最多不超过样方中原有种群的 10%。对于苔藓的观测应拍摄清晰的数码照片，可使用带有微距镜头的数码相机对植株进行拍摄，照片与鉴定分析样本一一对应。利用小铲子、手锤等采集工具，采集样方内发现的苔藓样品，清除杂物，将采集的苔藓样品迅速装入牛皮纸袋或塑料密实袋等采集袋中。在样品采集中应特别注意填写样品记录标签，并和样品一起存放。如果野外采集的苔藓样品表面有水分，那么需要用吸水纸除去，自然晾干后再放入样品袋中保存。

（六）实验室分析测试

在实验室利用光学显微镜、解剖镜、解剖器材及植物志、植物图鉴等工具书，利用形态学分类方法，对采集的苔藓样品进行鉴定和计数，计算相应的指标。生物量采用实测法，用天平测定采集的苔藓干重。参考《牧草 7 种金属元素的测定 微波消解/电感耦合等离子体质谱法》（DB63/T 1871—2020），利用微波消解苔藓样品，然后用电感耦合等离子体质谱法测定苔藓中的金属元素，根据元素的质荷比进行定性，内标法定量。

（七）结果分析

Hasselbach 等人（2005）用苔藓作为偏远苔原生态系统中重金属污染监测的指示生物。美国阿拉斯加州有世界上最大的锌矿，那里开采的矿石沿着一条单独的道路（约 75 km 长）被装运至楚科奇海的储存设施，他们研究了矿石输运是否影响道路周围的陆地生物群落。图 5-14 比较了与道路不同距离处苔藓组织中的元素浓度，发现苔藓组织中的元素浓度在运输道路附近最大，并随着与道路的距离增加而降低，从而验证了道路运输活动确实改变周围环境及其生物群落的假设。当然，也可以分析生物群落指标的空间分布特征。

（八）质量保证与质量控制

采样点设置、数据采集和数据填报等方面的质量控制，可参照《生物多样性观测技术导则 地衣和苔藓》（HJ 710.2—2014）执行，确保样品的代表性、观测数据的可重现性及精度。

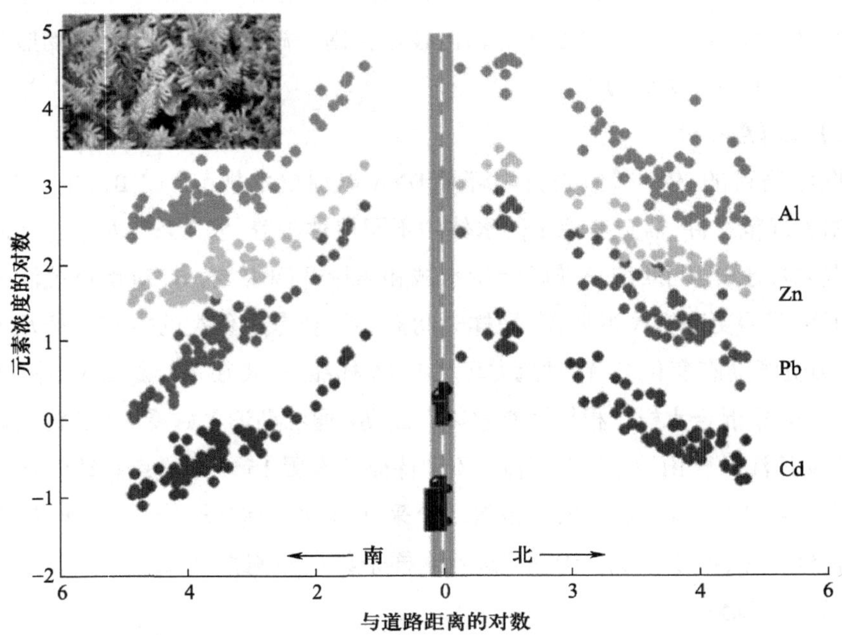

图 5-14 美国阿拉斯加州苔藓组织中的元素浓度与距离道路远近的关系

（资料来源：Hasselbach 等，2005）

案例5：应用环境DNA监测江湖连通复合体鱼类生物群落调查

鄱阳湖、洞庭湖和石臼湖等湖泊是长江沿线目前为数不多的几个自然通江湖泊。这些通江湖泊与长江干流和支流有着不同类别的生境，生态功能也不尽相同，但又紧密联系，构成了江湖复合生态系统，孕育了丰富的淡水资源和生物资源，使长江及其湖泊生态系统成为全球最重要的湿地区域之一。由于水文条件、食物条件和植被覆盖条件不同，鱼类在江湖复合生态系统中呈现出一定的时空变化，为了监测长江—石臼湖连通复合体的鱼类多样性变化，环境DNA（eDNA）不失为一种高效且生态友好的方法。

（一）监测目标

分析长江—石臼湖连通复合体在湖区、通江河道、江段中鱼类群落结构的空间差异，进而反映整个复合体的生物连通状况。

（二）相关规范文件

相关规范文件包括《淡水生物监测　环境DNA宏条形码法》（T/CSES 81—2023）、《高通量基因测序技术规程》（GB/T 30989—2014）、《高通量基因测序结果评价要求》（GB/T 35537—2017）、《高通量测序数据序列格式规范》（GB/T 35890—2018）、《水质采样技术指导》（HJ 494—2009）、《水生态监测技术指南　河流水生生物监测与评价（试行）》（HJ 1295—2023）、《水生态监测技术指南　湖泊和水库水生生物监测与评价（试行）》（HJ 1296—2023）等。

（三）采样点布设

根据监测目的，依照《鱼类贝类环境DNA识别技术规范》（DB11/T 2023—2022）及上述相关规范文件，需要考虑不同水体中不同植被覆盖、水文条件及水体地质特征设置采样点采集水样，同时应该兼顾近岸水域和离岸开阔水域。针对重点关注区域和其他条件下可开展更高频率的监测，采样时间需要综合考虑鱼类的生态特征及水体类型（包括鱼类资源动态变化）。针对鱼类环境DNA样品，需要在采样断面上、中、下游间隔500 m等比采集混合水样。根据调查水体石臼湖（通江湖泊）、姑溪河（长江支流暨江湖连通段）及长江马鞍山段（长江干流）环境特征共设置15个采样点（图5-15），其中长江当涂段设置5个采样点，姑溪河设置5个采样点，石臼湖设置5个采样点，于春、夏、秋、冬四季（1月、4月、7月、10月）进行水样采集（贺婉路，2022）。

（四）样本采集

根据《鱼类贝类环境DNA识别技术规范》（DB11/T 2023—2022），在近岸样点距离岸边5 m内且不受泥沙干扰的水域进行采集。采样人员需要佩戴一次性无菌乳胶

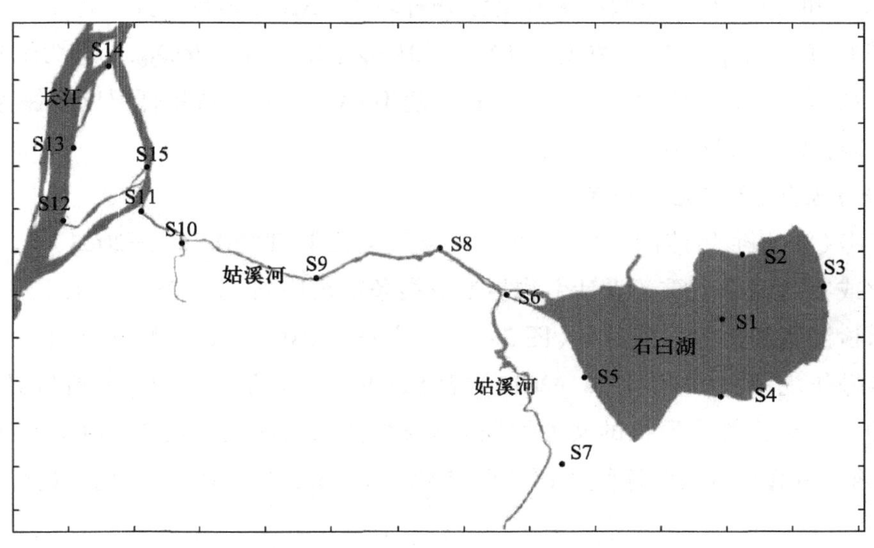

图 5-15　长江—石臼湖连通复合体采样点示意图

（资料来源：贺婉路，2022）

水套，采集不少于 3 L 的水体装入无菌采样瓶。可通过分类单元累计曲线确定水体实际采样体积，具体参照《淡水生物监测　环境 DNA 宏条形码法》（T/CSES 81—2023）附录。无菌采样瓶瓶口须向上游来水方向，在距水下 0.5 m 范围内采集水样。存在水体分层的湖泊则须在水体上、中、下层分别采集水体。

（五）样本富集抽滤及保存

所有用于抽滤的器具要统一消毒和灭菌。连接真空泵及抽滤器，现场过滤至一定孔径（一般为 0.45 μm，鱼类可选择 0.45 ~ 1.2 μm）的滤膜上。采用相同方法抽滤空白采样作为采样对照组；同时抽滤各采样点样品作为实验组。每批次采样过滤时，用 1 L 的 Milli-Q 纯水作为阴性对照，与环境 DNA 水样处理流程相同，以监测过滤和后续环境 DNA 提取过程中的污染情况。对于部分高泥沙水体，应将采集水样低温（4 ℃或冰袋）静置分离悬浮物，再过滤。对于生物密度较高的水体（如处于水花爆发期），可将水样分开抽滤至多张（1 ~ 5）滤膜作为子样本。野外干冰或 -20 ℃保存，实验室 -20 ℃保存；或者加入固定剂［参考《淡水生物监测　环境 DNA 宏条形码法》（T/CSES 81—2023）］，常温保存。

（六）环境 DNA 提取

样本预处理需要利用研磨珠和裂解液将滤膜振荡破碎，必要时可先将滤膜剪碎。后续借助物理和化学方法充分释放水体中包含的鱼类环境 DNA，通过洗涤洗脱去除水样中含有的蛋白质、RNA、多糖、盐类和操作过程中引入的乙醇等杂质，可采用离心柱法或磁珠法等方法纯化环境 DNA。使用超微量紫外分光光度计监测环境

DNA 浓度和质量，利用琼脂糖凝胶电泳分析环境 DNA 完整性。其中样本环境 DNA 浓度不低于 1 ng/μL，最佳浓度为 10 ~ 1 001 ng/μL，$OD_{260\ nm}/OD_{280\ nm}$ 应为 1.7 ~ 2.0，$OD_{260\ nm}/OD_{230\ nm}$ 应大于 2.0。所有提取的环境 DNA 在 –20℃或更低温度下保存，必要时可分装，避免反复冻融。

（七）宏条形码扩增与测序

参考《淡水生物监测 环境 DNA 宏条形码法》（T/CSES 81—2023），选择一对或多对或在此基础上重新设计引物扩增鱼类条形码序列（如 18S），并采用琼脂糖凝胶电泳检测鱼类扩增目标条带（图 5–16）。按照《国境口岸医学媒介昆虫 DNA 条形码鉴定操作规程》（SN/T 4278—2015）规定 PCR 条带。条带应为单一清晰明亮且无拖尾的。后续将符合质检的文库按照《高通量基因测序技术规程》（GB/T 30989—2014）和《高通量基因测序结果评价要求》（GB/T 35537—2017）的规定进行高通量测序。

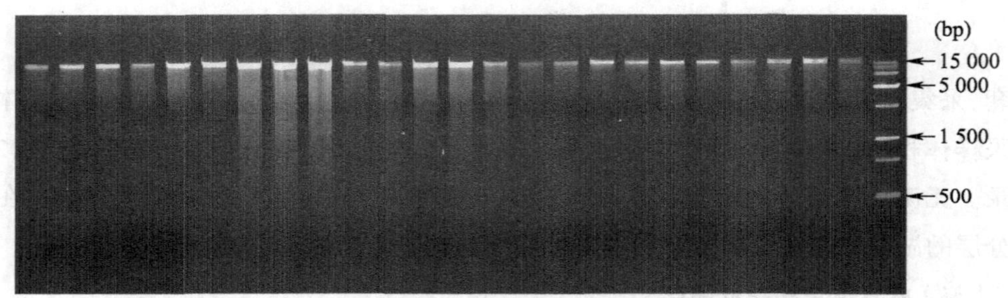

图 5–16 部分水样环境 DNA 琼脂糖凝胶电泳检测条带图

（资料来源：贺婉路，2022）

（八）生物信息学分析

将双端测序进行序列合并。首先通过搜索特定序列并基于碱基识别质量（一般 >Q20）和序列长度（一般大于预期长度的 70%）进行序列修剪，选择操作分类单元（OTUs）或扩增子序列变体（ASV）方法进行序列聚类获得分子分类单元，然后过滤错误序列、非鱼类序列及相应的分子分类单元，最后对比 NCBI、DADA2 等全球或本地数据库，提取鱼类的分类信息（界、门、纲、目、科、属、种），进行物种注释。

（九）生物评价分析

参照《基于环境 DNA 的淡水生物评价技术指南》（T/CSES 82—2023）及相关规范，根据鱼类监测数据选择生物多样性指数（系统发育多样性、分子分类单元丰富度、香农 – 维纳多样性指数等指数）、生物指数（第一优势度、前三优势度及鱼类保有指数）和生物完整性指数进行定性和定量分析，评价鱼类资源情况。

例如，贺婉路的研究表明，不同类型水域监测到的鱼类分类群数量和 OTUs 均不相同。鱼类分类群与 OTUs 最大值均出现在长江马鞍山段（MS），那里两者均比较丰富。通江河道（RC）的 OTUs 比通江湖泊（SL）的 OTUs 多 12 个，匹配到的鱼类分类群少 1 个，OTUs 多的匹配到的鱼类分类群少，说明河道匹配度较低（图 5–17）。由图 5–17（b）可知，湖区、河道及江段的鱼类组成有较大重叠，有 50 种鱼类在三个水域均出现，占鱼类分类群总数的 75%。有 7 种鱼类仅在长江干流段出现，而仅在湖区出现的只有一种食蚊鱼，没有单独出现在河道的种类。通江河道中监测到的鱼类都可以在湖区或江段中找到。此外，图 5–18 显示，鱼类的香农 – 维纳多样性指数为 2.88 ~ 5.02，Pielou 均匀度指数为 0.64 ~ 1.11，经相似性分析（ANOSIM）检验，不同类型水域之间鱼类多样性指数无显著性差异。

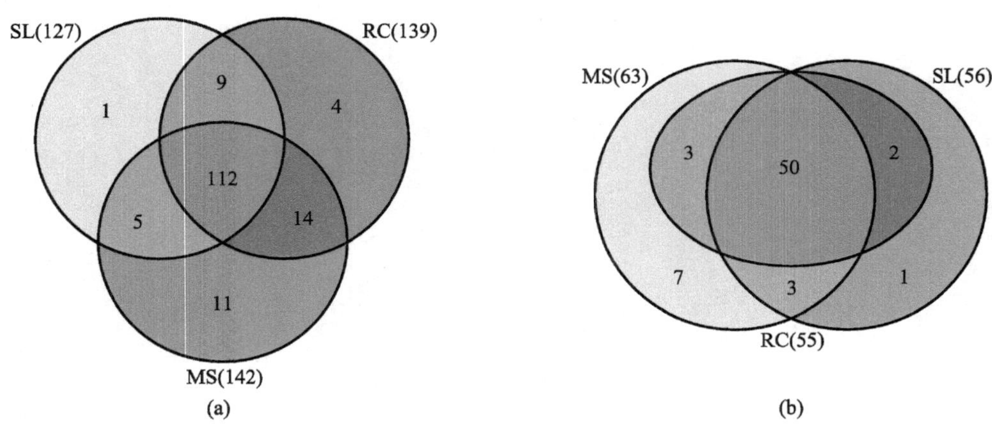

图 5–17　不同类型水域的 OTUs（a）和鱼类分类群（b）的韦恩图

（资料来源：贺婉路，2022）

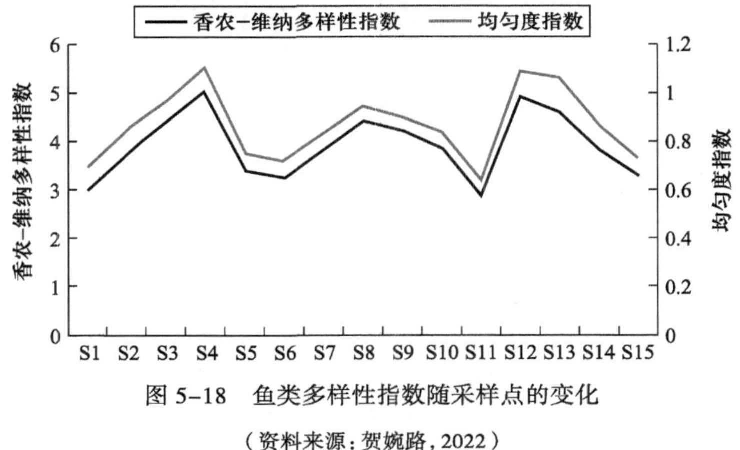

图 5–18　鱼类多样性指数随采样点的变化

（资料来源：贺婉路，2022）

（十）质量控制与质量保证

质量控制需要在环境 DNA 采集、处理及分析全流程中设置阴性对照、阳性对照和平行样品。

阴性对照：在每天的样品采集、同一批次环境 DNA 提取和 PCR 扩增阶段应分别设置不少于 3 个阴性对照（无菌水）；阳性对照：应该设置不少于 6 个 PCR 扩增的阳性对照。PCR 扩增的阳性对照应为不少于 10 个鱼类物种的基因组 DNA 标准环境 DNA 样品，浓度一般为 1 ng/μL；平行样品：每个采样点应至少设置 3 个生物重复。

同时需要控制评价体系中的假阴性率（Ⅰ型错误）和假阳性率（Ⅱ型错误）。

质量保证则是做好野外质量（从水样采集、运输和保存）和实验室质量保证，避免过程中样本之间的污染。

第六章　噪声监测方案设计与实践

导言

噪声污染会给人们的日常生活带来困扰，干扰人们的休息、学习和工作，对人体健康产生负面影响，如引发听力损失、睡眠障碍、心血管系统疾病等。声环境监测需要综合考虑不同噪声源的特点、环境因素、人体感知等各方面因素，通过监测和评估噪声排放源的强度和特征，可以识别和控制噪声污染源，全面评估噪声对环境和人类的影响和潜在威胁，为制定噪声限制标准和采取相应的控制措施提供科学依据，推动可持续发展和构建宜居、和谐的社会环境。

第一节　噪声污染的特点与危害

随着工业和交通运输业的飞速发展，噪声对环境的污染日益严重，人们也逐渐意识到噪声对日常生活的影响和身心健康的损害。生活在现代社会里，人们几乎每时每刻都受到噪声的影响。一般来说，噪声超过 50 dB 就会影响人的睡眠，超过 70 dB 就会干扰谈话，超过 90 dB 就会影响听力。强噪声会损伤听力，而且这种损伤往往是累积性的。资料表明，在 85 dB 的高噪声车间连续工作 5 年，噪声性耳聋的发病率达 3%；根据国际标准化组织的调查，在 90 dB 的环境中工作 30 年，耳聋的可能性为 18%。

物理声学中，噪声属于无序声，其由不同频率和声强组合，是杂乱无章的、不协调的声音。噪声既与声音的客观物理性质有关，又与人们的主观感觉和心理因素有关系：干扰人们正常生活的声音，让人感到刺激，凡是人们不需要和“讨厌”的声音均可称为噪声。从法律层面，《中华人民共和国噪声污染防治法》所称噪声指在工业生产、建筑施工、交通运输和社会生活中产生的干扰周围生活环境的声音；噪声污染则指超过噪声排放标准或者未依法采取防控措施产生噪声，并干扰他人正常生活、工作和学习的现象。

环境噪声的主要来源有四种：① 交通噪声，如飞机、汽车、轨道车辆、磁悬浮车辆等产生的噪声；② 工厂噪声，如鼓风机、汽轮机、织布机和冲床等产生的噪声；③ 建筑施工噪声，如打桩机、挖土机、混凝土搅拌机等发出的噪声；④ 社会生活噪声，如高音喇叭、收录机等发出的噪声。

噪声污染导致的问题主要有：

① 健康方面：长时间暴露在噪声环境中，可以导致人的听力损失、睡眠障碍、记忆力减退等健康问题。

② 生态方面：噪声污染对野生动物和植物的生长和生存产生负面影响，严重时导致生态失衡。

③ 社会方面：噪声污染会导致人们的生活质量下降，学习和工作效率下降，使人烦恼、易怒、易激动，甚至失去理智；严重时还会引发社会矛盾。

第二节　声音（噪声）的物理量与相关标准

一、有关声音（噪声）的物理特性和量度

由于物体振动而引起周围空气振动所产生的疏密波，称为声波。当声波的振动频率为 20 ~ 20 000 Hz 时，作用于人耳产生的感觉称为声音。当振动频率小于 20 Hz 时，称为次声，高于 20 000 Hz 时称为超声。它们作用于人耳是不能引起听觉的。

（一）声音的物理特性

声音的物理特性包括频率、周期、波长与波速的概念。

声源在单位时间内振动的次数称为频率，以 f 表示，单位为 Hz。声音振动一次所需要的时间称为周期，以 T 表示，单位为 s。周期与频率的关系为：$T=\frac{1}{f}$。波长指波形上振动完全相同的相邻两点间的距离，以 λ 表示，单位为 m。波速指波的传播速度，以 c 表示，单位为 m/s。波速与传递声波的介质和介质温度有关。在空气中，声音与温度的关系可简写为：$c=331.4+0.607t$。常温下，声速约为 345 m/s。波长、波速、周期与频率之间的关系为：$c=\lambda f=\frac{\lambda}{T}$。

（二）声音的量度

1. 声功率、声强和声压

声功率是声源在单位时间内所发射的声能量，以 W 表示，单位为瓦（W）。在噪声监测中，声功率指源总功率。声强指单位时间内，声波通过垂直于其传播方向的单位面积的平均声能量，以 I 表示，单位为 W/m^2。声压指由于声波振动而引起的空气压强增量。声波在空气中传播时空气压缩和稀疏交替变化，压强的增量是正负交替的，通常取声压的均方根值，因此声压值总是正的，以 P 表示，单位为 N/m^2。当频率为 1 000 Hz 时，正常人耳刚好能听到的声音声压值约为 $2 \times 10^{-5}\ N/m^2$，称为基准声压或听阈声压。使人耳感到疼痛的声压值约为 20 N/m^2，称为痛阈声压。

2. 分贝

能够引起人的听觉的声波不仅要有一定的频率范围（20～20 000 Hz），还要有一定的声压范围。声压太小，不能引起听觉；声压太大，只能引起痛觉，而不能引起听觉。因为能引起人的听觉的声压范围为 $2.0 \times 10^{-5} \sim 20\ N/m^2$，变化范围非常大，实际应用很不方便，所以用分贝来表达声学量值。

分贝是 10 乘以两个相同的物理量之比取以 10 为底的对数而成的单位。数学表达式为：$N=10\lg\frac{C_1}{C_0}$。分贝是没有量纲的，符号为 dB。

3. 声功率级、声强级和声压级

人耳对声信号强弱刺激的反应不是线性的，而是成对数比例关系。为了正确而又方便地反映人耳对声音听觉反应的特点，引入了“级”来表征声音的大小，这就是声功率级、声强级和声压级。

声压级：

$$L_P = 10\lg\frac{P^2}{P_0^2} = 20\lg\frac{P}{P_0}$$

式中：P_0——基准声压，$2.0 \times 10^{-5}\ N/m^2$；

P——声压，N/m^2。

声强级：

$$L_I = 10\lg\frac{I}{I_0}$$

式中：L_I——声强级，dB；

I——声强，W/m^2；

I_0——基准声强，W/m^2。

声功率级：

$$L_W = 10\lg \frac{W}{W_0}$$

式中：L_W——声功率级，dB；

W——声功率，W；

W_0——基准声功率，10^{-12} W。

根据分贝的定义，声功率级、声强级和声压级的单位均可用分贝表示。这样把声压 $2\times10^{-5}\sim20$ N/m²、声强 $10^{-12}\sim1$ W/m² 这么大的变化范围，转化为声压级和声强级都在 0～120 dB 的较小的范围内，实际应用时更加方便。

4. 声压级的合成

两个以上独立声源作用于某一点，声功率级和声强可以直接相加。以两个声源为例：在空间某一点，两个声源的声功率和声强分别为 W_1、W_2 和 I_1、I_2。在这点的总声功率和总声强分别为 $W_{总}=W_1+W_2$，$I_{总}=I_1+I_2$。几个独立声源在空间某点的总声压级 L_P 可由下列公式求出：

$$L_P = 10\lg\sum_1^n \frac{P_i^2}{P_0^2}$$

式中：P_i——第 i 个声源在这点处的声压，N/m²；

P_0——基准声压，N/m²。

由于 $L_{P_i}=10\lg\dfrac{P_i^2}{P_0^2}$，则有 $L_P=10\lg\sum\limits_1^n 10^{\frac{L_{P_i}}{10}}$。

当 $n=2$ 时，$L_P=10\lg(10^{\frac{L_{P_1}}{10}}+10^{\frac{L_{P_2}}{10}})$；若各个声源的声压级相等，则 $L_P=L_{P_1}+10\lg n$。

当两个声压级相等的声源存在时，$L_P=L_{P_1}+10\lg2\approx L_{P_1}+3$。

当各个声源的声压级不等时，利用上式计算总声压级相当麻烦。可以通过图 6-1 来计算，横坐标是两个声源声压级的差值 $L_{P_1}-L_{P_2}$（设 $L_{P_1}>L_{P_2}$），由纵坐标 ΔL_P 可计算该点处的总声压级的修正量。

公式表示为：$L_P=L_{P_1}+\Delta L_P$

例如，两个声源的声压级分别为 93 dB 和 90 dB，查曲线得 $\Delta L_P=1.8$ dB，因此 $L_{P总}=(93+1.8)$ dB=94.8 dB。

从图 6-1 可以看出，两个声源在某点处的总声压级最多比较大的那一个声压级大 3 dB；而当两个声压级相差很大时，增加的 ΔL_P 可以忽略不计。

例如，有 8 个声源作用于一点，它们的声压级分别为 70 dB、70 dB、75 dB、82 dB、90 dB、93 dB、95 dB 和 100 dB，可以任意选两种叠加次序，如图 6-2 所示。

以 $L_P-L_{P_1}$ 与 ΔL_P 作图就可以求出其他声源的声压级，这种方法常用来从几组与背景的总噪声中除去背景噪声的干扰。

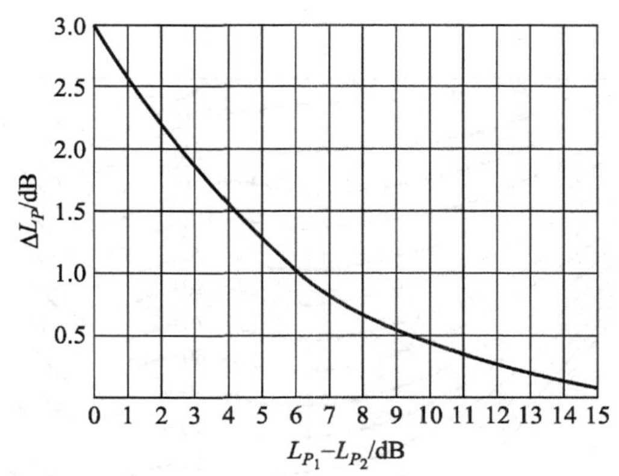

图 6-1 两个声源的叠加曲线

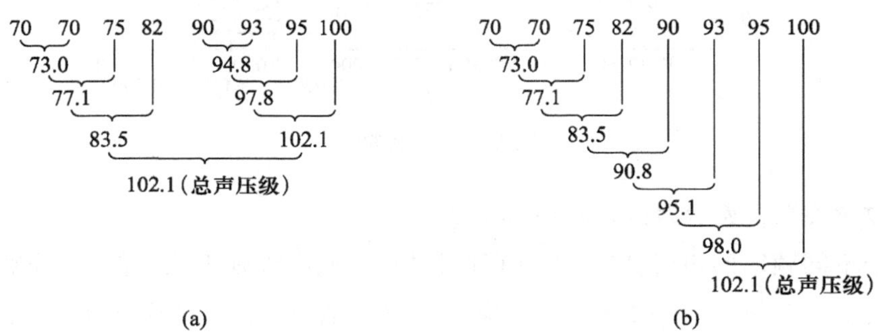

图 6-2 声压级的叠加

(a)叠加次序一;(b)叠加次序二

5. 响度与响度级

人耳对声音的主观感觉不仅与声压有关,还与声音的频率及波形有关,因此引入“响度”这一概念,来表示人耳对声音轻重程度的判断。响度用 N 表示,单位是“宋”。规定频率为 1 000 Hz、声压级为 40 dB 的声音的响度为 1 宋。如果另一个声音听起来比这个声音大 n 倍,那么这个声音的响度为 n 宋。

响度级:给定一个声音,若其听起来与 1 000 Hz 的纯音一样响,则把这个纯音的声压级数值称为这个声音的响度级,用 L_N 表示,单位是方(phon)。

通过大量实验,得到人耳听觉频率范围内一系列响度相等的声压级与频率的关系曲线(图 6-3),其称为等响曲线(该曲线已为国际标准化组织采用,因此又称为 ISO 等响曲线)。从图 6-3 中可以明确地看到频率、声压级与响度之间的关系。

响度与响度级之间的关系:实验证明,当响度为 20 ~ 120 方时,响度级每改变 10 方,响度加倍或减半。例如,当响度级为 30 方时,响度为 0.5 宋;响度级为 40 方时,响度为 1 宋;响度级为 50 方时,响度为 2 宋。

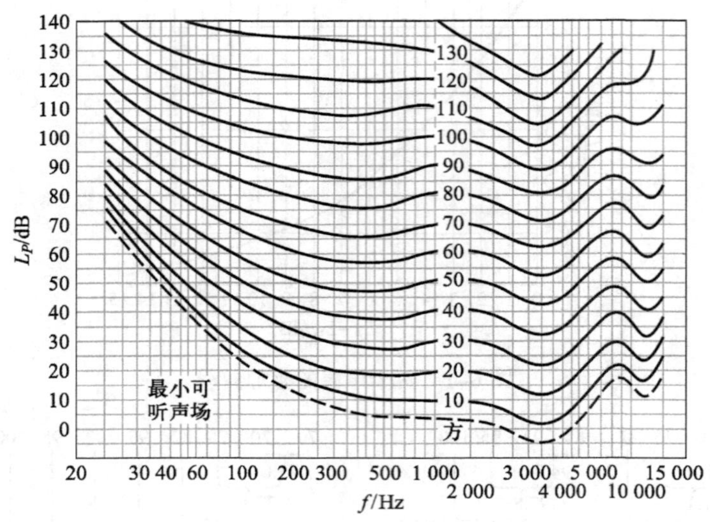

图 6–3 等响曲线

用数学关系式表示为：L_N=40+10$\log_2 N$

对于不同频率的声音，响度可以直接相加，而响度级则不能。例如，分别为 50 方和 70 方的两个声音：N_1=2 宋，N_2=8 宋，$N_{总}=N_1+N_2$=10 宋。对应于 10 宋的响度级 L_N=40+10$\log_2$ 10 方≈ 73 方，而不是 50+70 方 =120 方。

从图 6-3 中，还可以得出如下结论：

① 当声压级小和频率低时，声压级（dB）与响度级（方）相差很大；当声压级增加时，其差别减小。例如，100 Hz、35 dB 的声音响度级为 20 方，100 Hz、45 dB 的声音响度级为 35 方，而 100 Hz、100 dB 与 1 000 Hz、100 dB 的声音基本上是等响的。也就是说，当声压级升高时，频率对响度的影响就明显减小。

② 每个频率的声音都有各自的听阈声压级和痛阈声压级，最下面的曲线称为听阈线，最上面的曲线称为痛阈线。在低频范围内，即使声压级较高，也未必能达到听阈线，因此降低噪声频率对控制噪声的危害是很有意义的。

6. 声音的频谱与倍频程

日常生活中，我们极少能听到纯音，一般都是由不同频率、不同强度的纯音合成的复音。其中各种纯音的频率分布就构成了频谱。当对噪声进行分析时，不可能也不需要对每个频率成分进行分析。通常把 20 ~ 20 000 Hz 的声频范围划分为 10 个频带，每个频带上、下限的频率值称为上、下截止频率（f_1 与 f_2），把 $\log_2 \dfrac{f_1}{f_2}=n$ 称为 n 倍频程。n=1、1/2、1/3 分别称为倍频程、1/2 倍频程、1/3 倍频程。

二、噪声的计量及测量

（一）计权声级

通常，实际声源发射的声音几乎都包含非常广的频率范围，能引起人的听觉的频率范围是一定的（20～20 000 Hz），而且人的听觉与声压有关。为了能使噪声测量仪器模拟人耳听觉对声音频率响应的特性，在仪器中设计了一种特殊滤波器，对某些频率进行衰减，这种特殊滤波器称为计权网络。通过计权网络测得的声压级，已不再是客观物理量测得的声压级，而是计权声级，简称为声级。通常有 A、B、C 三种计权网络（有的还有 D 计权网络）。它们测出的值通常称为 A、B、C 和 D 计权声级。

计权网络的频率响应特性见图 6-4。其中 A 计权网络对应于倒置的 40 方的等响曲线，对低频有较大衰减，模拟人耳对低强度噪声的频率特性；B 计权网络对应于倒置的 70 方的等响曲线，模拟中等强度噪声的频率特性；C 计权网络对应于倒置的 100 方的等响曲线，对各种频率的声音基本上不衰减，模拟高强度噪声的频率特性。D 计权网络专用于飞机噪声的测量。

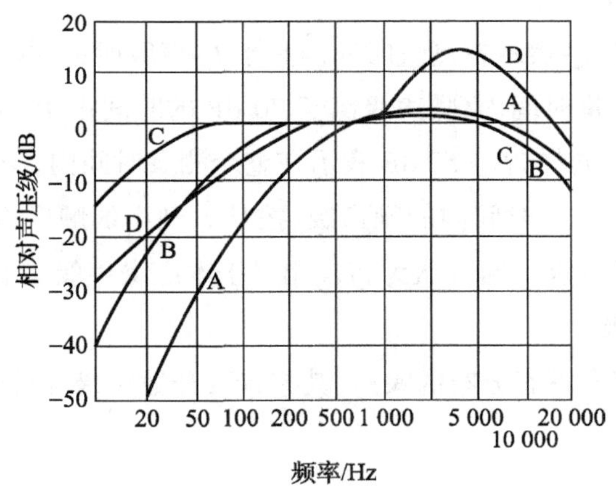

图 6-4 计权网络的频率响应特性

随着对噪声评价工作的研究和发展，人们发现用 A 计权声级来评价噪声对人的危害和干扰有良好的结果，故现在大多用 A 计权声级。

在噪声测量中，必须注明所用的计权声级，如 85 dB（A）或 85 dBA。

（二）声级评价

A 计权网络能较好地评价连续稳态的噪声。对于起伏的不连续的噪声，人们采用下述方法来评价。

1. 等效连续声级

等效连续声级是用 A 计权声级得到的声能平均值。符号为 L_{eq} 或 $L_{Aeq.T}$，公式为

$$L_{eq} = 10\lg \frac{1}{T}\int_0^T 10^{\frac{L_{P_A}}{10}} dt$$

式中：L_{P_A}——某时刻的瞬时 A 声级，dB；

T——规定的测量时间，s。

如果测量是在同样的采样时间间隔下，测试得到一系列 A 计权声级数据的序列，那么测量时段内的等效连续 A 声级也可通过以下表达式计算：

$$L_{eq} = 10\lg\left[\frac{1}{T}\sum_{i=1}^{N} 10^{0.1L_{Ai}}\tau_i\right]$$

或

$$L_{eq} = 10\lg\left[\frac{1}{N}\sum_{i=1}^{N} 10^{0.1L_{Ai}}\right]$$

式中：T——总的测量时间，s；

L_{Ai}——第 i 个 A 计权声级，dB；

τ_i——采样间隔时间，s；

N——测试数据个数。

累计百分数声级 L_n：表示在测量时间内高于 L_n 声级所占的时间为 $n\%$。例如，L_{10}= 70 dB，表示在整个测量时间内，噪声级高于 70 dB 的时间占 10%，其余 90% 的时间内噪声级均低于 70 dB；同样，L_{90}=50 dB 表示在整个测量时间内，噪声级高于 50 dB 的时间占 90%。对于同一测量时间内的噪声级，按从大到小的顺序进行排列，就可以清楚地看出噪声涨落变化程度。通常认为，L_{90} 相当于本底噪声级，L_{50} 相当于中值噪声级，L_{10} 相当于峰值噪声级。

对于统计特性符合正态分布的噪声，其累计百分数声级与等效连续 A 声级之间有近似关系：

$$L_{eq} \approx L_{50} + \frac{d^2}{60} \qquad d = L_{10} - L_{90}$$

式中：L_{10}、L_{50}、L_{90} 分别为累积分布值，其定义为

L_{10}——测量时间内，10% 的时间超过的噪声级，相当于噪声的平均峰值；

L_{50}——测量时间内，50% 的时间超过的噪声级，相当于噪声的平均值；

L_{90}——测量时间内，90% 的时间超过的噪声级，相当于噪声的背景值。

2. 噪声污染级

实践证明，涨落的噪声所引起人的烦恼程度比等能量的稳态噪声更大，并与噪声

的变化率和平均强度有关。实验表明，在等效连续噪声级的基础上加上一项代表噪声涨落变化的幅度量，更能反映实际噪声污染程度。一般可用来评价不稳定噪声，如评价航空或道路的交通噪声。噪声污染级的计算式为

$$L_{NP}=L_{eq}+2.56\sigma$$

式中：σ——噪声分布的标准偏差。

$$\sigma=\left[\frac{n}{n-1}\sum_{i=1}^{n}(L_i-\bar{L})\right]^{\frac{1}{2}}$$

式中：L_i——测得的第 i 个声级；

$\bar{L}$——所测声级的算术平均值；

n——测得声级的总个数。

在正态分布下，$L_{NP}=L_{50}+d+\dfrac{d^2}{60}$，$d=L_{10}-L_{90}$。

3. 昼夜等效声级

因为夜间噪声具有更大的烦扰程度，因此昼夜等效声级表示噪声昼夜间的变化。

$$L_{dn}=10\lg\left[\frac{16\times10^{\frac{L_d}{10}}+8\times10^{\left(\frac{L_n+1}{10}\right)}}{24}\right]$$

式中：L_d——白天（6：00—22：00）的等效声级；

L_n——夜间（22：00—次日 6：00）的等效声级。

此外，还有交通噪声级、噪声次数指数、感觉噪声级和语言干扰级等。

4. 计权等效连续感觉噪声级

在航空噪声评价中，对在一段监测时间内飞行事件噪声的评价采用计权等效连续感觉噪声级 L_{WECPN}。它考虑了一段监测时间内通过一固定点的飞行引起的总噪声级，同时也考虑了不同时间内飞行所造成的不同社会影响。

计权等效连续感觉噪声级 L_{WECPN} 是通过有效感觉噪声级计算得到的。有效感觉噪声级是在感觉噪声级 L_{PN} 的基础上，加上对持续时间和噪声中存在的可闻纯音或离散频率修正后的声级，用 L_{EPN} 表示。感觉噪声级 L_{PN} 经纯音修正后的声级表示为 L_{PNT}，持续时间修正为飞机飞越上空，其声级从未达到最高峰值前 10 dB 开始到从峰值下降 10 dB 为止的时间内，每隔 0.5 s 间隔的所有 L_{PNT} 的能量相加，并加以时间归一化（20 s）。将纯音加在感觉噪声级相应分量所得到的纯音修正感觉噪声级随时间变化的曲线修正过程可以用图 6-5 直观地表示。其中，L_{PNM} 表示修正前感觉噪声级最大值，L_{PNTM} 表示修正后感觉噪声级最大值。

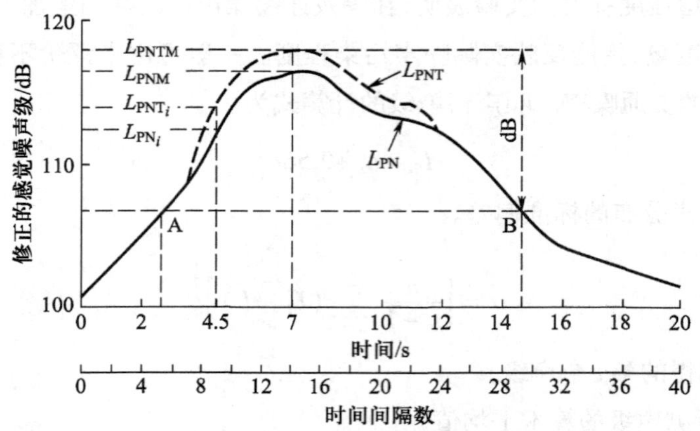

图 6-5 纯音修正感觉噪声级随时间变化的曲线

经修正后得到的有效感觉噪声级可用数学表达式表示为

$$L_{EPN}=10\lg\left[\sum_{i=0}^{N}10^{0.1L_{PNT_i}}\right]-13$$

式中：L_{PNT_i}——第 i 个时间间隔的 L_{PNT}；

N——0.5 s 间隔的个数，$N=t/0.5$，t 为图 6-5 中 A 至 B 的飞行时间。

由此，可以得到计权等效连续感觉噪声级 L_{WECPN} 的计算表达式：

$$L_{WECPN}=\overline{L_{EPN}}+10\lg(N_1+3N_2+10N_3)-39.4$$

式中：$\overline{L_{EPN}}$——N 次飞行的有效感觉噪声级的能量平均值，dB；

N_1——白天的飞行次数；

N_2——傍晚的飞行次数；

N_3——夜间的飞行次数。

（三）噪声相关标准

噪声标准是在大量试验数据基础上进行统计分析后制定的。因为噪声对人的影响与声源的物理特性、暴露时间和个体差异等因素有关，它不仅决定噪声引起的生理反应，还决定人们的心理反应，所以在制定标准时，既要考虑听力保护、对人体健康的影响，以及人们对噪声的主观烦恼程度，又要考虑当前时段经济技术条件的可行性。下面介绍我国一些环境噪声标准。

1.《声环境质量标准》（GB 3096—2008）和声环境功能区划分

强噪声会损伤听力，而且这种损伤往往是累积性的。资料表明，在 85 dB 的高噪声车间连续工作 5 年，噪声性耳聋的发病率达 3%；根据国际标准化组织的调查，在 90 dB 的环境中工作 30 年，耳聋的可能性为 18%。

依据《声环境功能区划分技术规范》(GB/T 15190—2014),我国将声环境划分为五类,不同声环境功能区的环境噪声限值列于表 6–1,适用于声环境质量评价与管理。

表 6–1　声环境功能区的环境噪声限值

<table>
<tr><th colspan="2" rowspan="2">声环境功能区类别</th><th colspan="2">时段 /dB(A)</th></tr>
<tr><th>昼间</th><th>夜间</th></tr>
<tr><td colspan="2">0 类</td><td>50</td><td>40</td></tr>
<tr><td colspan="2">1 类</td><td>55</td><td>45</td></tr>
<tr><td colspan="2">2 类</td><td>60</td><td>50</td></tr>
<tr><td colspan="2">3 类</td><td>65</td><td>55</td></tr>
<tr><td rowspan="2">4 类</td><td>4a 类</td><td>70</td><td>55</td></tr>
<tr><td>4b 类</td><td>70</td><td>60</td></tr>
</table>

五类声环境功能区划分如下:

0 类声环境功能区:指康复疗养区等特别需要安静的区域。

1 类声环境功能区:指以居民住宅、医疗卫生、文化教育、科研设计、行政办公为主要功能,需要保持安静的区域。

2 类声环境功能区:指以商业金融、集市贸易为主要功能,或者居住、商业、工业混杂,需要维护住宅安静的区域。

3 类声环境功能区:指以工业生产、仓储物流为主要功能,需要防止工业噪声对周围环境产生严重影响的区域。

4 类声环境功能区:指交通干线两侧一定距离之内,需要防止交通噪声对周围环境产生严重影响的区域,包括 4a 类和 4b 类两种类型。4a 类为高速公路、一级公路、二级公路、城市快速路、城市主干路、城市次干路、城市轨道交通(地面段)、内河航道两侧区域;4b 类为铁路干线两侧区域。

2. 工业企业噪声卫生标准(试行草案)

该标准由北京市劳动保护科学研究所等单位于 1979 年发布实施。主要针对工业企业内的噪声控制和卫生管理提出了具体的要求和指导(表 6–2)。对于现有工业企业的生产车间和作业场所的工作地点的噪声标准为 85 dB。现有工业企业经过努力暂时达不到标准时,可适当放宽,但不得超过 90 dB。对每天接触噪声不到 8 小时的工种,应根据企业种类和条件,参照表 6–2 执行。

表 6-2 工业企业噪声卫生标准

新建、扩建、改建企业标准		现有企业标准	
每个工作日接触噪声时间（h）	允许噪声值（dB）	每个工作日接触噪声时间（h）	允许噪声值（dB）
8	85	8	90
4	88	4	93
2	91	2	96
1	94	1	99
最高不得超过 115 dB		最高不得超过 115 dB	

由于接触噪声时间与声级可能有多种情况，在实际执行时一般采用噪声剂量 D 进行判定。噪声剂量 D 的定义为：实际噪声暴露时间 $T_{实}$与容许暴露时间 T 之比，即

$$D=\frac{T_{实}}{T}$$

如果噪声剂量 $D>1$，那么表明工人的工作环境噪声超过标准；如果环境噪声不是某一固定声级，那么 D 的计算方法如下：

$$D=\sum_{i=1}^{n}\frac{T_{实i}}{T}$$

例如，某工人上午在 93 dB 的环境下工作 2.5 h，下午在 90 dB 的环境下工作 4 h，试计算噪声剂量 D，并判别在现有企业标准下是否超过安全标准。

解：由公式得$D=\frac{T_{实1}}{T}+\frac{T_{实2}}{T}$

$=\frac{2.5}{4}+\frac{4}{8}$

$=1.125>1$

故此工作环境噪声是超过安全标准的。

3.《工业企业厂界环境噪声排放标准》（GB 12348—2008）

本标准规定了工业企业和固定设备厂界环境噪声排放限值及其测量方法，适用于工业企业噪声排放的管理、评价及控制。机关、事业单位、团体等对外环境排放噪声的单位也按本标准执行。工业企业厂界环境噪声排放限值见表 6-3。

表 6-3　工业企业厂界环境噪声排放限值

厂界外声循环功能区类别	时段 /dB（A）	
0	昼间	夜间
1	55	45
2	60	50
3	65	55
4	70	55

注：夜间频繁突发的噪声（如排气噪声），其峰值不准超过标准值 10 dB（A），夜间偶然突发的噪声（如短促鸣笛声），其峰值不准超过标准值 15 dB（A）。工业企业若位于未划分声环境功能区的区域，当厂界外有噪声敏感建筑物时，由当地县级以上人民政府参照《声环境质量标准》（GB 3096—2008）和《声环境功能区划分技术规范》（GB/T 15190—2014）的规定确定厂界外区域的声环境质量要求，并执行相应的厂界环境噪声排放限值。当厂界与噪声敏感建筑物距离小于 1 m 时，厂界环境噪声应在噪声敏感建筑物的室内测量，并将表 6-3 中相应的限值减 10 dB（A）作为评价依据。

4.《汽车加速行驶车外噪声限值及测量方法》（GB 1495—2002）

本标准规定了各类汽车加速行驶时车外最大允许噪声级，车外最大允许噪声级应按表 6-4 的规定执行。

表 6-4　车外最大允许噪声级

汽车分类	噪声限值 /dB（A）	
	2002.10.1—2004.12.30 生产的汽车	2005.1.1 以后 生产的汽车
M_1	77	74
M_2（GVM ≤ 3.5 t）或 N_1（GVM ≤ 3.5 t）： GVM ≤ 2 t $2\ \mathrm{t} < \mathrm{GVM} \leq 3.5\ \mathrm{t}$	 78 79	 76 77
M_2（$3.5\ \mathrm{t} < \mathrm{GVM} \leq 5\ \mathrm{t}$）或 N_1（$\mathrm{GVM} > 5\ \mathrm{t}$）： $P < 150\ \mathrm{kW}$ 150 kW ≤ P	 82 85	 80 83
M_2（$3.5\ \mathrm{t} < \mathrm{GVM} \leq 12\ \mathrm{t}$）或 N_1（$\mathrm{GVM} > 12\ \mathrm{t}$）： $P < 75\ \mathrm{kW}$ $75\ \mathrm{kW} \leq P < 150\ \mathrm{kW}$ 150 kW ≤ P	 83 86 88	 81 83 84

注：1. M_1、M_2（GVM ≤ 3.5 t）和 N_1 类汽车装用直喷式柴油机时，其限值增加 1 dB（A）。

2. 对于越野汽车，当其 $\mathrm{GVM} > 2\ \mathrm{t}$ 时：如果 $P < 150\ \mathrm{kW}$，那么其限值增加 1 dB（A）；如果 150 kW ≤ P，那么其限值增加 2 dB（A）。

3. M_1 类汽车，若其变速器前进挡多于四个，$P > 140\ \mathrm{kW}$，P/GVM 大于 75 kW/t，并且用第三挡测试时其尾端出线的速度大于 61 km/h，则其限值增加 1 dB（A）。

5.《建筑施工场界环境噪声排放标准》（GB 12523—2011）

本标准规定了建筑施工场界环境噪声排放限值及测量方法，适用于周围有噪声敏感建筑物的建筑施工噪声排放的管理、评价及控制。市政、通信、交通、水利等其他类型的施工噪声排放可参照本标准执行；不适用于抢修、抢险施工过程中产生噪声的排放监管。建筑施工场界环境噪声限值见表 6–5。

表 6–5 建筑施工场界环境噪声排放限值

昼间 /dB（A）	夜间 /dB（A）
70	55

夜间噪声最大声级超过限值的幅度不得高于 15 dB（A）。当场界距噪声敏感建筑物较近，其室外不满足测量条件时，可在噪声敏感建筑物室内测量，并将表 6–5 中相应的限值减 10 dB（A）作为评价依据。

第三节 噪声的测量及监测要求

噪声测量是噪声强弱的量度，是分析噪声成分、判明主要噪声污染源的重要手段，也是评价噪声影响、控制噪声污染的基础。测量的内容首先是噪声的强度，即声场中的声压，其次是噪声的特征，即声压的各种频率组成成分。我国环境监测规范规定的噪声监测的目标和对象列于表 6–6。

表 6–6 噪声监测的目标和对象

目标	常规监测	超标监测	专题监测
对象	① 城市各功能区噪声定期监测 ② 道路交通噪声监测 ③ 区域环境噪声普查（白天） ④ 噪声高空监测	① 噪声源辐射情况监测 ② 区域环境噪声普查（夜间） ③ 其他	① 执行噪声控制法规和噪声控制标准的仲裁性监测 ② 建立区域性噪声分布模型的研究性监测 ③ 其他

一、噪声测量仪器

噪声测量仪器一般是通过测定声场中的声压或声压中的频率分布来测量噪声值

的。常用的测量仪器主要有声级计、声频频谱仪等。

声级计：声级计是噪声测量中最基本的仪器，一般由传声器、前置放大器、（输入、输出）衰减器、（输入、输出）放大器、计权网络、检波器及电流表等组成，见图 6-6。

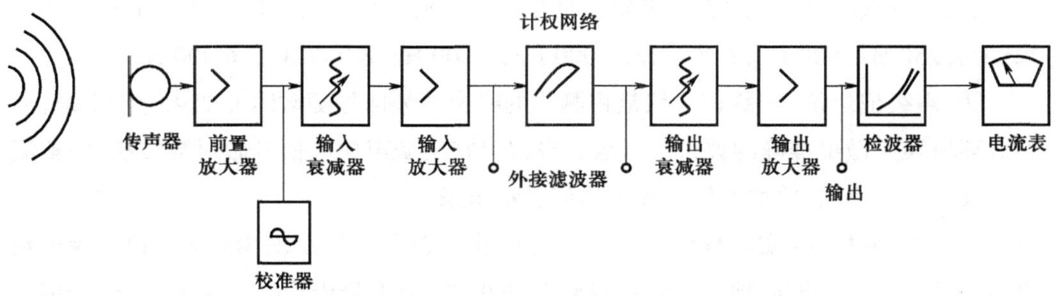

图 6-6 声级计工作原理示意图

声级计工作原理：声压由传声器膜片接收后，将声压信号转换成电信号，经前置放大器做阻抗变换后送到输入衰减器。由于表头指示范围仅有 20 dB，而声音变化范围可高达 140 dB，故必须使用输入衰减器来衰减信号，再由输入放大器进行定量放大。经放大后的信号由计权网络对信号进行频率计权（或外接滤波器），然后再经输出衰减器、输出放大器将信号放大到一定的幅值，输出信号经检波器送出有效值电压，推动电流表，显示所测量的声压级噪声的分贝值。

目前，测量噪声用的声级计，表头响应按灵敏度可分为四种："快" 表头时间常数为 125 ms，一般用于测量波动较大的不稳态噪声和交通运输噪声等，快挡接近人耳对声音的反应；"慢" 表头时间常数为 1 000 ms，一般用于测量稳态噪声，测得的数值为有效值。"脉冲或脉冲保持" 表针上升时间为 35 ms，用于测量持续时间较长的脉冲噪声，如冲床、按锤等，测得的数值为最大有效值。"峰值保持" 表针上升时间小于 20 ms，用于测量持续时间很短的脉冲声，如枪声、炮声和爆炸声，测得的数值是峰值，即最大值。

声级计可以外接滤波器和记录仪，对噪声做频谱分析。国产的 ND2 型精密声级计内装了一个倍频程滤波器，便于携带到现场和做频谱分析。

声级计按精度可分为精密声级计和普通声级计。精密声级计的测量误差约为 ±1 dB，普通声级计的测量误差约为 ±3 dB。声级计按用途可分为两类：一类用于测量稳态噪声，另一类则用于测量不稳态噪声和脉冲噪声。

① 积分式声级计：积分式声级计可用来测量一段时间内不稳态噪声的等效声级。噪声剂量计也是一种积分式声级计，主要用来测量噪声暴露量。脉冲式声级计可用于测量脉冲噪声。

② 声频频谱仪：声频频谱仪也称为频率分析仪。在精密声级计上配备倍频程滤波器，即可对噪声进行频谱分析。滤波器将复杂的噪声成分分成若干个宽度的频带，测量时只允许某个特定的频带声音通过，此时表头指示的读数是该频带的声压级，而不是总的声压级。根据规定，通常需要使用 10 个频挡，即中心频率为 31.5 Hz、63 Hz、125 Hz、250 Hz、500 Hz、1 000 Hz、2 000 Hz、4 000 Hz、8 000 Hz、16 000 Hz。

③ 声级记录仪：声级记录仪是将测量的噪声声频信号随时间的变化记录下来，从而对环境噪声做出准确的评价。声级记录仪可将交变声频电信号做对数转换，经整流后将噪声的峰值、有效均方根值和平均值表示出来。

④ 实时分析仪：实时分析仪有一块长方形荧光屏，可以反映相对分贝值与噪声频率的关系。它可以即时地将声音的谱线分析出来，利于分析瞬时变化的声音，特别是很方便测量瞬息变化的声音。

二、环境噪声监测要求

我国《声环境质量标准》(GB 3096—2008)，规定了五类声环境功能区的环境噪声限值及测量方法，适用于声环境质量评价与管理，对机场周围区域受飞机通过(起飞、降落、低空飞越)噪声的影响不适用。

(一) 测量仪器

测量仪器精度为 2 型及 2 型以上的积分平均声级计或环境噪声自动监测仪器，其性能需符合《电声学　声级计　第 1 部分：规范》(GB/T 3785.1—2023)的规定，并定期校验。测量前后使用声校准器校准测量仪器的示值偏差不得大于 0.5 dB，否则测量无效。声校准器应满足《电声学　声校准器》(GB/T 15173—2010)对 1 级或 2 级声校准器的要求。测量时传声器应加防风罩。

(二) 测量条件

测量应在无雨雪、无雷电天气，风速为 5 m/s 以下时进行。

第四节　典型功能区噪声监测点布设方法

《声环境质量标准》(GB 3096—2008)中规定了监测点选择方法及不同声环境功能区监测方法。根据监测对象和目的，可选择以下三种监测点条件(指传声器所在位置)进行环境噪声的测量。① 一般户外：距离任何反射物(地面除外)至少 3.5 m 外测量，距地面高度 1.2 m 以上；必要时可置于高层建筑上，以扩大监测受声范围；使用监测车辆测量，传声器应固定在车顶部 1.2 m 高度处。② 噪声敏感建筑物户外：在噪声敏感建筑物户外，距墙壁或窗户 1 m 处，距地面高度 1.2 m 以上。③ 噪声敏感建筑物室内：距墙面和其他反射面至少 1 m，距窗约 1.5 m 处，距地面 1.2～1.5 m 高。

针对声环境功能区监测方法，评价不同声环境功能区昼间、夜间的声环境质量，了解功能区环境噪声时空分布特征，其要求如下。

一、定点监测法布设方法

选择能反映各类功能区声环境质量特征的监测点 1 个至若干个，进行长期定点监测，每次测量的位置、高度应保持不变。

对于 0、1、2、3 类声环境功能区，监测点应为长期户外稳定、距地面高度为声场空间垂直分布的可能最大值处，其位置应能避开反射面和附近的固定噪声源；4 类声环境功能区监测点设于该区内第一排噪声敏感建筑物户外交通噪声空间垂直分布的可能最大值处。

二、普查监测法布设方法

对于 0～3 类声环境功能区普查监测，将要普查监测的某一声环境功能区划分成多个等大的正方格，网格要完全覆盖被普查的区域，且有效网格总数应大于 100 个。监测点应设在每一个网格的中心，监测点条件一般为户外条件。监测分别在昼间工作时间和夜间 22：00—24：00（时间不足可顺延）进行。在前述测量时间内，每次每个监测点测量 10 min 的等效声级，同时记录噪声主要来源。监测应避开节假日和非正常工作日。

对于 4 类声环境功能区普查监测，以自然路段、站场、河段等为基础，考虑交通运行特征和两侧噪声敏感建筑物分布情况，划分典型路段（包括河段）。在每个典型路段对应的 4 类区边界上（指 4 类区内无噪声敏感建筑物存在时）或第一排噪声敏感建筑物户外（指 4 类区内有噪声敏感建筑物存在时）选择 1 个监测点进行噪声监测。这些监测点与站、场、码头、岔路口、河流汇入口等相隔一定的距离，避开这些地点的噪声干扰。

三、噪声敏感建筑物监测布设方法

噪声敏感建筑物监测布设方法用以了解噪声敏感建筑物户外（或室内）的环境噪

声水平，评价是否符合所处声环境功能区的环境质量要求。监测点一般设于噪声敏感建筑物户外。不得不在噪声敏感建筑物室内监测时，应在门窗全打开状况下进行室内噪声监测，并采用较该噪声敏感建筑物所在声环境功能区对应环境噪声限值低 10 dB（A）的值作为评价依据。对敏感建筑物的环境噪声监测应在周围环境噪声源正常工作条件下测量，视噪声源的运行工况，分昼间、夜间两个时段连续进行。

四、工业企业噪声布点及测量方法

（一）车间内噪声测量方法

对于稳定噪声，测量 A 声级；对于不稳定噪声，测量等效连续 A 声级，或测量不同 A 声级下的暴露时间，计算等效连续 A 声级。测量时使用慢挡，取平均读数。噪声测量时，要注意避免或减少气流、电磁场、温度和湿度等因素对测量结果的影响。

测量时，将传声器放置在操作人员常在位置，高度约在人耳处（人离开）。若车间内各处 A 声级差别不大［小于 3 dB（A）］，则只需在车间内选择 1 ~ 3 个监测点。若车间内各处 A 声级波动较大［大于 3 dB（A）］，则需按声级大小，将车间分成若干区域，任意两个区域的 A 声级差应大于或等于 3 dB（A）；每个区域内的 A 声级波动必须小于 3 dB（A），每个区域取 1 ~ 3 个监测点。这些区域必须包括所有工人为观察或管理生产过程而经常工作、活动的地点和范围。

为便于计算，测量的 A 声级暴露时间必须填入对应的中心声级栏。例如，78 ~ 82 dB（A）的暴露时间填在中心声级 80 dB（A）处，83 ~ 87 dB（A）的暴露时间填在中心声级 85 dB（A）处，依此类推，并按 5 dB（A）间隔将声级从小到大排列，用中心声级表示。在一个工作日内，将各段声级的总暴露时间统计出来，并填入表 6–7。

表 6–7 各段声级暴露时间记录表

N 段	1	2	3	4	5	6	7	8
中心声级 L_n/dB（A）	85	90	95	100	105	110	115	120
暴露时间 /min	T_1	T_2	T_3	T_4	T_5	T_6	T_7	T_8

以每个工作日 8 h 为基础，低于 78 dB（A）的不予考虑，则一天的等效连续 A 声级可由下式近似计算：

$$L_n = 80 + 10\lg \frac{\sum\limits_{n} 10^{\frac{n-1}{2}} \cdot T_n}{480}$$

（二）工业企业厂界噪声测量方法

根据《工业企业厂界环境噪声排放标准》（GB 12348—2008）。一般情况下，监测点选在工业企业厂界外 1 m、高度 1.2 m 以上、距任一反射面距离不小于 1 m 的位置。当厂界有围墙且周围有受影响的噪声敏感建筑物时，监测点应选在厂界外 1 m、高于围墙 0.5 m 以上的位置。当厂界无法测量到声源的实际排放状况时（如声源位于高空、厂界设有声屏障等），应按一般情况设置监测点，同时在受影响的噪声敏感建筑物户外 1 m 处另设监测点。当厂界与居民住宅相连，厂界噪声无法测量时，监测点应选在居室中央，布点方法如图 6-7 所示，室内限值应比相应标准值低 10 dB（A），围绕厂界布点，布点数目及间距视实际情况而定。在每一监测点测量，计算正常工作时间内的等效声级，填入工业企业厂界噪声测量记录表（表 6-8）。

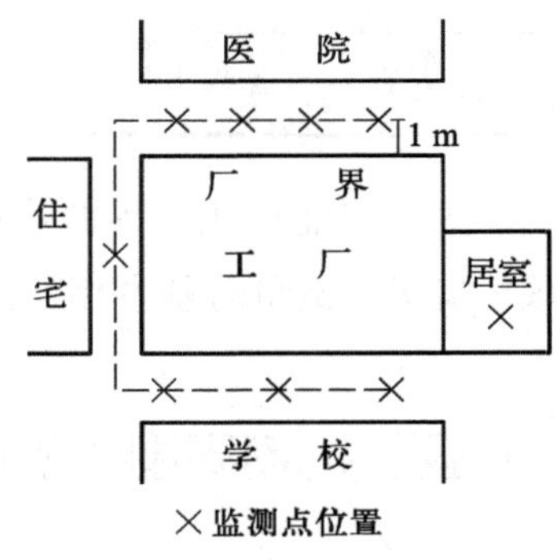

图 6-7　厂界噪声监测点示意图

表 6-8　工业企业厂界噪声测量记录表

工厂名称	适用标准型	测量仪器	测量时间	测量人	
监测点编号	主要声源	测量值			
		昼间	夜间	监测点示意图	
				备注	

背景噪声的声级值应比待测噪声的声级值低 10 dB（A）以上，若测量值与背景值差值小于 10 dB（A），则按表 6–9 进行修正。

表 6–9 测量噪声修正值

差值 /dB（A）	3	4 ~ 6	7 ~ 9
修正值 /dB（A）	–3	–2	–1

进行工业企业厂界的噪声测量时，所采用的测量仪器、测量条件等要求与城市区域环境噪声测量时基本相同。

五、机场周围飞机噪声布点及测量方法

《机场周围飞机噪声测量方法》（GB/T 9661—88）规定了机场周围飞机噪声的测量条件及方法。

（一）测量条件

测量要在无雪、无雨，地面上 10 m 高处的风速不大于 5 m/s，相对湿度为 30% ~ 90% 的条件下进行，测量传声器应安装在开阔平坦的地方，高于地面 1.2 m，离其他反射壁面 1 m 以上。注意避开高压电线和大型变压器。所有测量都应使传声器膜片基本位于飞机标称飞行航线和测点所在的平面内，即掠入射。在机场的近处应当使用声压型传声器，其频率响应的平直部分要达到 10 kHz。要求测量的飞机噪声级的最大值至少要超过环境背景噪声级 20 dB，测量结果才被认为可靠。读取一次飞行过程的 A 声级最大值，一般用慢响应，在飞机低空高速通过及离跑道近处的测点用快响应。

（二）测量方法

测量方法有精密测量和简易测量两种。

1. 精密测量

精密测量是需要作为时间函数的频谱分析的测量。传声器通过声级计将飞机噪声信号送到测量录音机并记录在磁带上。然后，在实验室按原速回放录音信号并对信号进行频谱分析。

2. 简易测量

简易测量是只需经频率计权的测量。声级计接声级记录器，或用声级计和测量录音机。读 A 声级或 D 声级的最大值，记录飞行时间、状态、机型等测量条件。

测量时，按表 6–10 要求做好测量记录。

分析计算记录信号，算出持续时间 T_d，用最大声级 L_{Amax} 或 L_{Dmax} 及持续时间 T_d 计算有效感觉噪声级 L_{EPN}：

$$L_{EPN} = L_{Amax} + 10\lg\left(\frac{T_d}{20}\right) + 13$$
$$= L_{Dmax} + 10\lg\left(\frac{T_d}{20}\right) + 7$$

表 6-10　飞机噪声监测记录表

<table>
<tr><td colspan="2">监测点编号：</td><td colspan="2">监测点位置：</td><td colspan="4">环境背景噪声：　　dB</td></tr>
<tr><td colspan="4">测量日期：</td><td colspan="4">监测人：</td></tr>
<tr><td colspan="8">气象条件：气温　　℃　　湿度　　%　　风向　　　风速　　m/s</td></tr>
<tr><td colspan="8">测量仪器：名称　　　　　　型号</td></tr>
<tr><td>监测时间</td><td>飞行状态（起 / 降）</td><td>飞机型号</td><td>L_{Amax}/dB</td><td>持续时间 /s</td><td>L_{Amax}/dB</td><td>L_{EPN}/dB</td><td>备注</td></tr>
<tr><td></td><td></td><td></td><td></td><td></td><td></td><td></td><td></td></tr>
<tr><td></td><td></td><td></td><td></td><td></td><td></td><td></td><td></td></tr>
<tr><td></td><td></td><td></td><td></td><td></td><td></td><td></td><td></td></tr>
<tr><td></td><td></td><td></td><td></td><td></td><td></td><td></td><td></td></tr>
<tr><td></td><td></td><td></td><td></td><td></td><td></td><td></td><td></td></tr>
</table>

T_d 的算法：在记录曲线上先找到最大值 L_{Amax} 的位置，然后沿（L_{Amax}−10）dB 画一条时间轴的平行线，与曲线相交两点的对应时间为 t_1、t_2，量出 t_1 到 t_2 的长度 Δl，如果纸速是 p，那么持续时间 T_d 为

$$T_d = t_2 - t_1 = \frac{\Delta l}{p}$$

六、机动车辆噪声测量方法

我国从 1979 年开始实施《机动车辆允许噪声》（GB 1495—1979）（已废止）。从我国当时的机动车辆工业水平出发，以 1985 年 1 月 1 日为分界点分别规定了机动车辆车外最大允许噪声。从我国车辆现状来看，合资引进的一些车型如丰田、大众、捷达、依维

柯等由于直接采用欧盟法规体系，其噪声指标已远远优于我国现行标准，而一些大型车辆（如发动机后置大客车）的加速噪声值则长期徘徊在 89 dB（A）左右，高于国外同类型机动车辆 4～7 dB（A）。

机动车辆噪声是一个包括各种性质噪声的综合噪声源，其主要噪声源可分为：发动机、冷却系、排气系统、进气系统、传动系及轮胎。不同类型机动车辆噪声的特性及各噪声源所占整车噪声能量的比例差异很大。为了有效地控制公路交通噪声，提高机动车辆乘坐舒适性，降低对乘坐人员及公路周围人员的听觉损害，国内外都制定了一些测量规范，测量方法如图 6–8 所示。

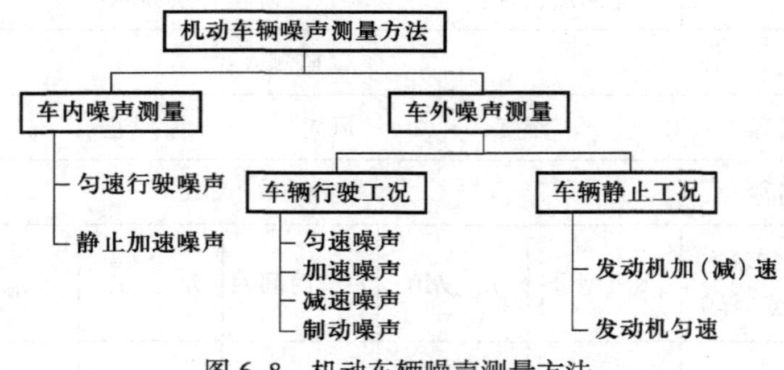

图 6–8 机动车辆噪声测量方法

（一）加速行驶车外噪声测量

由于加速行驶车外噪声能反映机动车辆在常用工况下车辆的最大噪声，特别是在市区行驶时的最大噪声，目前被大部分工业国家列入机动车辆行驶试验的必做项目，成为考核机动车辆整车噪声的主要指标，其值也基本反映了在控制机动车辆噪声方面所达到的技术水平。具体可见《汽车加速行驶车外噪声限值及测量方法》（GB 1495—2002）。

（二）车内噪声测量

车内噪声是影响乘员的舒适性、听觉损害程度、语言清晰度，以及对车外各种音响信号识别能力的重要因素，目前我国仅制定了匀速行驶车内噪声试验方法，而国际标准化组织、欧洲、美国、日本等国家、地区、组织除制定了匀速行驶车内噪声试验方法外，还制定了车辆加速行驶和车辆静止状态下，以及发动机怠速工况和加速工况对车内各个区域位置影响的测量方法。

（三）车辆定置状态噪声测量

车辆定置状态噪声测量主要是针对排气噪声和发动机噪声的测量。在加速行驶噪声测量中，常常可以发现安装汽车排气管一侧的噪声值往往比另一侧大 1～2 dB（A），这说明在汽车综合噪声中排气噪声占有不可忽视的分量。车辆定置状态噪声测量对测量场地要求较低，测试简便、时间短。

《汽车加速行驶车外噪声限值及测量方法》（GB 1495—2002）、《摩托车和轻便摩托车 加速行驶噪声限值及测量方法》（GB 16169—2005）和《三轮汽车和低速货车加速行驶车外噪声限值及测量方法（中国Ⅰ、Ⅱ阶段）》（GB 19757—2005），适用于各种类型的汽车、摩托车、三轮汽车（三轮农用运输车）、低速货车（四轮农用运输车）等机动车辆的车外和车内噪声测量。《摩托车和轻便摩托车 定置噪声限值及测量方法》（GB 4569—2005）则规定了摩托车定置噪声和排气管后方噪声的测量方法。

第五节 实践案例

案例1：住宅生活区噪声污染状况调查与评价

（一）实践目的

① 监测某住宅生活区的噪声污染状况。

② 了解环境噪声测量方法。

③ 根据住宅生活区空间具体情况，采用适宜的布点方法，确定合理的采样时间与频率。

④ 对获取的监测数据进行整理分析。评价功能区昼间、夜间的声环境质量，了解功能区环境噪声时空分布特征。

（二）现场调查

对要监测的住宅生活区进行现场调查，主要包括住宅生活区位置、面积、场所使用情况、周围和其中可能存在的噪声来源等。绘制平面图并设计填写资料调查情况记录表。

（三）监测项目及测量仪器

根据国家标准《声环境质量标准》（GB 3096—2008）中的规定，采用相关A计权网络测得的声压级，用 L_A 表示，单位为 dB（A）。测量仪器精度要求见本章第三节。

（四）监测及评价方案

1. 监测点布设

选择能反映功能区声环境质量特征的监测点1个至若干个，进行多次定点监测，每次监测的位置、高度应保持不变。该监测点应为长期户外稳定、距地面高度为声场空间垂直分布的可能最大值处，其位置应能避开反射面和附近的固定噪声源。距离任何反射物（地面除外）至少 3.5 m 外测量，距地面高度 1.2 m 以上；必要时可置于高层建筑上，以扩大监测受声范围。

监测点高度一般为相对高度 0.5 ~ 1.5 m。也可根据房间的使用功能、人群的高低，以及在房间立、坐或卧时间的长短来选择监测高度。

2. 监测时间和频率

根据监测目标合理选取监测时间和频率。声环境功能区监测每次至少进行一昼夜 24 h 的连续监测，得出每小时及昼间、夜间的等效声级 L_{eq}、L_d、L_n 和最大声级 L_{max}。对于噪声分析目的的监测，可适当增加监测项目，如累积百分声级 L_{10}、L_{50}、L_{90} 等。监测应避开节假日和非正常工作日。

3. 监测条件

监测应在无雨雪、无雷电天气，风速 5 m/s 以下时进行。

4. 监测记录

监测记录应包括以下事项：日期、时间、地点及监测人员；使用仪器型号、编号及其校准记录；监测时间内的气象条件（风向、风速、雨雪等天气状况）；监测项目及监测结果；监测依据的标准；监测点示意图；声源及运行工况说明（如交通噪声监测的交通流量等）；其他应记录的事项。

5. 监测结果分析及评价

各监测点监测结果独立评价，以昼间等效声级 L_d、夜间等效声级 L_n 作为评价各监测点声环境质量是否达标的基本依据。一个功能区设有多个监测点的，应按点次分别统计昼间、夜间的达标率。

6. 报告的编写

根据监测结果编写噪声监测与评价报告。

报告中一般应包括监测目标、监测资料收集、监测方案、监测项目与分析方法、数据处理方法、监测结果、环境质量评价等内容。根据实际监测结果，评价并提出相关建议，列出主要文献。

案例 2：某乡镇村庄环境噪声监测

监测因子：等效连续 A 声级。

监测方法：环境背景噪声按照《声环境质量标准》（GB 3096—2008）进行测量。监测时记录监测点主要噪声源和周围环境特征等。

监测时间：2023 年 3 月 15 日—2023 年 3 月 16 日。

监测点：根据某乡镇周围区域的环境特征、噪声污染源和噪声敏感目标现状情况，选取噪声敏感目标周围 10 处监测点实施现状噪声监测。该区域为 1 类声环境功能区，昼间、夜间执行标准分别为 55 dB（A）和 45 dB（A）。具体监测点见表 6–11，具体监测结果见表 6–12。

表 6–11　声环境监测点一览表

编号	监测点	某坐标原点		监测内容
		方位	距离 /m	
1	东头咀	东北	200	等效连续 A 声级
2	东韦村	东北	440	
3	西韦村	西北	780	
4	祠堂头	西	280	
5	东庄	西南	800	
6	鹤窠里	西	1 450	
7	定埠镇	西南	1 170	
8	张圩村	东南	620	
9	稠圩宕	东北	950	
10	彭家	东北	1 260	

表 6–12　监 测 结 果　　　　单位：dB（A）

编号	监测点	第一天监测结果		第二天监测结果	
		昼间	夜间	昼间	夜间
1	东头咀	51.8	43.1	52.3	42.2
2	东韦村	52.1	42.3	51.4	41.6
3	西韦村	51.7	42.2	52.5	42.1
4	祠堂头	51.9	41.3	51.1	41.8
5	东庄	52.4	42.6	53.2	42.5
6	鹤窠里	53.2	41.7	52.2	44.1
7	定埠镇	51.7	42.2	52.5	42.2

续表

编号	监测点	第一天监测结果		第二天监测结果	
		昼间	夜间	昼间	夜间
8	张圩村	52.5	42.7	53.1	43.4
9	稠圩宕	53.1	44.1	52.8	43.2
10	彭家	52.4	43.2	53.5	44.2

监测结果表明，项目所在地的声环境质量较好。监测期间，项目周边噪声敏感目标昼间、夜间噪声均满足《声环境质量标准》（GB 3096—2008）中1类区标准要求。

案例3：道路交通周边地区噪声污染监测

（一）实践目的

① 监测某道路交通周边地区的环境噪声污染状况。

② 了解环境噪声监测方法。

③ 根据相关道路、交通运行特征及相关建筑物空间具体情况，采用适宜的布点方法，确定合理的监测时间与频率。

④ 对获取的监测数据进行整理分析。评价功能区昼间、夜间的声环境质量，了解功能区环境噪声时空分布特征。

（二）现场调查

对要监测的道路交通生活区进行现场调查，主要包括道路交通位置、面积、交通运行情况、周围建筑物等。绘制平面图并设计填写资料调查情况记录表。

（三）监测项目及测量仪器

根据国家标准《声环境质量标准》（GB 3096—2008）中的规定，采用相关A计权网络测得的声压级，用 L_A 表示，单位为dB（A）。测量仪器精度要求见本章第三节。

（四）监测及评价方案

1. 监测点布设

本次实践采样点布设参考4类声环境功能区普查监测布点方法，参见本章第四节。

2. 监测时间和频率

监测分昼间、夜间两个时段进行。分别监测如下规定时间内的等效声级 L_{eq} 和交通流量，同时监测最大声级 L_{max}，对道路交通噪声应同时监测累积百分声级 L_{10}、L_{50}、L_{90}。根据交通类型的差异，规定的监测时间为：

① 铁路、城市轨道交通（地面段）两侧：昼间、夜间各监测不低于平均运行密度的 1 h 值，若城市轨道交通（地面段）的运行车次密集，则监测时间可缩短至 20 min。

② 城市快速路、城市主干路、城市次干路两侧：昼间、夜间各监测不低于平均运行密度的 20 min 值。

监测应避开节假日和非正常工作日。

3. 监测条件

监测应在无雨雪、无雷电天气，风速 5 m/s 以下时进行。

4. 监测记录

监测记录参见本章案例 1。

5. 监测结果评价

将某条交通干线各典型路段测得的噪声值，按路段长度进行加权算术平均，以此得出某条交通干线两侧 4 类声环境功能区的环境噪声平均值。也可对某一区域内的所有铁路、确定为交通干线的道路、城市轨道交通（地面段）按前述方法进行长度加权统计，得出针对某一区域某一交通类型的环境噪声平均值。根据每个典型路段的噪声值及对应的路段长度，统计不同噪声影响水平下的路段百分比，以及昼间、夜间的达标路段比例。在有条件的情况下可估算受影响人口。对某条交通干线或某一区域某一交通类型采取抽样测量的，应统计抽样路段比例。

（五）报告的编写

根据监测结果编写噪声监测与评价报告。

报告中一般应包括监测目标、监测资料收集、监测方案、监测项目与分析方法、数据处理方法、监测结果、环境质量评价等内容。根据实际监测结果，评价并提出相关建议，列出主要文献。

案例 4：道路交通敏感点复地新都国际噪声现状测试

工作内容：通过现场踏勘、调查和环境噪声现状实测，评价工程沿线声环境现状。

复地新都国际位于 4a 类声环境功能区，主要受道路交通噪声及社会生活噪声的共同影响，监测点位置如图 6–9 所示。

测量仪器精度要求见本章第三节。

现状声环境质量的评价量为昼间、夜间等效连续 A 声级 L_{Aeq}。同步监测 20 min，监测时应排除其他异常噪声的干扰（如建筑施工噪声等）及节假日。同时，记录宝山路车流量，车种分为小客车、小货车、大客车、大货车四类。声环境现状监测值及达标分析详见表 6-13。

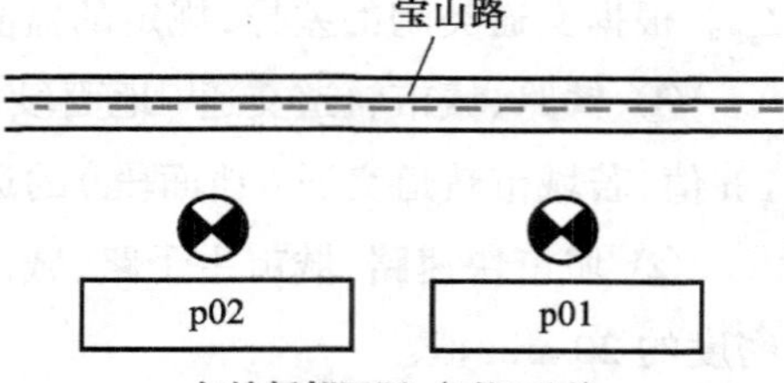

图 6-9 声环境现状监测点位置图

表 6-13 声环境现状监测值及达标分析

道路交通敏感点	对应道路	距离 / m	监测点编号	监测点位置	声环境功能区	标准 /dB（A）		监测值 / dB（A）		达标分析 / dB（A）	
						昼间	夜间	昼间	夜间	昼间	夜间
复地新都国际	宝山路（6 车道）	15	1	第一排 6 楼窗外 1 m	4a 类	70	55	60.1	57.6	达标	2.6
			2	第一排 12 楼窗外 1 m	4a 类	70	55	63.7	60.3	达标	5.3
			3	第一排 22 楼窗外 1 m	4a 类	70	55	62.2	58.8	达标	3.8
			4	第一排 30 楼窗外 1 m	4a 类	70	55	60.6	57.7	达标	2.7

注：达标分析一列，"正值" 表示超标数值。

结论：该道路交通敏感点夜间均有超标现象，昼间噪声为 60.1 ~ 63.7 dB（A），昼间达标；夜间噪声为 57.6 ~ 60.3 dB（A），超标 2.6 ~ 5.3 dB（A）。

案例 5：企业厂区及其周边噪声监测与评价

（一）实践目的

① 监测某企业厂区及其周边的环境噪声污染状况。

② 了解环境噪声监测方法。

③ 根据企业厂区及其周边相关建筑物空间具体情况，采用适宜的布点方法，确定合理的监测时间与频率。

④ 对获取的监测数据进行整理分析。评价功能区昼间、夜间的声环境质量，了解功能区环境噪声时空分布特征。

（二）现场调查

对要监测的企业厂区及其周边进行现场调查，主要包括厂区、面积、噪声源、周围建筑物等。绘制平面图并设计填写资料调查情况记录表。

（三）监测项目及测量仪器

根据国家标准《声环境质量标准》（GB 3096—2008）中的规定，采用相关 A 计权网络测得的声压级，用 L_A 表示，单位为 dB（A）。测量仪器为积分平均声级计或环境噪声自动监测仪，其性能应不低于《电声学　声级计第 1 部分：规范》（GB/T 3785.1—2023）对 2 型仪器的要求。测量 35 dB 以下的噪声应使用 1 型声级计，且测量范围应满足所测量噪声的需要。校准所用仪器应符合《电声学　声校准器》（GB/T 15173—2010）对 1 级或 2 级声校准器的要求。当需要进行噪声的频谱分析时，仪器性能应符合《电声学　倍频程和分数倍频程滤波器》（GB/T 3241—2010）中对滤波器的要求。测量仪器和校准仪器应定期检定合格，并在有效使用期限内使用；每次测量前、后必须在测量现场进行声学校准，其前、后校准示值偏差不得大于 0.5 dB（A），否则测量结果无效。测量时传声器加防风罩。测量仪器时间计权特性设为“F”挡，采样时间间隔不大于 1 s。

（四）测量及评价方案

1. 测量条件

气象条件：测量应在无雨雪、无雷电天气，风速为 5 m/s 以下时进行。不得不在特殊气象条件下测量时，应采取必要措施保证测量准确性，同时注明当时所采取的措施及气象情况。

测量工况：测量应在被测声源正常工作时间进行，同时注明当时的工况。

2. 测点布设

根据工业企业声源、周围噪声敏感建筑物的布局及毗邻的区域类别，在工业企业厂界布设多个监测点，其中包括距噪声敏感建筑物较近及受被测声源影响大的位置。一般情况下，监测点选在工业企业厂界外 1 m、高度 1.2 m 以上、距任一反射面距离不小于 1 m 的位置。当厂界有围墙且周围有受影响的噪声敏感建筑物时，监测点应选在厂界外 1 m、高于围墙 0.5 m 以上的位置。当厂界无法测量到声源的实际排放状况时（如声源位于高空、厂界设有声屏障等），应按一般情况设置监测点，同时在受影响的噪声敏感建筑物户外 1 m 处另设监测点。室内噪声监测时，室内监测点设在距任一反射面 0.5 m 以上、距地面 1.2 m 高度处，在受噪声影响方向的窗户开启状态下测量。固定设备结构传声至噪声敏感建筑物室内，在噪声敏感建筑物室内监测时，监测点应距任一反射面 0.5 m 以上、距地面 1.2 m、距外窗 1 m 以上，在窗户关闭状态下测量。被测房间内的其他可能干扰测量的声源（如电视机、空调机、排气扇，以及镇流器较响的日光灯、运转时出声的时钟等）应关闭。

3. 监测时间和频率

分别在昼间、夜间两个时段监测。夜间有频发、偶发噪声影响时同时测量最大声级。若被测声源是稳态噪声，则采用 1 min 的等效声级。若被测声源是非稳态噪声，则测量被测声源有代表性时段的等效声级，必要时测量被测声源整个正常工作时段的等效声级。

4. 背景噪声测量

测量环境：不受被测声源影响且其他声环境与测量被测声源时保持一致。测量时段：与被测声源测量的时间长度相同。

5. 监测记录

监测噪声时需做监测记录。记录内容应主要包括：被监测单位名称、地址、厂界所处声环境功能区类别、监测时的气象条件、测量仪器、校准仪器、监测点位置、监测时间、监测时段、仪器校准值（测前、测后）、主要声源、监测工况、示意图（厂界、声源、噪声敏感建筑物、监测点等位置）、噪声监测值、背景值、监测人员、校对人员、审核人员等相关信息。

6. 监测结果分析及评价

监测结果修正：噪声监测值与背景噪声值相差大于 10 dB（A）时，噪声监测值不做修正；噪声监测值与背景噪声值相差 3 ~ 10 dB（A）时，噪声监测值与背景噪声值的差值取整后，按《工业企业厂界环境噪声排放标准》（GB 12348—2008）的规定进行修正；噪声监测值与背景噪声值相差小于 3 dB（A）时，应采取措施降低背景噪声后，视情况按以上修正方法执行；仍无法满足前两款要求的，应按《环境噪声监测技术规范 噪声测量值修正》（HJ 706—2014）的有关规定执行。

评价：各个监测点的监测结果应单独评价。同一监测点每天的监测结果按昼间、夜间进行评价。最大声级 L_{max} 直接评价。

（五）报告的编写

根据监测结果编写噪声监测与评价报告。

报告中一般应包括监测目标、监测资料收集、监测方案、监测项目与分析方法、数据处理方法、监测结果、环境质量评价等内容。根据实际监测结果，评价并提出相关建议，列出主要文献。

第七章 区域环境监测方案设计与实践

导言

环境污染具有空间异质性，科学地划分区域环境功能是识别环境问题和开展环境保护工作的基础。本章初步介绍了环境区划和环境功能的概念，阐述了区域环境的特点。针对区域各种类型污染源，包括工业污染源、农业污染源、生活污染源、集中式污染治理设施、移动源，全面分析了污染源的调查内容和调查方法。同时，介绍了区域大气、地表水、土壤、噪声的环境质量评价内容和流程，梳理了制定区域环境监测方案的主要内容和设计方法。通过两个专题实践案例系统展示了区域环境监测方案设计的过程。案例 1：湖泊总磷污染特征及来源分析，指导学生开展湖泊中总磷的现状评价和来源分析。案例 2：农田土壤重金属汞的来源分析，指导学生开展土壤中重金属汞的现状评价和来源分析。通过上述的理论介绍和案例分析，进一步加深学生对区域环境功能、环境质量和污染物来源等概念的理解，使学生掌握识别区域环境问题、设计区域环境监测方案等的方法，增强学生综合应用化学、物理、地学、数学、社会学等方面知识解决环境问题的能力。

第一节 环 境 区 划

一、环境区划的概念

环境区划的目的是保护和改造环境，合理利用资源和能源，为环境规划、环境污染治理和环境管理提出差别化、区域化、精细化的方案和政策。环境区划是一个国家或地区经济发展规划和环境保护规划的基础，可为实现区域产业结构布局合理化、生态环境得到有效保护、环境容量得到合理利用、群众健康得到安全保障提供支持。

环境区划是为了协调经济发展与环境之间的矛盾,保护人类的身体健康,根据主要环境问题的空间分异,在综合了各个环境要素、资源要素、社会要素及经济要素的基础上,对区域环境功能、环境保护目标、区域环境质量和环境管理要求判断分区,对区域进行整体分区的过程及其结果。

环境区划包含三部分,分别为环境功能区划、环境目标分区和环境管理分区,三者相辅相成,共同构成环境区划的有机整体。环境功能区划是以环境功能差异为导向进行的区域划分,也是制定环境保护目标和明确环境管理措施的基础和依据,即为环境目标分区和环境管理分区的基础和依据。由此可知,环境功能区划为环境区划的一部分,是环境区划的基础性工作;环境区划中的环境目标分区为环境功能区划制定不同等级的目标要求,同时为环境功能区划反馈功能划定中合理与否等信息,使环境功能区划更加合理;环境管理分区主要是以环境科学管理为导向进行的区域划分,可促进不同环境功能间的协调管理和环境目标的实现。

水环境功能区划是对流域水环境进行分区管理,实施水环境综合防治的一项主要手段。按照其各类水环境功能区指标,将水域划分为不同类型的水环境功能单元,是水环境保护的一项基础性工作。通过水环境功能区划,分析区域水环境中存在的问题,提出保护措施,对水资源进行合理的优化配置与水环境综合治理,提高水资源利用效率,改善水生态环境,将开发、利用与保护相结合。为科学保护和改善地表水水质,改善水环境污染状况,调节社会经济发展和水环境保护之间的关系提供科学依据。

大气环境功能区划是大气污染总量控制规划的基础。大气环境功能区划是将城市中的不同区域按照其社会功能的不同划分为一、二、三类功能区并分别执行国家一、二、三级环境标准。正确划分环境功能区可以最大限度地开发利用大气自净能力,在经济持续发展的同时保护环境。

近岸海域环境功能区,指为适应近岸海域环境保护工作的需要,依据近岸海域的自然属性和社会属性及海洋自然资源开发利用现状,结合本行政区国民经济、社会发展计划与规划,按照规定的程序,对近岸海域按照不同的使用功能和保护目标而划定的海洋区域。

二、环境功能特性

环境功能特性包括整体性、区域性、有限性、不可逆性、持续反应性、灾害放大性等。整体性指人与地球环境是一个整体,地球的任一部分或任一系统都是人类环境的组成部分,各部分之间存在相互联系、相互制约的紧密关系。区域性指环境特性的区域差异，具体来说就是环境因地理位置的不同或空间范围的不同而呈现不同的特性。有限性既包括空间有限性，也包括资源的环境自净能力的有限性。人类活动产生的污染物或污染因素，进入环境的量若超过环境容量或环境自净能力，就会导致环境质量恶化，形成环境污染。不可逆性指环境一旦遭到破坏，利用物质循环规律，可以实现局部的恢复，但不能彻底回到原来的状态。持续反应性指某些环境污染还会造成长久的隐患。灾害放大性指某些不引人注目的环境污染与破坏，在环境的作用下，无论从深度还是广度，其危害性或灾害性都会明显放大。

三、区域环境特点

区域环境一般指某一空间地域的自然作用与人为活动过程的全系统，是一定地域范围内自然和社会因素的总和。区域环境是一个包含自然、社会、经济的整体系统，在这个系统中存在物质、能量、信息相互作用和相互传递的复杂过程。该系统不是独立存在的，而是一个开放的系统。

区域环境特点指某一特定区域内的环境特征和状况，包括自然环境和人为环境两个方面。以下是一些常见的区域环境特点：

① 地形地貌：地形地貌是区域环境的基础，影响区域的气候、水文、土壤和植被等，决定了该地区的气候、植被、动物分布等。

② 气候特征：温度、降水、风向和风速等气候特征影响区域内的生态系统和人类活动。

③ 环境质量：空气质量、水质、土壤质量等反映了该地区的环境污染程度和生态状况。

④ 环境管理和政策：政府对环境问题的重视程度、环境政策、法律法规等对区域环境的保护和可持续发展必将产生重要影响。

第二节 区域环境质量评价

一、区域环境污染来源

区域环境污染来源可分为天然污染源和人为污染源。天然污染源指自然界自行向环境排放有害物质或造成有害影响的场所，如正在活动的火山；人为污染源指人类社会活动所形成的污染源。后者是区域环境调查、防治和保护的主要对象。

污染源调查是根据控制污染、提高环境质量的要求，对某一区域造成污染的原因进行调查，建立各类污染源档案，在综合分析的基础上选定评价标准，估量并比较各污染源对环境的危害程度及潜在危险，确定该区域的重点控制对象（主要污染源和主要污染物）和控制方法的过程。

1. 工业污染源

工业污染源调查的范围包括产生废水污染物、废气污染物及固体废物的所有工业、行业、产业活动单位。内容包括：企业基本情况，原（辅）材料消耗、产品生产情况，产生污染的设施情况，各类污染物产生、治理、排放和综合利用情况（包括排放口信息、排放方式、排放去向等），各类污染防治设施建设、运行情况等。废水污染物：化学需氧量、氨氮、总氮、总磷、石油类、挥发酚、氰化物、汞、锡、铅、铬、砷等。废气污染物：二氧化硫、氮氧化物、颗粒物、挥发性有机物、氨、汞、镉、铅、铬、砷等。固体废物：一般工业固体废物和危险废物的产生、贮存、处置和综合利用情况。危险废物按照《国家危险废物名录》分类调查。工业企业建设和使用的一般工业固体废物及危险废物贮存、处置设施（场所）情况。

2. 农业污染源

农业污染源调查的范围包括种植业、畜禽养殖业和水产养殖业。内容包括：种植业、畜禽养殖业、水产养殖业生产活动情况，秸秆产生、处置和资源化利用情况，化肥、农药和地膜使用情况。纳入登记调查的畜禽养殖企业和养殖户的基本情况、污染治理情况和粪污资源化利用情况。废水污染物：氨氮、总氮、总磷等，畜禽养殖业和水产养殖业增加化学需氧量。废气污染物：畜禽养殖业氨、种植业氨和挥发性有机物等。

3. 生活污染源

生活污染源调查范围包括除工业企业生产使用以外所有单位和居民生活使用的锅炉（以下统称生活源锅炉），城市市区、县城、镇区的市政入河（海）排污口，以及城乡居民能源使用情况，生活污水产生、排放情况。内容包括：生活源锅炉基本情况、能源消耗情况、污染治理情况，城乡居民能源使用情况，城市市区、县城、镇区的市政入河（海）排污口情况，城乡居民用水、排水情况。废水污染物：化学需氧量、氨氮、总氮、总磷、五日生化需氧量、动植物油等。废气污染物：二氧化硫、氮氧化物、颗粒物、挥发性有机物等。

4. 集中式污染治理设施

集中式污染治理设施调查的范围包括集中处理处置生活垃圾、危险废物和污水的单位，包括生活垃圾集中处理处置单位（生活垃圾填埋场、生活垃圾焚烧厂及以其他处理方式处理生活垃圾和厨余垃圾的单位)、危险废物集中处理处置单位(危险废物综合处理处置厂、危险废物焚烧厂、危险废物安全填埋场、危险废物综合利用厂和医疗废物焚烧厂、医疗废物高温蒸煮厂、医疗废物化学消毒厂、医疗废物微波消毒厂等)和集中式污水处理单位(城镇污水处理厂、工业污水集中处理厂、农村集中式污水处理设施等)。内容包括:单位基本情况,设施处理能力,污水或废物处理情况,次生污染物的产生、治理与排放情况。

污水处理设施产生的污泥、焚烧设施产生的焚烧残渣和飞灰等产生、贮存、处置、综合利用情况。

5. 移动源

移动源调查范围包括机动车和非道路移动污染源(包括飞机、船舶、铁路内燃机车和工程机械、农业机械等非道路移动机械)。调查的内容包括:各类移动源分类保有量及产排污相关信息,挥发性有机物(船舶除外)、氮氧化物、颗粒物排放情况,部分类型移动源二氧化硫排放情况。

6. 调查方法

区域污染源调查可采用点面结合的方法,分为普查和区域环境的特定调查。第一步是普查,查清区域内的污染源和污染物的一般情况,并将调查材料进行分类整理;普查的主要内容是污染源的名称、位置、污染物的名称、排放量、排放强度、排放方式、排污去向(排向大气、水体等)和排放规律(定时集中排放、连续均匀排放等)。第二步是根据区域内的环境问题的特点(如主要是大气污染还是水体污染)确定进一步调查的对象,进行深入调查。第三步是整理调查资料,写出调查报告和建立污染源档案。

二、区域环境质量调查

1. 调查方法

环境现状调查常用三种方法,即资料收集法、现场调查法和遥感法。资料收集法应用范围广而且节约人力、物力和时间,应首先考虑采用。但是,由于此法获得的是第二手资料,往往不够全面和准确,还需要用其他方法做补充和修正。现场调查法是普遍应用的方法,可以获得第一手资料,但需要投入较多人力、物力和时间。遥感法能从整体上了解一个区域,特别是区域范围大、人们不易达到的地区的环境状况,如大面积森林、草原、荒漠、城市群、海洋等。但是,卫星和航测照片的精确度较差。此法一般适用于大区域的影响评价,不适用于项目区域小范围调查。

2. 调查内容

调查内容包括：地理地形图件，可以通过地方的测绘部门或图书馆、资料室获得。自然环境资料，如地貌、地质状况、大气环境资料、水文资料、水文地质资料、土壤资料等。社会经济状况，如城镇村落分布、人口分布、工业类型及数量等。这些资料可以从地方政府主管机构收集，地方志和各种统计年鉴也是资料的重要来源。

三、区域环境污染成因诊断

（一）区域空气环境质量评价

对一个特定区域内空气质量的综合评估，主要考虑该区域内的空气污染物浓度及其对人体健康和生态环境的影响。

评价区域空气环境质量时，一般需要考虑以下因素：

① 污染物浓度：选择常见的空气污染物（如二氧化硫、二氧化氮、颗粒物等）进行空气样本采集并分析，以确定各种污染物的浓度。

② 空气质量指数（AQI）：根据各项污染物的浓度计算 AQI，并进行空气质量等级评级，如优、良、轻度污染、中度污染等，探究空气质量对人类健康的影响。

③ 生态影响：评价空气污染对当地生态系统产生的影响，如影响植物的生长、造成动物死亡等。

为了更准确地评价区域空气环境质量，可以借助大气扩散模型、遥感监测技术等，进行综合评估。

具体监测方案设计与实施方法也可以参考本教材第三章相关内容。

（二）地表水环境质量评价

地表水环境质量评价是对地表水体的质量进行评估的过程，主要考虑水体中的污染物种类、浓度和生态指标是否符合相关的质量标准，以及这些污染物对环境和人类健康的潜在影响。

在进行地表水环境质量评价时，需要采集系列水样进行分析，监测其中的各种污染物指标，如化学需氧量、氨氮、总磷、重金属等。同时，也会考虑水体的生态指标，如生物多样性、底质污染等。

地表水环境质量评价可以采用多种方法，包括单因子评价法、综合污染指数法、灰色关联分析法等。其中，单因子评价法是将每个监测指标与相应的水质标准进行比较，确定水质类别；综合污染指数法则考虑了多个污染指标的贡献，对水质进行综合评价；灰色关联分析法则通过分析各污染指标之间的关联程度，评估水质的整体状况。

除了水质指标的监测和分析外，地表水环境质量评价还需要考虑水体的生态功能和人类活动的影响。例如，饮用水源地需要重点关注有机污染和重金属污染；渔业水域需要关注氮磷营养盐和油类污染；农业区则需要关注农药残留和化肥流失等问题。

具体监测方案设计与实施方法也可以参考本教材第二章相关内容。

（三）区域土壤环境质量评价

区域土壤环境质量评价是对某一特定区域内的土壤环境质量进行综合评估的过程，包括农用地土壤和建设用地土壤等。旨在了解土壤中的污染物含量、种类、分布及其对生态系统和人类健康的影响，为土壤环境保护和污染治理提供依据。通常包括以下几项内容：

① 资料收集与土壤环境监测：收集目标区域内相关的土壤背景值、土地利用类型、土壤类型、地质地貌等数据，制订监测方案。通过土壤监测点布设，土壤样品采集和各类污染物（如重金属、有机污染物等）分析，获取有效的监测数据。

② 数据处理与分析：对收集到的土壤监测数据进行整理、统计和分析，计算污染物的平均值、超标率、污染指数等，以了解污染物的空间分布特征和污染程度。

③ 土壤环境质量评价标准的确定：根据国家和地方的相关标准、规范或指南，确定适用于评价区域的土壤环境质量评价标准。这些标准通常基于土壤污染物的生态风险、人类健康风险及土壤功能保护等因素制定。

④ 土壤环境质量评价方法的选择：根据评价目的和数据特点，选择合适的评价方法，如单因子污染指数法、综合污染指数法、地质累积指数法、潜在生态风险指数法等，对土壤环境质量进行评价。

⑤ 评价结果分析：基于监测结果，探讨土壤环境质量的空间分布特征、污染来源和潜在风险，为土壤环境保护和污染治理提供决策支持。

具体土壤环境质量监测方案设计与实施方法也可以参考本教材第四章相关内容。

（四）区域噪声环境质量评价

区域噪声环境质量评价是对某一区域内的噪声水平进行评估的过程，主要考虑噪声的强度、频率、持续时间等因素是否符合相关的噪声标准，以及这些噪声可能对人们的生活、工作和健康造成的影响。

在进行区域噪声环境质量评价时，首先需要收集噪声数据，包括不同时间段和不同地点的噪声强度。这些数据可以通过设置噪声监测点或使用移动监测设备来获取。

区域噪声环境质量评价通常会采用以下步骤：

① 资料收集与现场调查：了解区域内的噪声源分布、人口密度、功能区布局等情况。

② 监测点设置：根据评价目的和区域特点，选择具有代表性的监测点，设置噪声监测设备。

③ 数据收集与处理：对监测设备获取的噪声数据进行收集、整理和分析，计算平均噪声水平、超标率等指标。将计算得到的噪声指标与国家和地方制定的噪声标准进行比较，判断是否超标，并评估超标的程度。

④ 影响评估：分析噪声对人们的生活、工作和健康的潜在影响，如睡眠障碍、听力损伤、心理压力等。

⑤ 评价结论：根据评价结果，给出该区域噪声环境质量的综合评价结论，并提出相应的噪声控制措施和建议。

具体噪声环境质量监测方案设计与实施方法也可以参考本教材第六章相关内容。

第三节　区域环境监测方案设计

一、区域资料收集

1. 生态环境状况公报

《中国生态环境状况公报》是反映中国年度生态环境状况的公开年度报告，以生态环境部监测网络数据为主，同时吸收相关部委生态环境状况内容。由生态环境部会同国家发展和改革委员会、公安部、自然资源部、住房和城乡建设部、交通运输部、水利部、农业农村部、应急管理部、国家统计局、中国气象局、国家林业和草原局、国家铁路局等主管部门共同编制完成。本部分信息可以从生态环境部网站获取。

地质灾害内容由自然资源部提供，城市生活污水处理、城市生活垃圾处理内容由住房和城乡建设部提供，水土流失内容由水利部提供，内陆和海洋渔业水域水质、耕地质量、受污染耕地安全利用率内容由农业农村部提供。水旱灾害部分内容、地震灾害、森林和草原火灾内容由应急管理部提供，碳强度、能源内容由国家统计局提供。气温、降水、温室气体、气象灾害内容由中国气象局提供，荒漠化和沙化、森林和草原状况、物种多样性部分内容、自然保护地、森林和草原生物灾害内容由国家林业和草原局提供。

2. 环境统计年报

《中国环境统计年报》内容为全国环境数据统计，主要为调查对象、废水污染物、废气污染物、工业固体废物、危险废物和化学品环境国际公约管控物质生产或库存总体情况、污染治理设施、生态环境污染治理投资、生态环境管理、全国辐射环境水平。本部分信息可以从生态环境部网站获取。

3. 排污许可证

排污许可证是排污单位向生态环境行政主管部门提出申请后，生态环境行政主管部门经审查发放的允许排污单位排放一定数量污染物的凭证。排污许可证属于环境保护许可证中的重要组成部分，而且被广泛使用。排污许可证制度是有关排污许可证的申请、审核、颁发、中止、吊销、监督管理和罚则等方面规定的总称。本部分信息可以从全国排污许可证管理信息平台获取。

排污许可证正本中的信息包括：① 排污单位名称、注册地址、法定代表人或者主要负责人、技术负责人、生产经营场所地址、行业类别、统一社会信用代码等排污单位基本信息；② 排污许可证有效期限、发证机关、发证日期、证书编号和二维码等基本信息。

排污许可证副本中的信息包括：① 主要生产设施、主要产品及产能、主要原（辅）材料等；② 产排污环节、污染防治设施等；③ 环境影响评价审批意见、依法分解落实到本单位的重点污染物排放总量控制指标、排污权有偿使用和交易记录等；④ 排放口位置和数量、污染物排放方式和排放去向等，大气污染物无组织排放源的位置和数量；⑤ 排放口和无组织排放源排放污染物的种类、许可排放浓度、许可排放量；⑥ 取得排污许可证后应当遵守的环境管理要求；⑦ 法律法规规定的其他许可事项。

4. 统计年鉴

统计年鉴是以统计图表和分析说明为主，通过高度密集的统计数据来全面、系统、连续地记录年度经济、社会等各方面发展情况的大型工具书。获取统计数据资料，是进行各项经济、社会研究的必要前提。而借助统计年鉴，则是研究者常用的途径。国内常用的统计年鉴是《中国统计年鉴》和各省（市）统计年鉴。

二、监测方案设计

区域环境监测方案设计需要综合考虑多方面因素，包括监测目标、指标、范围、频率、方法、质量保证、数据分析和管理等。主要包括以下步骤：

① 确定监测目标和指标：根据区域环境的特点和环境监测需求，确定具体的监测目标和指标，如空气质量、水质、土壤状况等。

② 确定监测范围和频率：根据区域的大小和污染源的分布情况，确定合理的监测范围和频率，以保证数据的准确性和代表性。

③ 选择合适的监测方法：根据监测目标和指标，选择适合的监测方法和技术手

段，包括采样点的设置、采样频率和持续时间、分析方法和仪器等。

④ 制订质量保证计划：为了保证监测数据的准确性和可靠性，需要制订详细的质量保证计划，包括实验室质量控制、数据审核和处理等。

⑤ 建立数据管理系统：建立完善的数据管理系统，包括数据采集、传输、处理、分析和报告等环节，以确保数据的及时性和准确性。

第四节 实践案例

案例 1：湖泊总磷污染特征及来源分析

（一）区域介绍

某湖泊是太湖平原的第三大淡水湖。湖泊南北长约 17 km，东西宽约 11 km，总面积为 118.93 km^2，平均水深为 1.43 m，蓄水量为 3.7 亿 m^3。湖泊中间两条狭长的半岛把整个湖面分为东湖（约占总面积的 44.08%）、中湖（约占总面积的 29.03%）、西湖（约占总面积的 26.89%）三部分，东、中、西三湖平均水深分别为 1.7 m、1.8 m 和 2.7 m，三湖之间彼此有河流港汊相互沟通而汇成一体。

该湖泊地处温带，属于亚热带季风海洋性气候，四季分明，气候温和，雨量充沛，6—9 月降水量占全年降水量的 50%～60%。降水量最高月份为 6 月，最低月份是 12 月和 1 月。夏季受热带海洋气团影响，盛行东南风，温和多雨；冬季受北方高压气团控制，盛行偏北风，寒冷干燥。年平均气温为 16.0～18.0 ℃，年降水量为 1 100～1 150 mm。

该湖泊四周河道稠密，进出河流有 59 条，其中西线 17 条、北线 12 条、东线 15 条、南线 15 条。经常有水进出湖泊的河道约 30 条。

（二）湖泊水体质量评价

对该湖泊湖心国家地表水考核断面 2019—2022 年的水质现状进行研究分析，从而为区域水质提升提供科学管理与评价依据。水环境质量资料来源于该区域生态环境部门提供的 2019—2022 年国家、省级、市级等地表水考核断面水质手动监测及自动监测站监测数据。

该湖心断面目前为“十四五”国家地表水考核断面，执行《地表水环境质量标准》（GB 3838—2002）中的Ⅲ类水质标准。2019—2022 年该湖心断面主要监测因子年均值如表 7-1 所示。

表 7–1 2019—2022 年该湖心断面主要监测因子年均值 单位：mg/L

年份 / 标准	高锰酸盐指数	氨氮	总磷	水质类别	考核目标
2019 年	4.1	0.06	0.074	Ⅳ	Ⅲ
2020 年	4.8	0.09	0.070	Ⅳ	Ⅲ
2021 年	4.6	0.05	0.059	Ⅳ	Ⅲ
2022 年	3.7	0.04	0.054	Ⅳ	Ⅲ
国标Ⅲ类标准	6	1	0.05	—	—
国标Ⅳ类标准	10	1.5	0.10	—	—

2019—2022 年，该湖心断面高锰酸盐指数呈平稳波动态势，其中 2020 年高锰酸盐指数最高，但浓度均达到Ⅲ类水水质标准；氨氮浓度均小于 0.1 mg/L，均达到Ⅰ类水水质标准（0.15 mg/L），远远满足水质目标要求；总磷浓度呈下降趋势，但均只符合Ⅳ类水水质指标要求。

总磷浓度值为 0.036 ~ 0.120 mg/L，平均值为 0.064 mg/L，达标率仅为 31.25%；2019—2021 年该湖心断面总磷浓度年均值依次为 0.074 mg/L、0.070 mg/L、0.059 mg/L，年度超标率分别为 75.00%、83.33%、75.00%，水质情况逐年改善，但总磷浓度仍是该湖泊目前最值得关注的问题。

（三）管控区域划分

管控区域划分原则为：充分结合断面上游及主要支流汇水范围、断面控制单元范围，合理划分断面管控区域。原则上，自断面处沿河上溯至稳定Ⅲ类处，不超过断面责任县（市、区）行政边界，涉及往复流的，双向划分管控区域。

（四）断面管控区域污染源清单

1. 工业企业污染源

根据当地生态环境部门提供的涉水工业企业清单，该湖心断面管控区域内共有 9 家涉水工业企业。从位置上看，9 家涉水工业企业中，4 家位于阳澄湖镇，5 家位于太平街道。从企业规模上看，4 家为微型企业，4 家为小型企业，1 家为中型企业，没有大型企业。从废水排放量上看，2 家工业企业废水排放量小于 1 000 m^3，4 家工业企业废水排放量为 1 000 ~ 5 000 m^3，1 家工业企业废水排放量为 7 200 m^3，1 家工业企业废水排放量为 62 500 m^3，位于太平街道。其余 1 家工业企业废水处理后在本厂进行回用，不排放工业废水。

从废水排放去向来看，大部分工业企业废水排入城市污水处理厂或工业废水集中处理厂进行处理，故不存在工业污染源的问题。

2. 农业种植污染源

管控区域内种植农作物类型主要为水稻、小麦、油菜等。根据2019年土地利用数据，管控区域内农田面积约为54.81 km^2，占管控区域总面积的32%（包括水体）。查阅《排放源统计调查产排污核算方法和系数手册》得知江苏省种植业氨氮排放（流失）系数为6.484 kg/hm^2，总磷为0.701 kg/hm^2，可简单计算得到管控区域农田氨氮排放量约为35.539 t，总磷排放量约为3.842 t。根据区域入河排污口长效管理系统统计，管控区域内共有171个种植业排污口，根据2021年监测得到的水质数据，其中有4个排污口超过《江苏省太湖流域入河（湖）排污口规范化整治指南（试行）》中所规定的水质标准，主要超标因子为总磷。

3. 畜禽养殖污染源

根据该区域生态环境部门提供的相关资料可知，目前管控区域内仅有一家规模化畜禽养殖场。该养殖场已基本完成治理，污水统一排放至该区域污水处理公司，规模畜禽养殖污染已基本得到控制。

4. 水产养殖污染源

目前，该湖泊围网养殖范围集中在东湖、中湖，养殖网围共约10.67 km^2。湖心断面管控区域内，养殖网围共约5.33 km^2，其中东湖、中湖各占一半。资料表明，由于饵料污染、大闸蟹排泄污染等，该湖泊每年螃蟹养殖总磷输入为4.9 t，是一个重要的污染源。

5. 生活污染源

采用产排污系数法对管控区域内生活源污染物产生量进行估算，太平街道人均综合生活用水量取200升/（人·天），折污系数取0.85；澄阳湖镇人均综合生活用水量取220升/（人·天），折污系数取0.87。生活污水中三项污染物（化学需氧量、氨氮、总磷）浓度根据该区域污水处理厂进水浓度均值取值，分别为300 mg/L、32 mg/L、5 mg/L，总氮浓度根据生活源产排污系数手册中给定参考值取值，为44.8 mg/L。

6. 村庄及农村污水处理设施

该湖心断面管控区域内共涉及23个行政村，204个自然村。在管控区域内，共设有独立处理设施11套，均在太平街道。

7. 集中式污水处理设施污染源

该湖心断面管控区域内有2家集中式污水处理厂，均为城镇污水处理厂。其中一家目前已停用，另一家采用A^2/O工艺，处理后排水到清水港，再到北边的河道与圣堂河相连。

8. 入湖河流水质分析

该湖泊设有湖心、大桥、西湖北、中湖北、东湖北、西湖中、西湖南共计7个断面。

湖心断面的主要超标因子为总磷，在所有断面中，仅大桥的总磷浓度高于湖心，但各断面均符合考核要求。该湖泊入湖支流众多，关联水体监测断面数量更是高达102个，但仅4个断面的水质超标，入湖河流水质得到严格控制。

（五）环境问题识别

1. 西湖总磷浓度高

该湖泊湖体总磷年均浓度总体处于Ⅳ类并可能长期处于Ⅳ类水质水平，年均浓度呈上升趋势，同时主要入湖河流总磷浓度呈下降趋势，主要出湖河流总磷年均浓度变化不显著；湖体总磷季均浓度变化特征与主要出湖河流总磷季均浓度变化特征较相似，与入湖河流无明显相关特征；月均浓度空间变化存在一定的差异性，4—8月浓度明显升高，高值分布在西湖。

2. 养殖区氮、磷浓度高

养殖区营养盐的分布存在明显的时空变化，除了硝酸盐以外，所测指标均表现为养殖季节高于非养殖季节，高密度养殖区高于低密度养殖区，底层水高于表层水，说明高密度养殖造成氮、磷的大量沉积。

案例2：农田土壤重金属汞的来源分析

（一）区域介绍

调查地块面积约为0.55 km。种植作物主要有水稻、小麦、油菜等，灌溉水为自然降水、河水。根据前期调查结果，表层农田土壤汞浓度超标。因此，在本项目实际设置土壤采样点时有针对性地对超标区域进行加密布点，进一步明确项目地块的汞污染特征。

（二）土壤汞来源解析技术路线

收集整理耕地土壤污染调查数据、报告，了解区域气候气象、地形地貌和水文地质条件等；补充收集受污染耕地及其周边重点行业企业信息，以及灌溉水、农业投入品等潜在污染源数据，初步了解污染区域可能的污染源信息。

通过遥感影像解译、人员访谈、实地踏勘、档案调查、了解周围企业的相关资料等方式对重点行业企业、灌溉水、固体废物堆积、农业投入品等潜在污染源进行排查，分析确定污染源和疑似污染源，给出初步排查判断的结论。

在初步排查判断的基础上，针对确定和疑似的污染源开展进一步监测、检测，包括大气沉降、灌溉水、底泥、肥料、畜禽粪便等。

在污染源监测分析的基础上，通过源解析方法确定不同污染源对耕地土壤污染物累积的贡献率及其主要影响因素，识别污染物进入耕地的路径，并开展源解析结果验证。

（三）土壤环境质量调查与评价

1. 农田土壤监测

根据《农田土壤环境质量监测技术规范》（NY/T 395—2012）、《土壤环境监测技术规范》（HJ/T 166—2004）、《区域生态地球化学评价规范》（DZ/T 0289—2015），对项目农田进行采样布点。根据项目调查目的，为了保证样品的代表性，本地块采取采集混合样的方案。

由于本地块面积较大，根据《土壤环境监测技术规范》（HJ/T 166—2004），布设14个采样区，若要说明其污染程度和明确其污染物来源，则需要达到较高的精度。同时结合地块的实际形状与初步采样分析结果，按照污染越严重布点越多的原则布置采样区。根据前期土壤详查情况，发现汞超标区域主要集中在地块中间位置。因此，本方案有针对性地对项目地块中间区域进行加密布点，共设置40个采样区（图7–1），平均每个采样区面积约为10 816 m^2（104 m × 104 m）。

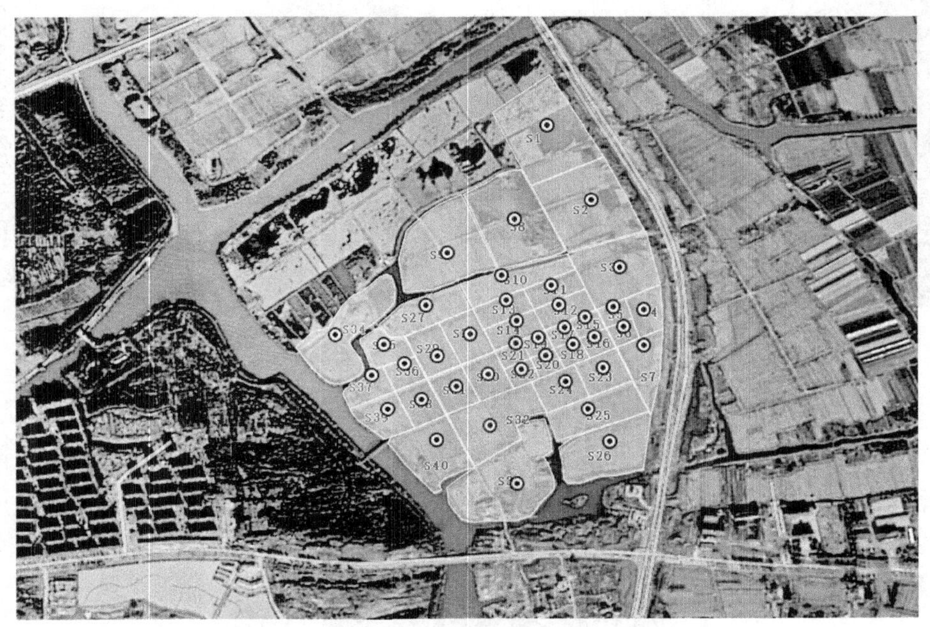

图7–1　项目地块采样区划分

本次调查对照点为S0点。对照点设置在西北方向距离项目地块4 km的某公园内，该区域历史上没有进行农业和工业活动，在现场作业期间可进入，地面平整且无垃圾堆放，可以基本代表地块所在区域的环境质量背景情况。该对照点采集土壤剖面样。

2. 土壤重金属空间分布

结果显示，北面地块共17个采样区，未见汞超标现象；南面地块共23个采样区，其中 21.74% 的区块出现汞超标现象。因此，本项目受污染耕地汞超标主要集中在南面地块。通过现场调查发现，南北地块分别由 2 个农户承包，种植的农作物种类基本相同。由于承包户不同，南北地块的农业品投入情况不可避免会存在差异（例如，肥料施用、农药使用、翻耕习惯等）。根据文献报道，施用氮肥、磷肥等酸性肥料，不仅会造成土壤酸化，还会影响土壤的有机质，减弱土壤的缓冲能力。结合南北地块 pH 分布特征可知，南北地块可能由于肥料施用的差异，导致南面地块 pH 低于北面地块，从而造成南面地块汞活性更强，更容易超过农用地土壤风险筛选值。

图 7-2 为受污染耕地超标污染物汞的剖面空间分布图。从图中可以看出，该地区土壤表层（0 ~ 20 cm）的汞含量普遍高于心层土（20 ~ 60 cm）和底层土（60 ~ 100 cm），

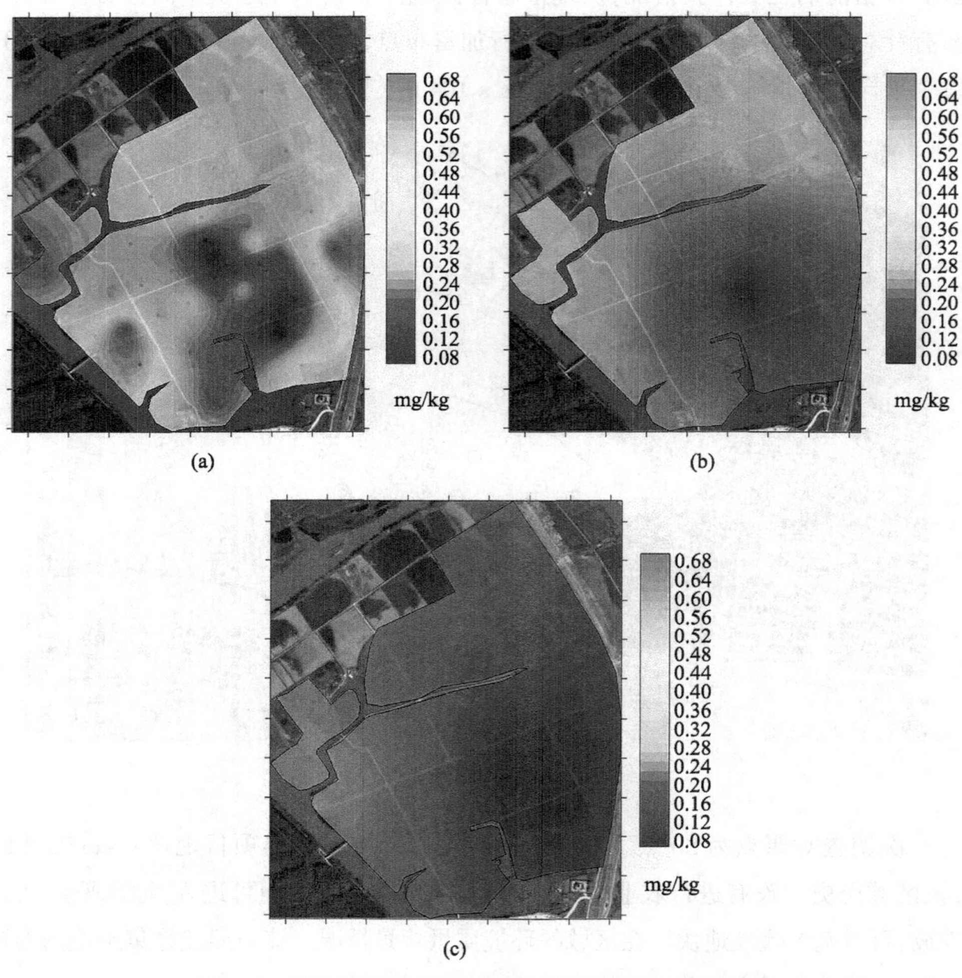

图 7-2 受污染耕地超标污染物汞的剖面空间分布图

（a）土壤表层；（b）心层土；（c）底层土

且心层土大部分区域汞含量略高于底层土，说明土壤表层污染的外源输入影响较大，受土壤母质的影响较小。

通过对本次调查得到的汞超标值分析发现，所有超标点位汞的超标倍数均不高，为 1.0%～35.6%。此外，超标点位的 pH 均较低（4.88～5.88），呈弱酸性，低于该区域背景值。结果表明，南面地块整个区域汞含量普遍偏高，超过或者接近农用地土壤风险筛选值。

（四）污染来源初步调查

调查组对项目地块进行了现场踏勘，实地了解项目地块周边环境状况和农业生产情况。通过对当地农户人员访谈，掌握了项目地块农作物种植、灌溉水来源、肥料施用、农药投入等情况。此外，调查组走访了当地生态环境部门、自然资源部门和农业水利部门，获取了项目地块周边工业企业污染物排放、河流流向、土壤污染物状况等信息，为深入开展污染源排查奠定了基础。

经现场调查与潜在污染源识别，本项目地块涉及重金属污染的主要污染源包括河水灌溉、大气沉降、农业品投入及土壤本底值。

具体而言，河水灌溉的污染物来源主要包括工业污水、生活废水及航运；大气沉降的污染物来源主要包括工业企业大气污染物沉降和机动车尾气沉降；农业品投入的污染物来源包括化肥施用、有机肥施用及秸秆还田；土壤本底值也可能对项目地块土壤重金属污染产生一定的影响。各污染源的潜在影响如表 7–2 所示。

表 7–2　各污染源的潜在影响

<table>
<tr><th>污染区域</th><th colspan="3">污染源</th><th>潜在污染程度</th></tr>
<tr><td rowspan="2">地块内污染</td><td>农业污染源</td><td colspan="2">化肥施用、有机肥施用、秸秆还田</td><td>★★★</td></tr>
<tr><td>自然污染源</td><td colspan="2">土壤本底值</td><td>★</td></tr>
<tr><td rowspan="6">地块外污染</td><td rowspan="3">水污染源</td><td rowspan="3">河水灌溉</td><td>历史上工业污水排放</td><td>★★★</td></tr>
<tr><td>生活废水排放</td><td>★★★</td></tr>
<tr><td>航运排放</td><td>★★</td></tr>
<tr><td rowspan="2">大气污染源</td><td colspan="2">工业企业大气污染物沉降</td><td>★★</td></tr>
<tr><td colspan="2">机动车尾气沉降</td><td>★</td></tr>
<tr><td>垃圾填埋场</td><td colspan="2">垃圾渗滤液和大气挥发</td><td>★</td></tr>
</table>

第八章　极地环境监测方案设计与实践

导言

极地地区是全球气候系统的敏感区域，是地球生态系统的关键组成部分，其环境变化会对全球范围的气候产生重大影响。极地环境监测需要涵盖多个方面的指标，包括气候、大气、海洋、冰雪、生物等。由于极地环境变化缓慢，长期持续的监测是理解和预测变化趋势的基础。因此，通过长期开展南极、北极和青藏高原地区的环境监测，推进极地环境实践教育，及时获取极地地区的环境变化数据，构建长期的环境数据序列资源库，才能更好地研究其对全球变化的响应和反馈，研究污染物在全球的扩散规律及其对极地生态环境的影响，更有助于评估人类活动对极地生态系统的负面影响。

第一节　地球“三极”地区环境特征与气候变化

一、地球“三极”地区环境特征

地球的“三极”地区，指北美洲、南美洲、亚洲和欧洲等南北半球高纬度地区的三个极端区域。由于“极地”独特的地理位置和气候条件，具有一些与其他地区不同的显著特征。

北极地区位于地球的最北端，包括北冰洋及周边的一些陆地。南极地区位于地球的最南端，主要包括南极洲及周边的一些冰川和海洋。由于极地气候的影响，南极、北极地区的气候特征主要表现为低温、干燥和多风暴，观测到的最低气温分别为 −89.2 ℃和 −67.7 ℃。南极和北极地区是地球最主要的冷源，由于常年受极地高压和极地东风控制，南极大陆气候酷寒（年平均温度约为 −25 ℃）且干旱，有“白色沙漠”之称。高山地区主要指位于中纬度地区的较高山脉，如喜马拉雅山脉、阿尔卑斯山脉和科迪勒拉山脉等。这些山脉由于海拔较高，气候特征主要表现为低温、多降雪和多风，而青藏高原是除南北极以外地球上陆地冰川分布最多的地区，青藏高原气温比较低（大部分地区年平均气温低于 5 ℃），空气稀薄，太阳辐射比较强。气候变暖导致地球“三极”地区冰冻圈（包括积雪、冰川、冰盖、海冰、冻土等）大范围退缩。

在过去 40 年里，北极海冰范围和厚度减小，南极冰盖物质持续消融，而高山高原多年冻土退化。若南北极的冰都融化，则将使全球海平面升高约 66 m，许多滨海城市和岛屿将不复存在。此外，极地冷水通过沉降从海底向较低纬度地区输送，在全球海洋温盐环流中起驱动作用；极地海冰则是极地下垫面季节和年际变化的最大特征，影响全球气候系统。

二、地球“三极”地区气候对全球气候的影响

地球“三极”地区包含了全球气候系统（大气、海洋、陆地、冰雪和生物五大圈层）相互作用的全部过程，在受到全球气候变化驱动的同时，也通过多种反馈机制改变大气和海洋环流，从而对区域甚至全球水文、生态和气候系统产生重要影响。

南北极地区终年寒冷，虽然与热带地区相比其生物数量、种类稍显不足，但是在这独特的自然环境中仍然生活着大量独具特性的生物，蕴藏丰富的生物资源。极地海鸟、企鹅、海豹等生物资源极为丰富。北极地区的鸟类有 120 多种，北半球 1/6 的鸟类都在此繁育后代，而南极地区的鸟类总数约为 1.78 亿只，占世界海鸟总数的 18%。两极地区海豹的数量更为惊人，仅南极就有 3 200 万只，占全球海豹总数的 90%。南极磷虾是地球上最大的单种生物资源之一，允许的捕捞产量高达 400 万 t，是巨大的潜在渔业资源。极地的植物多为地衣、苔藓、单细胞藻类。南北极地区生长着的单细胞藻类有上百种，但基本上都是微藻，最为常见的有硅藻、甲藻、金藻、褐藻和绿藻等。硅藻、甲藻和金藻构成了极地重要的冰藻。而冰藻在饵料、不饱和脂肪酸、抗冻蛋白、紫外吸收色素和其他生物活性物质的应用方面也具有广泛前景。

青藏高原高耸在中纬度地区的对流层中，是大气的热源，它的热力和动力作用不仅影响中国的气候，而且对东亚以至于全球大气环流都有重要影响。长江中下游是中国气候和生态条件最好的地区，云南西双版纳的热带雨林更是中国的绿色明珠，这一切都得益于青藏高原的隆起，如果没有青藏高原，那么长江中下游和西双版纳等地，将与位于 30° N 干旱带的北非和中东地区一样成为沙漠和干旱地区。

世界气象组织 2022 年公布的《极地研究状况》显示，随着冰川融化，极地地区的生态系统发生了显著变化，北极地区的陆地生物量正在增加，但海洋酸化、生物多样性

问题更加突出；南极地区的生态系统相对较为单一，但也在发生变化，如植物生长增加、海洋生产力下降等。地球“三极”地区不仅是全球气候变化的敏感地区，而且可以通过冰冻圈与大气的强耦合过程带来大尺度环流异常，进而对区域气候和环境产生较大影响。

三、人类活动对地球“三极”地区的影响

作为地球上最敏感的环境之一，极地环境的变化不仅影响全球气候，也影响全球生态系统的平衡。而这些变化并非自然因素单一所致，人类活动也是其重要推动力。人类活动通过温室气体排放导致全球气候变暖，大气污染也影响极地地区的空气质量，过度捕捞、排放有害物质、破坏生态系统和扰乱野生动物栖息地等行为对极地环境造成了严重影响。因此，为了更好地了解和预测极地环境的变化，需要加强对南极、北极和青藏高原地区的环境监测，研究其对全球变化的响应和反馈，研究污染物在全球的扩散规律及其对极地生态环境的影响，开展极地环境教育，实施极地环境监测有助于评估人类活动对极地生态系统的负面影响。为了更好地进行极地环境监测，还需要加强国际社会合作，共同应对全球性问题。

第二节 极地环境保护国际公约及相关国际监测计划

极地环境保护国际公约是保护地球上最后的未受污染的净土的重要法律文书，对维护全球生态平衡、保护地球环境和人类未来的发展具有深远的意义。

一、针对南极地区环境保护的国际公约

南极洲是60°S以南的大陆及其附近岛屿的总称。南极地区则是1959年《南极条约》规定的、包括一切冰架和海洋在内的、60°S以南的地区。可见，国际法上的南极地区比地理学上的南极洲范围要大。环境问题一直以来都得到了《南极条约》协商缔约国的关注，环境保护是《南极条约》三大支柱之一，并且是《南极条约》及南极条约体系内的其他法律文件的一个重要组成部分。《南极条约》生效之后，国际上又陆续通过了一系列的有关环境保护的决议、措施。最后在1991年通过了一个专门保护南极地区环境的文件《关于环境保护的南极条约议定书》，向建立南极地区环境保护法律

体制迈出了重要和权威的一步。

(一)《南极条约》

1961 年《南极条约》生效,规定南极洲只能用于和平目的,禁止在南极进行任何形式的军事活动、制造化学和生物武器等。该条约是极地保护历史上的一项里程碑式的公约,为后续的极地保护公约奠定了基础。

(二)《南极海洋生物资源养护公约》

该公约于 1982 年生效,旨在保护南极所有的海洋生物资源和生态系统,尤其是磷虾、鲸类和海鸟等珍稀物种。公约规定了保护的三项原则:① 防止任何捕捞对象的数量低于能保证其稳定补充的水平,因此其数量不应低于接近能保证年最大净增量的水平;② 维护南极海洋生物资源中被捕捞的、从属和相关种群之间的生态关系,将枯竭的种群恢复至①的水平;③ 为使持续养护南极海洋生物资源成为可能,考虑目前在捕捞活动对海洋生态系统的直接或间接影响、引入外种对海洋生态系统的影响、相关活动对海洋生态系统的影响及环境变化的影响等方面掌握的现有知识情况,防止在 20 或 30 年内海洋生态系统发生不可逆转的变化,或将发生此变化的危险性降至最低。

(三)《关于环境保护的南极条约议定书》

1991 年南极条约缔约国在西班牙首都马德里通过了《关于环境保护的南极条约议定书》和“南极环境评估”“南极动植物保护”“南极废物处理与管理”“防止海洋污染”和“南极特别保护区”5 个附件。我国于 1991 年 10 月 4 日签署了该议定书。该议定书对南极地区的环境保护作了全面的规定,各缔约国需负责清理遗留在南极大陆的垃圾,对固体废物、食品废物、化学药品废物及可燃性废物要采取不同的处理方式以避免对环境造成损害。

二、针对北极地区环境保护的国际公约

北极地区是一个对生态破坏非常敏感的地区,其人口及文化完全依赖该地区的生态状况。北极的污染不仅威胁北极地区的生态状况,还对全球气候和全球生态系统产生巨大的影响。虽然不少国际条约也都覆盖北极地区,如《联合国海洋法公约》等,但是北极地区所有的陆地都被八个独立的在北极拥有领土的国家控制。尽管各国在国内法中都制定了关于北极环境保护方面的法律,但是这些法律在适用上存在一定的局限性。

(一)《北极熊保护协定》

1973 年 11 月 15 日制定于奥斯陆,缔约国承认北极国家在保护北极地区动植物方面的特殊责任和利益;承认北极熊是北极地区重要的资源,需要额外保护。除了该

协定第 3 条规定的情况外，禁止猎杀、屠杀和捕获北极熊。

（二）《北极环境保护战略》

1991 年 6 月，八个北极国家在芬兰举行的第一次部长会议上制定了《北极环境保护战略》。促使该战略出台的有三个原因：关于苏联在北冰洋倾倒放射性和其他危险物的报告引发国际社会对人类健康和生态的潜在威胁的关注；苏联在其研究中开放讨论这些问题以寻求双边和多边帮助来清除和管理目前和将来的生态问题；科学研究发现在北极土著人民和其食物来源中存在反常的高浓度有机污染物，它们可能来自北半球个别国家的大气、水循环及运输机制。该战略没有执行的权力，其资金来自成员国的捐助，并通过其他国际平台如联合国环境规划署和国际海事组织，或双边或多边协定来开展活动，其主席和秘书处每两年在北极国家轮换一次。

（三）《斯瓦尔巴群岛条约》

《斯瓦尔巴群岛条约》分序言、正文和附件三部分，旨在斯瓦尔巴群岛地区建立公平制度，以保证对该地区的开发与和平利用。该条约是平衡各方资源权属冲突的妥协方案，一方面承认挪威对该地区充分和完全的主权，另一方面明确各缔约国国民自由进入、平等经营的权利，形成一种独特的法律制度，对解决相关争端具有一定的借鉴意义。条约生效后，挪威对斯瓦尔巴群岛进行了有效管理，但由于条约的妥协性质，条约实施过程中仍存在一些争议。

三、与南北极环境保护有关的国际公约

（一）《联合国气候变化框架公约》及其《京都议定书》

《联合国气候变化框架公约》是第一个全球性的应对气候变暖问题的国际公约。我国于 1992 年加入该公约，公约并未涉及所有气候变化问题，只涉及全球气候变暖问题，目标是将大气中温室气体的浓度稳定在防止气候系统受到危险的人为干扰的水平上。公约将缔约国分为三类，实行共同但有区别的责任原则，以及预防原则、可持续发展原则和合作原则。呼吁世界各国，尤其是发达国家，控制二氧化碳等温室气体的排放量，遏制全球气候变暖；确认发达国家对温室气体的排放负有主要责任；要求发达国家向发展中国家提供经济上的援助。公约的影响非常广泛，几乎所有人类活动都在其调整范围之内。

《京都议定书》于 1997 年 12 月 1 日在日本京都召开的《联合国气候变化框架公约》第三次缔约方大会上通过，1998 年 3 月 16 日至 1999 年 3 月 15 日在纽约联合国总部开放签署。我国于 1998 年 5 月 29 日签署了该议定书。《京都议定书》被公认为

是国际环境外交的里程碑，是第一个通过减少温室气体排放来减缓全球气候变化的国际公约，也是第一个用市场弹性来解决全球环境问题的国际公约。

（二）《防止倾倒废物和其他物质污染海洋公约》

《防止倾倒废物和其他物质污染海洋公约》是关于管制船只在海洋倾倒废物方面的重要国际公约，于1975年8月30日生效。我国于1985年批准加入该公约。该公约管制船只向海洋倾倒废物，包括在缔约国管辖范围内倾倒废物，并适用于所有远洋船只及在沿海国管辖水域内的其他船只和由各国管辖的其他船舶。该公约规定应设立国际规则和标准以防止、减少和控制来自任何船只的污染，同时为各缔约国在一定区域内进行排污提供了5种标准，并对有关倾倒问题还作了特别规定。另外还规定了对公约的解释和争端解决等。

（三）《生物多样性公约》

《生物多样性公约》是一项保护地球生物资源的国际性公约，1992年我国签署了该公约。该公约是一项有法律约束力的公约，旨在保护濒临灭绝的植物和动物，最大限度地保护地球上的多种多样的生物资源。按照公约规定，对于北极地区的生物多样性保护，缔约国应当采取的措施：发达国家将以赠送或转让的方式向发展中国家提供新的补充资金以补偿它们为保护生物资源而日益增加的费用；应以更实惠的方式向发展中国家转让技术，从而为保护世界上的生物资源提供便利；签约国应为本国境内的植物和野生动物编目造册，制订计划保护濒危的动植物；建立金融机构以帮助发展中国家实施清点和保护动植物的计划；使用另一个国家自然资源的国家要与被使用国家分享研究成果、盈利和技术。

除了国际层面的极地保护公约外，各个国家也相继出台了国家层面的极地保护公约。例如，美国在1986年颁布了《北极圈资源管理法案》，该法案对在北极地区进行资源开发和环境保护作了规定。此外，挪威、加拿大、俄罗斯等国家也分别出台了相应的极地保护法律法规。

四、主要国家/组织重点关注的极地环境监测与评估体系

极地的环境污染、海水酸化、海冰/冰川消融等环境问题日益显现，带来了生态与人类健康风险。对于南极环境问题，除了美国针对南极大气臭氧污染有专项监测计划之外，还未有系统的、国际性的环境监测计划。目前主要国家/组织提出的北极战略/政策越来越多地提及环境问题，表现在：① 北极理事会设立了北极监测与评估计划（AMAP）、北极污染物行动计划（ACAP）、北极海洋环境保护（PAME）等三个工作组，

开展相关的环境保护、研究与行动。对北极污染物造成的影响进行评估，提出全球减排目标，为全球空气污染立法和气候政策提供决策依据。② 欧盟从 2008 年以来制定了 10 份北极政策，围绕气候变化和环境保护、可持续发展和北极问题上的国际合作，在 2019 年的政策中提到海洋垃圾和微塑料污染。③ 美国从 1984 年起建立北极研究委员会以促进北极研究方案和北极政策的制定，并提出一系列指令，旨在加强保护水安全并减少有害污染物。④ 加拿大的北极政策中重点提及了二氧化碳、持久性有机污染物、汞等环境污染问题。⑤ 挪威的北极政策中提到了气候变化和海水酸化，其建立的环境监测系统专注于提供对政治家和环境管理者具有战略重要性的环境信息。挪威极地气候变化与环境研究中心的 8 大旗舰研究计划中有 3 个与环境污染有关，包括有毒物质、塑料等。⑥ 日本在 2015 年的北极政策中提出温室气体和生物多样性的问题，希望通过国际合作的方式进行数据共享和环境治理。⑦ 我国在 2018 年的《中国的北极政策》白皮书中提到保护北极自然环境和生态系统，养护北极生物资源，积极参与应对北极环境和气候变化的挑战。⑧ 俄罗斯在 2020 年的北极政策中提到工业污染、冻土融化和甲烷释放等问题。

下面简要介绍北极理事会的北极监测与评估计划（AMAP）、极地人为污染大气监测网（ATMOPOL）、挪威海洋和开放空间监测与信息系统（MOSJ）及中国的极地优先控制污染物监测计划。

（一）北极监测与评估计划（AMAP）

北极监测与评估计划（The Arctic Monitoring and Assessment Programme，AMAP）是全球性的环境监测计划，旨在评估和预测北极地区的环境变化。该计划涉及多个领域，包括气候、生物多样性、土地使用和污染等，优先关注污染物（POPs、汞、塑料、黑炭等）和气候变化问题。北极监测与评估计划是北极理事会设立的一个工作组，旨在实施《北极环境保护战略》的监测和评估内容，主要任务是根据北极国家正在进行的国家监测和研究活动来协调北极监测计划。

根据提供的信息，AMAP 共有 10 个监测站点，主要分布在北极圈以内的陆地和海洋区域。这些站点包括加拿大、丹麦、挪威、瑞典、瑞士和格陵兰岛等，陆地站点数量为 4 个，海洋站点数量为 6 个。此外，还有分布在北欧和北美地区的附属站点。

AMAP 的站点中有一些是长期监测站，已经运行了数十年甚至上百年。这些长期监测站为研究北极地区的环境变化提供了宝贵的数据。例如，Wong 等人（2021）报告了加拿大 Alert、斯瓦尔巴群岛 Zeppelin、冰岛 Stórhöfði、芬兰 Pallas、挪威 Andøya、格陵兰岛 Villum、俄罗斯 Tiksi 和 Amderma 等八个北极监测站大气污染物的长期时间趋势。结果显示，在这些站点的空气中 α－六氯环己烷、γ－六氯环己烷、多氯联苯

（PCBs）、α - 硫丹、氯丹、二氯二苯三氯乙烷（DDT）和多溴二苯醚（PBDEs）等持久性有机污染物（POPs）均呈下降趋势，并呈现季节性变化。同时，新兴的北极关注化学品（CEAC）浓度呈现稳定或上升趋势。这充分说明各站点长期监测的必要性和重要性，只有保持具有一致数据质量的长期监测计划，才能提升评估世界各国采取的化学品管控措施的有效性。

（二）极地人为污染大气监测网（ATMOPOL）

极地人为污染大气监测网（Atmospheric Monitoring Network for Anthropogenic Pollution in Polar Regions，ATMOPOL）由北极理事会下属的环境保护机构设立。这些站点用于监测气温、风速、雪积累、海冰变化等关键气象和气候参数。通过对极地大气进行长期、连续的观测，评估人为污染对极地气候和生态系统的影响。结合遥感、地面观测和模型模拟等多种技术手段，搭建一个从大气到地面一体化的监测体系。

ATMOPOL 的核心部分包括大气观测站、气象观测站和超级站。大气观测站主要负责观测大气中的污染物，如颗粒物、二氧化硫、氮氧化物等；气象观测站负责观测气象要素，如风向、风速、温度等；超级站结合了上述两种功能，同时还可以进行光化学观测和生态影响评估。ATMOPOL 站点主要分布在北半球和南半球的极地地区，包括北极、南极及亚北极地区。这些站点由多个国家和组织共同运营和维护，包括美国、加拿大、俄罗斯、中国、欧洲航天局等。然而，由于极地环境的恶劣和复杂，这些站点在地理分布上仍然存在一定的不均衡。一些站点密集的地区，可能存在较高的数据重复性，而一些站点稀疏的地区，还存在数据空白。

ATMOPOL 站点收集的大气数据不仅有助于科研人员了解污染物的来源和传播路径，还有助于预测污染对极地生态系统的长期影响。根据该项目提供的数据，各国政府可以制定更为精准的环境政策，限制人为污染的排放。

（三）挪威海洋和开放空间监测与信息系统（MOSJ）

挪威海洋和开放空间监测与信息系统（Environmental Monitoring of Svalbard and Jan Mayen，MOSJ）由挪威环境部牵头，联合挪威国家气象研究所、挪威大学生物多样性中心等多个研究机构共同开发和运行。图 8-1 虚线框内为 MOSJ 的核心活动，虚线框外表示 MOSJ 系统之外的活动，这些活动提供或接收北极监测数据信息。其中，关于大气、人类行为和动物的研究已经十分成熟，图 8-2 所示为 MOSJ 监测指标体系。

据挪威极地研究所监测报告，南极洲的污染物水平低于世界其他地方，主要缘于南半球的工业和农业较少，当然也缘于针对南极洲污染物的整体环境监测计划缺失。目前对南极海洋食物链中污染物水平的调查很少，南极半岛和罗斯海是目前调查最多的两个地区。而在整个北极环境中均相继发现了污染物的痕迹：空气、土壤、沉积物、

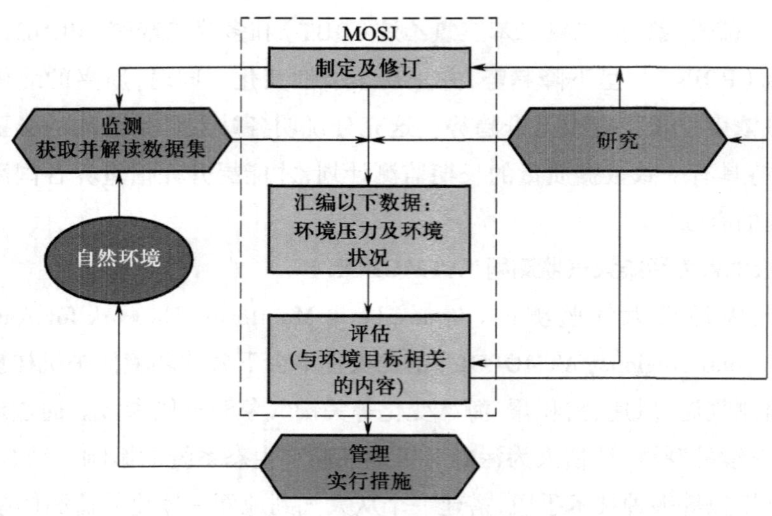

图 8-1 MOSJ 的监测活动

雪、海冰和冰川、海水和淡水、鸟类、哺乳动物和人类。因此，北极已成为已知和新污染物的指示区。

（四）中国的极地优先控制污染物监测计划

中国作为极地科学研究的重要参与国家和新兴力量，在《中国极地环境保护中长期规划（2016—2025 年）》中，明确提出要实施极地优先污染物监测计划。该计划旨在通过对极地环境中优先污染物进行监测和分析，了解其来源、分布、迁移转化规律及对极地生态环境的影响；在极地研究区域建立环境监测站点，对极地环境中优先污染物进行长期、连续的监测。同时加强国际合作，共享监测数据和信息。同时，通过对持续监测数据进行整理、分析，开展污染物溯源，并结合气候变化背景，评估污染物对极地生态环境的影响程度和趋势。

中国极地环境科考工作的主要成就体现在：① 建立了包括中国南极考察站、中国北极考察站、中国青藏高原考察站等在内的一系列考察站，为科学家提供了研究自然环境、保护生态环境的重要平台。② 考察船只的改造和更新，为极地科学考察提供了稳定、安全的运输工具，新型的极地科学考察装备也极大地提高了科学考察的效率和安全性。③ 科考内容涵盖了气候变化、生态保护、人类活动等多个方面，研究领域也已经从单一的地球科学研究扩展到生物学、化学、医学和环境等多个学科。

2023 年 10 月 1 日上午 9 时 15 分，我国 18 名科学考察队员成功登顶世界第六高峰卓奥友峰，开展了高海拔自动气象站架设、峰顶冰雪测厚、冰芯钻取及雪冰样品采集等多项科考任务。这是我国科学考察队首次登顶珠峰以外的 8 000 m 以上高峰，标志我国具备了开展极高海拔综合科学考察的体系化能力。

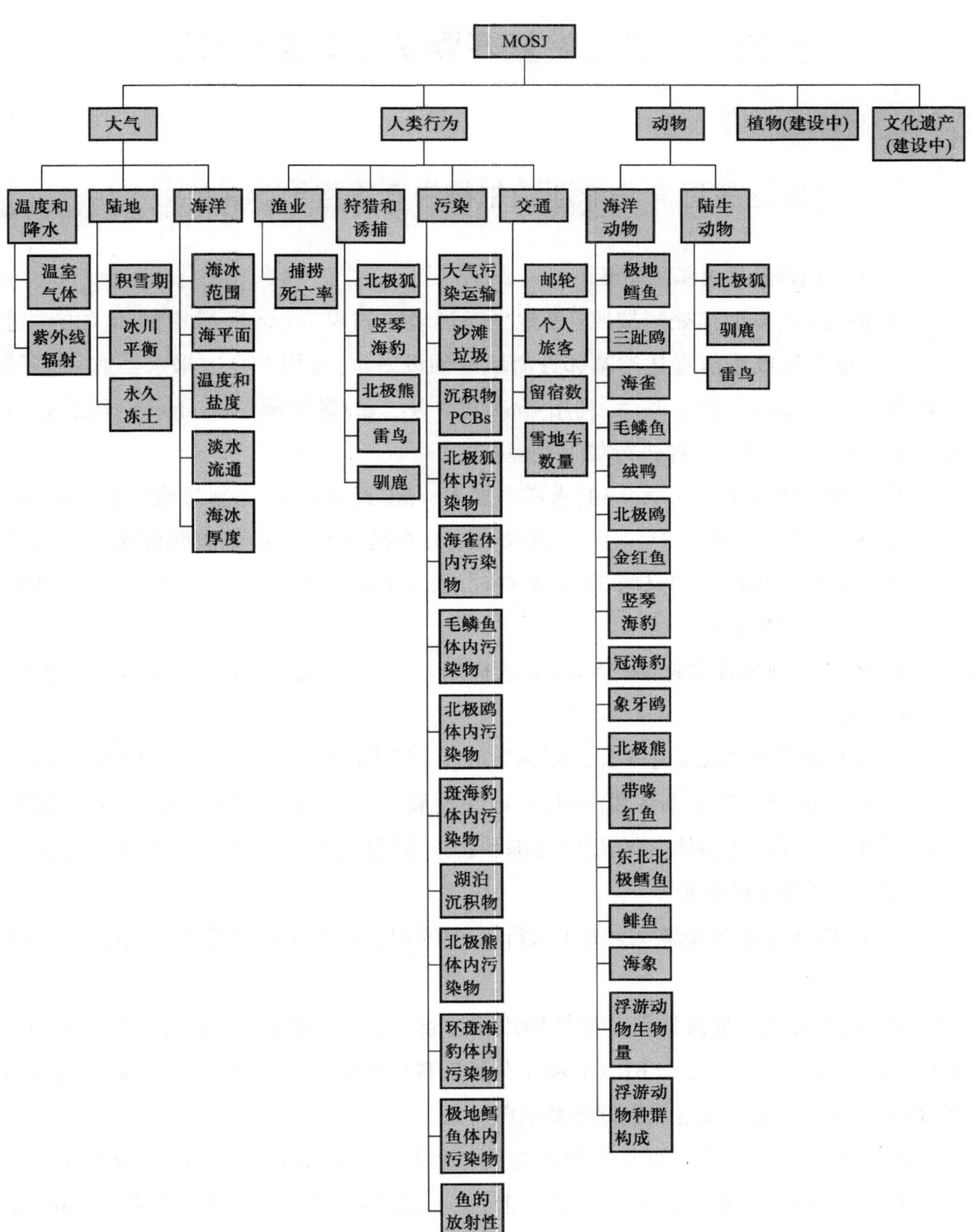

图 8-2 MOSJ 监测指标体系

第三节 极地站基多要素环境监测方法

一、极地站基近岸海洋浮游生物生态学考察

(一)现场样品采集和预处理

现场样品采集和预处理按照《极地生态环境监测规范(试行)》中的相关方法进行。通过橡皮艇或小艇抵达站基邻近海域的预设站位,使用 Niskin 采水器或 CTD 采水器分层采集水样。回站基后,利用 Gast 真空泵、Pall 磁性漏斗、Nalgene 抽滤瓶,以及洁净工作台,对每份水样进行如下处理:

① DAP 计数样品:在 200 mL 水样中加入 4 mL 经 0.2 μm 滤膜过滤后的甲醛(终浓度为 2%),黑暗中固定 3~4 h,分别取 50 mL 样品于 0.2 μm 聚碳酸酯黑膜上过滤(3 个平行实验),当过滤到只剩 5 mL 左右时,加入 1 mL DAPI 染色剂染色 5 min,滤膜自然晾干后于 -20 ℃保存;

② 流式细胞仪计数样品:将 4 mL 水样用 0.4 mL 多聚甲醛(浓度 10%)固定后,于 -80 ℃保存;

③ 多样性分析样品:先将 2 L 水样经 20 μm 筛绢过滤,再将滤液于直径为 47 mm、孔径为 0.2 μm 的聚碳酸酯滤膜上过滤,收集滤膜于 2 mL 冻存管中,加入 CTAB 保存液,于 -80 ℃保存。全部样品在低温冷冻状态下带回国内实验室进行后续测试分析。

(二)实验室测试分析

按照《极地生态环境监测规范(试行)》中的相关方法对样品进行测试分析,具体如下:

① 采用流式细胞仪计数分析浮游细菌丰度,将冷冻带回的样品在 37 ℃下解冻之后,取 1 mL 水样,加入 SYBR Green I 荧光染料(终浓度 1/10 000)避光染色 15 min 后,以 FACSAria 流式细胞仪进行浮游细菌计数。

② 采用 DAPI 染色显微镜观测法检测微型浮游生物和浮游细菌:将聚碳酸酯滤膜带回实验室后,用镜油固定在载玻片上,盖上盖玻片,然后用 Nikon Eclipse 80 i 显微镜进行观察与计数。在蓝色激发光下,观察自养藻类,包括鞭毛藻、硅藻(菱形藻、角毛藻、舟形藻)。在紫外激发光下,观察原生动物(鞭毛虫、纤毛虫)和浮游细菌。细胞的数量统计和大小测定采用 JD-801 形态学图像分析系统进行处理。丰度转化为生

物量的换算系数：硅藻生物量换算系数采用 0.11 pgC/μm³；鞭毛藻和鞭毛虫细胞生物体积 – 生物量换算系数采用 0.14 pgC/μm³；纤毛虫体积 – 碳量的换算系数采用 0.8 pgC/μm³。

③ 采用聚合酶链式反应 – 变性梯度凝胶电泳（PCR–DGGE）技术和 Roche 454 高通量测序技术开展多样性分析浮游细菌和微型浮游生物的多样性。

二、极地站基邻近海域水环境要素调查

（一）现场样品采集和预处理

样品采集和预处理按照《极地生态环境监测规范（试行）》《海洋调查规范　第 4 部分　海水化学要素调查》（GB/T 12763.4—2007）中的相关方法进行。通过橡皮艇或小艇抵达站基邻近海域的预设站位，使用 CTD 采水器获得现场温盐数据，使用 Niskin 采水器或 CTD 采水器分层采集水样。溶解氧（DO）样品现场固定。其他样品回站基后立即进行处理：

① 营养盐样品：先取 300 mL 水样经玻璃纤维滤膜过滤，再取 30 mL 滤液于聚乙烯塑料瓶中，冷冻保存，带回国内实验室分析；

② 叶绿素 a、光和色素分析及颗粒有机碳样品：分别取 0.5 ~ 1 L、1.5 ~ 3 L、1 L 水样经预先在 450 ℃下灼烧过的玻璃纤维滤膜（孔径为 0.7 μm）过滤，滤膜样品于 –20 ℃冷冻保存直至分析（测定颗粒有机碳的滤膜事先在 450 ℃下灼烧 4 h 并称重）；

③ 生物硅分析样品：取 2 L 水样经孔径为 0.8 μm 的聚碳酸酯滤膜（Millipore）过滤，滤膜样品于 –20 ℃冷冻保存，带回国内实验室进行后续测试分析。

（二）实验室测试分析

样品分析方法见表 8–1，可根据实践课程内容和要求选用。

表 8–1　样品分析方法

环境样本	项目	依据	最低检出限 / ($mg \cdot kg^{-1}$)	仪器 / 方法
土壤	镍	《土壤环境监测技术规范》（HJ/T 166—2004）	1.00	电感耦合等离子体（ICP）测定仪
	镉		0.100	
	铬		0.01	
	铜		0.100	
	锌		0.100	
	铅		0.01	

续表

环境样本	项目	依据	最低检出限 /（$mg \cdot kg^{-1}$）	仪器 / 方法
土壤	砷		0.01	原子荧光光度计
	汞		0.002	
	石油烃		10	非分散红外分光光度法
	多环芳烃	《土壤和沉积物 多环芳烃的测定 高效液相色谱法》（HJ 784—2016）	3.0 ~ 5.0 μg/kg	高效液相色谱
	总氮	《土壤质量 全氮的测定 凯氏法》（HJ 717—2014）	48	凯氏法
	氨氮	《土壤 氨氮、亚硝酸盐氮、硝酸盐氮的测定 氯化钾溶液提取 - 分光光度法》（HJ 634—2012）	0.1	氯化钾溶液提取 - 分光光度法
	亚硝酸盐氮		0.15	
	硝酸盐氮		0.25	
	磷酸盐	《土壤 有效磷的测定 碳酸氢钠浸提 - 钼锑抗分光光度法》（HJ 704—2014）	0.5	碳酸氢钠浸提 - 钼锑抗分光光度法
	含碳量	《土壤 有机碳的测定 燃烧氧化 - 非分散红外法》（HJ 695—2014）	0.008%	TOC 法
湖泊	水温		—	便携式水质分析仪
	pH	《水质 pH 值的测定 电极法》（HJ 1147—2020）	—	
	DO		—	
	盐度	—	—	
	氨氮	《水质 铵的测定 水杨酸分光光度法》（GB/T 7481—87）	0.01 mg/L	紫外 / 可见分光光度计
	硝态氮	《水质 硝酸盐氮的测定 酚二磺酸分光光度法》（GB/T 7480—87）	0.02 mg/L	
	总磷	《水质 总磷的测定 钼酸铵分光光度法》（GB/T 11893—89）	0.01 mg/L	
	叶绿素 a	《水质 叶绿素 a 的测定 分光光度法》（HJ 897—2017）	2 μg/L	分光光度法

三、极地站基附近潮间带生物调查

极地站基附近潮间带生物样品采集与测试分析按照《我国近海海洋综合调查与评价专项》中的《海洋生物生态调查技术规程》《海洋监测规范　第 7 部分：近海污染生态调查和生物监测》（GB 17378.7—2007）和《海洋调查规范　第 6 部分：生物体分析》（GB 17378.6—2007）的方法进行。

（一）现场样品采集和预处理

1. 大型海藻

由于长城站站基附近大型海藻均生长于岩石基底的潮间带，且潮间带均较窄，因此未对潮间带进行划分，采用定量样框的方法进行。① 若大型海藻种类栖息密度很高，且分布较均匀，则应用 25 cm × 25 cm 的定量样框进行大型海藻样品的采集，每个站位取 3 个样方，确定样方位置应在宏观观察基础上选取能代表该潮区大型海藻分布的特点。取样时，首先记录样框中每个种类的覆盖面积，然后用小铁铲、凿子或刮刀将所有藻类取净。② 对于栖息密度较低的潮间带站位，采用 25 m^2 的大面积计算的方法，并采集其中的部分个体，求平均个体重，再换算成单位面积的数量。③ 取样时，测量各潮区优势种的垂直分布高度和滩面宽度，描述生物分布带的特征。④ 采得的大型海藻所有定量和定性样品，洗净后，按类别分开装瓶（或用封口塑料袋装），带回实验室。在实验室内选取完整的新鲜藻体，制作腊叶标本，用于分子生物学鉴定的样品必须冷冻保存。

2. 底栖生物

使用 25 cm × 25 cm（沙滩）或 50 cm × 50 cm（砾石滩）取样框，将取样框内 30 cm（沙滩）深的沉积物或全部沉积物（砾石滩）用铁锹和铲子收集，然后现场淘洗过筛（0.5 mm 孔径不锈钢网筛），将残留的生物全部装在样品瓶中，使用 5% 的福尔马林溶液固定保存，带回国内实验室分析。

3. 微生物

使用铲子刮取表层沉积物，分别装入两个自封袋中，一袋置于 4 ℃保存，一袋置于 −20 ℃保存，低温状态下带回实验室做后续分析。

（二）实验室测试分析

1. 大型海藻

在实验室内应用 Nikon SMZ645 体视显微镜、Nikon ECLIPSETS100 倒置显微镜对藻体进行形态观察以鉴定种类，应用内转录间隔区（ITS）分子生物学鉴定技术辅助进行大型海藻的种类鉴定。

2. 底栖生物

底栖生物样品带回实验室后在体视显微镜下进行分类、鉴定、计数，使用感量为0.000 1 g的电子天平进行称重，小个体软体动物带壳称重，帽贝等大个体软体动物去壳称重，寄居蟹去壳称重。最后换算成单位面积的生物量（g/m^2）和丰度（$ind./m^2$）。

3. 微生物

将沉积物样品从–80 ℃转移到4 ℃中过夜解冻，称取0.25～0.5 g样品用沉积物DNA提取试剂盒抽提样品总DNA。使用聚合酶链式反应（PCR）方法扩增16S rRNA基因高变区片段。将该片段连入多克隆载体，转化、提取质粒并线性化，获得用于绘制荧光定量PCR标准曲线的标准品并测定其浓度。采用荧光定量PCR技术，计算每个样品的循环阈值（Ct值）。根据标准曲线，计算每个沉积物样品中细菌的绝对丰度。

四、极地站基湖泊生物调查

极地站基附近湖泊浮游生物和底栖动物样品的采集按照《湖泊生态调查观测与分析》《湖泊生态系统观测方法》等的方法进行。

（一）现场样品采集和预处理

1. 浮游植物

使用5 L有机玻璃采水器采集1 L浮游植物样品水样，盛装于1 L细口塑料瓶中，立即加入中性福尔马林溶液固定，加入量为样品体积的5%。带回长城站实验室后，经24～48 h的沉淀，浓缩至50～100 mL。

2. 浮游动物

使用5 L有机玻璃采水器采集60 L浮游动物样品水样，经64 μm浮游生物采集网过滤后将浮游动物样品收集于100 mL塑料样品瓶中，立即加入中性福尔马林溶液固定，加入量为样品体积的5%。

3. 底栖动物

使用彼得森采泥器（1/16 m^2）于每个调查站位采集3个底栖动物样品，将采得的底泥样品混为一个样品后，经筛绢孔径为0.5 mm的筛网过滤后，将所有样品转移至50～500 mL广口塑料瓶中，立即加入中性福尔马林溶液固定，加入量为样品体积的5%。

（二）实验室测试分析

在实验室使用倒置显微镜进行浮游植物的鉴定和分析，使用体视显微镜进行浮游动物和底栖动物的鉴定和分析。

五、极地站基陆域水与土壤环境基线调查

（一）现场样品采集和预处理

1. 湖泊水样采集和预处理

湖泊水样的采样和监测技术要求按照《水环境监测规范》（SL 219—2013）进行；pH、温度、溶解氧和盐度的测试使用便携式水质监测仪在现场实施；湖水样品直接用聚乙烯瓶采集，采样前先用所取湖水洗涤 5 次，而后取水 2 L；根据常规方法，营养盐类指标分别采用色度法及消解 / 光度法于 24 h 内在实验室完成测定，测试前经 0.45 μm 膜过滤。

2. 土壤样品采集和预处理

① 在采样点的确定过程中按照《土壤环境监测技术规范》（HJ/T 166—2004），采用网格布点法，在现场考察中对预设站位实地调研，剔除无法进行样品采集的站位（如地表无成熟土壤发育层或基岩覆盖区等），并根据具体的地形地貌做适当调整。为后续考察人类活动的影响，在采样点布设过程中也重点设置非扰动区和扰动区的比较站位。

② 利用预清洁工具清理表面砾石、冰雪覆盖物或植被，按照规范从设定深度的土层中取得 250 ~ 500 g 样品。土壤样品采用铝箔材料和塑封材料分别包装 3 层，同步记录采样点的经纬度坐标、采样时间和天气状况，并对采样点进行恢复。

③ 土壤样品的预处理按照《土壤环境质量　农用地土壤污染风险管控标准（试行）》（GB 15618—2018）、《土壤环境监测技术规范》（HJ/T 166—2004）和有关国家标准实施。采集后的土壤样品放置在避光、通风的室内慢慢风干，在半干状态时压碎土块，除去石块等杂质，铺成薄层，在室温下经常翻动，注意防止阳光直射和尘埃落入及其他污染。土壤样品充分风干后经过磨碎、过筛、混匀、缩分等步骤制备成粒度小于 200 目的试样再用于分析。

④ 样品保存在干净的玻璃瓶内，瓶内外各贴一张标签，写明编号、采样地点、土壤名称、采样深度、样品粒径、采样日期、采样人员及制样时间等，常温下保存于实验室洁净的储存柜内，样品贮存环境安全、无阳光直射、无腐蚀、清洁干燥。全部分析工作结束，分析数据核实无误后，样品一般还要保存三个月至半年，以备查询。

（二）实验室测试分析

土壤和湖泊样品物理化学指标的测试分析依据表 8–1 所示的方法进行。

获得数据后，开展基线分析、基于 GIS 系统的空间插值分布模拟分析、地质累积指数分析和污染溯源的主成分分析，具体如下。

1. 基线分析

本调查报告结合统计学方法中的相对累计频率分析和相对累计总量分析方法来确定基线。相对累计总量分析方法采用元素浓度值相对累计密度与元素浓度的双对数分布图，以分布曲线的拐点处元素的浓度值确定为该元素背景与异常的分界线，将小于分界点的元素浓度的平均值加 2 倍标准差的控制线，作为元素的背景值范围。相对累计频率分析方法采用正常的十进制坐标，累计频率—元素浓度的分布曲线可能有两个拐点，值较低的点可能代表元素浓度的上限（基线范围），小于样品元素浓度的平均值或中值即可以作为基线值；值较高的点可能代表异常的下限（人类活动影响的部分）。

2. 基于 GIS 系统的空间插值分布模拟分析

基于 GIS 系统的克里金法（Kriging）利用区域化变量的原始数据和变异函数的结构特点，对未采样点的区域化变量取值进行线性无偏最优估计。一般而言，距离越远的观察点对估计点的影响越小，其加权值也随距离变化而不同。如果数据在空间上呈连续分布，那么在已知点附近的估计值将获得比较远估计点高的权重。

3. 地质累积指数分析

地质累积指数通常称为 Muller 指数，是 20 世纪 60 年代晚期在欧洲发展起来的广泛用于研究沉积物中重金属污染程度的定量指标，是对土壤中重金属污染进行评价的指数，其表达式如下：

$$I_{geo} = \log_2\left(\frac{C_n}{1.5 \times BE_n}\right)$$

式中：C_n——样品中元素 n 的浓度；

BE_n——基线浓度常数；

1.5——在选择页岩作为基线时，为消除沉积作用影响而设的常数；当选择的基线为区域自身的环境基线时无须乘以 1.5。

地质累积指数按 Forstner 等提出的方法可分为 7 个级别，不同的级别分别代表不同的重金属污染程度，具体分级见表 8–2，在分析站区周边土壤重金属累积水平时，借鉴地质累积指数分析方法，中度污染对应中度富集，强污染对应强富集。

表 8-2 地质累积指数污染程度分级

I_{geo}	级别	污染程度（Forstner 等，1990）	I_{geo}	级别	污染程度（Anon，1994）
<0	1	无污染	<0	1	无污染或轻度污染
0 ~ 1	2	无污染到中度污染	0 ~ 1	2	中度污染
1 ~ 2	3	中度污染	1 ~ 3	3	中度污染或强污染
2 ~ 3	4	中度污染到强污染	3 ~ 5	4	强污染
3 ~ 4	5	强污染	>5	5	极强污染
4 ~ 5	6	强污染到极强污染			
>5	7	极强污染			

4. 污染溯源的主成分分析

在对土壤环境质量进行评价时采用主成分分析统计法，通过提取主要的污染因子，并利用主成分得分进行土壤质量评级。数据处理主要包括数据标准化，由标准化后的数据求解方差矩阵，计算特征方程中的所有特征值并根据特征值累计比例确定主成分的数量，计算主成分载荷值和主成分得分，以及进行主成分评分等。主成分分析过程采用 SPSS 软件的相关分析模块进行处理。

六、极地站基有机污染物分布状况调查

（一）现场样品采集和预处理

多环芳烃（PAHs）和多氯联苯（PCBs）样品的采集以《极地生态环境监测规范（试行）》中有机污染物采集方法为依据。现场采集样品包括海水、海洋沉积物、大气、土壤、动物粪土、潮间带生物样品等，其中大气样品采集包括主动采样和被动采样。

① 海水：采集 8 L 表层海水，于 2 日内完成预处理；用于有机污染物分析的水样经 0.45 μm 滤膜去除杂质，而后以抽滤的方式，通过活化后的 C18 固相萃取膜萃取。

② 沉积物：采集 500 g 表层沉积物，用铝箔包裹后置于密实袋保存；所有样品均在站内完成冷冻干燥及研磨处理，以干样形式带回实验室进行分析。

③ 大气：使用大气主动和被动采样器采集样品，用苯酚－尿素－甲醛共聚（PUF）树脂和大孔吸附（XAD）树脂富集有机污染物；样品密封保存后带回实验室进行分析。

④ 土壤：采集 500 g 土壤样品，用铝箔包裹后置于密实袋保存；所有样品均在站内完成冷冻干燥及研磨处理，以干样形式带回实验室进行分析。

⑤ 动物粪土：采集 200 g 动物粪土样品，用铝箔包裹后置于密实袋保存；所有样品均在站内完成冷冻干燥及研磨处理，以干样形式带回实验室进行分析。

⑥ 生物样品：采集 200 g 生物样品，用铝箔包裹后置于密实袋保存；所有样品均在站内完成冷冻干燥及研磨处理，以干样形式带回实验室进行分析。

（二）实验室测试分析

样品预处理和分析方法见表 8-3。

表 8-3 样品预处理和分析方法

样品	介质	预处理方法	分析仪器	方法依据
多环芳烃（PAHs）	水体	C18 膜萃取	GC-MS	《海洋监测技术规程》系列标准（HY/T 147.1—2013）~（HY/T 147.7—2013）；《极地生态环境监测规范（试行）》
	沉积物 / 土壤	ASE		
	苔藓 / 生物样	ASE		
	大气	索氏萃取		
多氯联苯（PCBs）	水体	C18 膜萃取	GC-ECD	《海洋监测技术规程》系列标准（HY/T 147.1—2013）~（HY/T 147.7—2013）；《极地生态环境监测规范（试行）》
	沉积物 / 土壤	ASE		
	苔藓 / 生物样	ASE		
	大气	索氏萃取		
有机氯农药（OCPs）	水体	C18 膜萃取	GC-ECD	《海洋监测技术规程》系列标准（HY/T 147.1—2013）~（HY/T 147.7—2013）；《极地生态环境监测规范（试行）》
	沉积物 / 土壤	ASE		
	苔藓 / 生物样	ASE		
	大气	索氏萃取		
得克隆（DP）	水体	C18 膜萃取	GC-NCI/MS	文献分析方法
	沉积物 / 土壤	加速溶剂萃取		
	苔藓 / 生物样	萃取 - 填充柱净化		
	大气	溶剂萃取		
多溴联苯醚（PBDEs）	水体	C18 膜萃取	GC-MS/MS	《海洋监测技术规程》系列标准（HY/T 147.1—2013）~（HY/T 147.7—2013）；《极地生态环境监测规范（试行）》
	沉积物 / 土壤	加速溶剂萃取		
	苔藓 / 生物样	萃取 - 填充柱净化		
	大气	溶剂萃取		

第四节　实 践 案 例

案例 1: 西藏林芝巴松措水域环境及微生物多样性监测

(一) 实践目的和意义

西藏林芝巴松措,藏语中称为“绿色的水”,位于西藏自治区林芝市工布江达县境内,属于高原的生态脆弱区。通过对巴松措湖泊的环境监测,开展水质监测和微生物多样性分析,探究水质因子与水体微生物多样性及优势种群之间的关系;为初步开展巴松措水环境的生态评价和深入了解湖泊生态系统的演变规律提供基础数据。

(二) 现场调查与样品采集

1. 采样点布设

对巴松措水体进行现场调查,主要包括水体空间分布、周边交通及船只使用情况、可设为采样点的位置、周边河流水系汇入及流出情况等。

实地勘察后设置 8 个采样,具体位置如表 8-4 所示。

表 8-4　采样点位置

采样点	东经	北纬
1	30.000 444°	93.897 750°
2	30.014 417°	93.917 667°
3	30.025 389°	93.942 611°
4	30.025 083°	93.973 028°
5	30.025 361°	94.003 111°
6	30.049 889°	94.042 028°
7	30.008 111°	93.962 528°
8	29.985 306°	93.865 667°

2. 监测指标

现场监测指标包括水温、溶解氧、pH、总氮、总磷、叶绿素 a 和 COD 等,以及微生物多样性。

3. 采样时间和频率

根据监测目标合理选取采样时间和频率,可以按季节设置,同时综合考虑当地气候条件、雨季旱季等因素。

4. 样品采集

水质监测指标：准备采样器、样品瓶及现场水质监测设备，按照采样方案到达采样点进行样本采集并监测对应点位的水质情况，参照表 8–5 做好记录。

表 8–5 微生物多样性研究现场采样记录表

采样记录表								
采样日期：							采样人：	
采样点 / 经纬度	水温 / ℃	pH	溶解氧 / （$mg \cdot L^{-1}$）	叶绿素 a	总氮 / （$mg \cdot L^{-1}$）	总磷 / （$mg \cdot L^{-1}$）	高锰酸盐指数 / （$mg \cdot L^{-1}$）	过滤得到滤膜数 / 个
1								
2								
3								
4								
5								
6								
7								

特别要注意：① 采样器使用前用采样点处的水样清洗 3 次，防止交叉污染；② 下放后在该位置静置 10 min 后再提起；③ 每个样品采集 2 L 水样用于过滤微生物，用塑料瓶收集，每个瓶子灌满，不留空气。

针对微生物多样性监测的样品预处理步骤：

① 过滤器在使用前用去离子水进行清洗。

② 用孔径为 20 μm 的尼龙滤膜进行水样预过滤，滤液用 0.22 μm 的聚碳酸酯滤膜进行过滤。由于水样中的生物量不同，可使用一张或多张滤膜过滤水样。

③ 用 95% 乙醇和火焰消毒镊子，将每张滤膜对折两次后放入 10 mL 样品管，并做好标记放入冰盒中。滤膜被对折时，含过滤物的一侧朝内。

④ 过滤工作结束后，所有滤膜样品应保存至冷冻箱中，并尽快开展微生物的高通量测序工作。

（三）监测方法与结果分析

水质监测指标尽可能采用相关国家标准方法进行分析。水样中微生物的群落结构及多样性分析采用高通量测序分析方法。

（四）实践报告的撰写

根据监测结果撰写西藏巴松措水域微生物多样性监测报告。

报告中一般应包括监测目标、监测资料收集、采样方案、监测方法、数据处理方法、结果分析与评价等内容。

结果中重点讨论的内容：

① 通过分析原核、真核微生物在门、纲、目、科、属、种等水平上的物种分布情况，绘制物种分布柱状图，进而了解各采样点处的优势物种及主要物种组成，阐述对应物种对环境特征的指示作用。通过开展 β 多样性分析，在门水平上进行聚类分析，分析巴松措不同水域的群落结构。

② 通过对比研究巴松措不同功能水域的微生物群落结构及与水质分析结果，确定影响巴松措水域微生物群落结构与丰度的主要环境因子，了解水体微生物多样性的主要影响因素，探讨微生物对水环境生态评价的参考价值。

（五）主要文献（略）

案例 2：北极大气中微塑料的污染特征研究

（一）实践目的和意义

北极是全球气候变化的敏感区域，也是全球生态系统的重要组成部分。北极地区拥有丰富的野生动植物资源，包括候鸟、海洋生物等。随着人类活动的不断增加，微塑料污染已经对北极地区的生物多样性造成了威胁。通过监测北极大气中的微塑料，可以了解微塑料在北极生态系统中的分布和积累，讨论北极大气中微塑料的污染特征。

（二）现场调查与采样方案制订

1. 采样点布设

采样点布设既要保证采样工作的可操作性，又要能正确反映大气微塑料的污染特征与人类活动的关系。针对本次实践研究区域（新奥尔松基地、冰川前沿及Halvoya小岛）设置了4个采样点。采样点1（78° 59′ 01.7″ N，12° 27′ 33.9″ E）、采样点2（78° 59′ 38.6″ N，12° 09′ 35.2″ E）为人类活动较难涉足的区域（须通过乘船等交通方式抵达，远离人类聚集区），采样点3（78° 58′ 16.0″ N，11° 29′ 43.3″ E）、采样点4（78° 54′ 48.7″ N，11° 57′ 59.7″ E）为人类更易到达的点位（可通过步行前往，靠近人类聚集区）。

采样点高度原则上与人的呼吸带高度一致，一般相对高度为0.5 ~ 1.5 m。

2. 采样时间和频率

根据监测目标合理选取采样时间和频率。对大气悬浮颗粒物和大气总沉降物进行长时间连续采样，每两周更换一次采样膜/采样瓶。

3. 监测指标

① 大气颗粒物、大气总沉降物。

② 大气微塑料：尺寸、颜色、聚合物类型、形状及其丰度。

（三）样品采集

1. 大气颗粒物

使用基于NILU主动采样器的泵式采样器（采样泵：CASELLA VORTEX3），在10 L/min流速下过滤空气，将大气颗粒物收集至孔径为10 μm的不锈钢金属微纤维滤膜上，每次采样持续2周。采样结束后用不锈钢镊子将滤膜转移至玻璃储存盒中封存，并用铝箔纸包裹储存盒送至实验室，保存在4 ℃冰箱内待分析。

2. 大气总沉降物

使用NILU被动采样器（外部为不锈钢支撑架，采样器主体为玻璃漏斗下接10 L玻璃瓶）同时采集干、湿沉降。被动采样器布设好后，每两周收集一次，同时更换新的采样玻璃瓶。将采样瓶密封后用铝箔纸包裹储存盒送至实验室，保存在4 ℃冰箱内待分析。

采样时应测量采样时间、采样量、环境气温、相对湿度与压强等信息，并记录在采样及现场监测记录表（表8-6）中。

表8-6 采样及现场监测记录表

采样地点： 采样人：

日期：		气温：		压强：	相对湿度：		
采样点	经纬度	采样类型	样品编号	采样时间	采样流量/($L\cdot min^{-1}$)	采样体积/L	备注

（四）实验分析

大气中微塑料样品预处理分析方法参考了沉积物、土壤和水中微塑料预处理过程，一般包含浮选、消解两个步骤。微塑料的表征技术通常有体视显微镜、荧光显微镜、扫描电子显微镜（SEM）等材料表征手段；红外光谱、拉曼光谱、X射线能谱分析（EDS）等化学表征手段。多项技术联用也是目前表征方法的热点，如热解－气相色谱－质谱联用技术（Py-GC-MS）、热脱附－气相色谱－质谱联用技术（TDS-GC-MS）等是比较成熟的方法。

1. 预处理方法

浮选过程是利用塑料的密度小于盐溶液的密度这一原理，在样品中加入饱和盐溶液充分混合，使微塑料聚集在上清液中，实现微塑料和沉降灰尘的分离。目前常用的浮选剂有 NaCl、$ZnCl_2$、NaI 溶液。还可采用二次浮选提高微塑料的回收率，即首先用 NaCl 等低密度浮选剂进行预浮选，再使用 $ZnCl_2$ 等更高密度浮选剂进行后续浮选。

消解过程的目的是去除样品中的有机物，减少干扰，提高检测效率。实验中常采用的消解试剂有 30%H_2O_2 和芬顿试剂（$FeSO_4$ 溶液与 H_2O_2 混合）。

通常，大气沉降微塑料样品受环境因素的影响，样品量可能较少，在干扰物少的前提下，可以缩减预处理步骤，避免在多次转移过程中微塑料样品的损失和污染。同时，样品预处理应与后续表征手段相匹配，预处理过程不应对后续微塑料的表征产生干扰，也要尽量避免使用塑料材质的实验用具。

2. 微塑料的测定与表征

目视观察一般是分析微塑料第一步，也是最常用、最基础的方法。即在体视显微镜下，从样品其他成分中分离出疑似微塑料的成分，并利用相关软件计数、测量和记录信息。

使用尼罗红染色并在荧光显微镜下观察，可以区分天然聚合物和人工合成聚合物，提高目视观察的效率和准确性。但这种方法也不是最理想的鉴别方式，有研究发现，并不是所有着色的物质都是人工合成聚合物，部分天然聚合物也会被染色，干扰样品检测。

扫描电子显微镜（SEM）可与目视观察方法结合使用，SEM 有很高的分辨率，可以识别微塑料表面形貌特点，判断微塑料的降解途径。

目前最常用、最成熟的鉴别微塑料的聚合物类型的分析方法是傅里叶红外变换光谱（FTIR）和拉曼光谱。聚合物红外光谱库为鉴定样品中的微塑料类型提供了有效手段。拉曼光谱是将单波长激光照射到目标样品上，利用样品散射光的频率变化得到分子振动、转动信息。相比于 FTIR，拉曼光谱显微镜有更高的空间分辨率（低至 0.5 ~ 1.0 μm）、宽光谱范围、对非极性官能团的高灵敏度和窄光谱带，因此拉曼光谱分析只需要少量来自不同环境的微塑料，并产生高度可靠的结果。

热解－气相色谱－质谱联用仪（Py-GC-MS）的测定过程为：先将样品进行热处理，收集其分解释放出的挥发性有机物，并送入气相色谱柱中进行分离、质谱仪成分分析，最后与常见塑料类型的数据库进行比较，从而进行微塑料的定性、定量分析。

（五）监测结果

由于微塑料形态多样且不规则，监测中使用其投影长径表征尺寸。大气微塑料的主要颜色为透明、红色、黑色。大气微塑料的聚合物类型包含天然聚合物和人工合成聚合物，天然聚合物通常为维生素和蛋白质，人工合成聚合物目前已发现二十多种，最常见的为聚对苯二甲酸乙二醇酯（PET）、聚乙烯（PE）、聚苯乙烯（PS）、聚丙烯（PP）、聚丁二酸乙二醇酯（PES）、聚酰胺（PA）、人造丝（RY）等。大气微塑料形态主要为纤维、薄膜、碎片、发泡、微珠和不规则形态。除了统计大气微塑料样品的总数外，还要记录不同尺寸、不同颜色、不同形状的数量分布，不同的聚合物类型也要统计其占比。

微塑料的丰度根据采样方式的不同，使用不同的量化单位。对于被动采样收集的大气沉降物样本，结果以单位面积的沉积速率，即微塑料的沉降通量来表示[单位为个/($m^2 \cdot d$)]。对于通过主动采样泵采集的悬浮颗粒物样本，结果以单位体积进气量中所含微塑料个数，即微塑料的浓度来表示（单位为个/m^3）。

对各个样品的监测结果记录可参照表 8-7。

表 8-7 监测结果记录表

采样点	样品编号	尺寸	颜色	聚合物类型	形状	丰度

根据具体的采样方案设计目标，可尝试对大气微塑料的时空分布规律进行总结分析，如聚合物类型的构成和地理分布，并探讨悬浮颗粒物与大气沉降中微塑料的关系。

（六）质量控制

1. 现场采样过程中同时设置现场空白

对于大气颗粒物采样，准备一个与实验组相同的采样器，除不进行空气过滤外，其余设置与实验组完全相同。对于大气沉降物，现场采样时携带一个空白采样瓶，取样时不打开，带回实验室后装满蒸馏水，与实验组在相同条件下储存，并进行同样的实验室分析。

2. 分析过程中设置实验室空白

对于大气颗粒物采样，准备两张与现场采样相同的采样膜；对于大气沉降物采样，将两个与现场采样相同的采样瓶装满蒸馏水，作为实验室空白。所有实验室空白在相同条件下，进行与实验组完全相同的分析过程。最终实验结果中需扣除现场和实验室空白结果。

（七）报告的撰写

根据监测结果撰写《北极大气微塑料的污染特征研究》实践监测报告。

报告中一般应包括监测目标、监测资料收集、采样方案、监测项目与分析方法、数据处理方法、监测结果、空气质量评价等内容。

结果中重点讨论的内容：

① 根据北极地区地理环境及人口丰度等具体情况，采用适宜的布点方法，确定合理的采样时间与采样频率。

② 分析所采集样品中大气微塑料总量及不同尺寸范围微塑料的浓度水平，计算沉降量，并研究悬浮颗粒物与大气沉降中微塑料的关系。

③ 根据实际监测内容，可进一步评估大气微塑料对人体的健康风险，分析影响大气微塑料的环境主要因素，推断大气微塑料的主要来源，并提出防治措施和建议。

（八）主要文献（略）

第九章　环境样品与数据信息管理

导言

环境样品和环境数据是反映环境质量的重要载体，是开展环境监测工作的重要部分，而与样品和数据相关的信息管理是重要一环。本章首先以土壤样品为例，介绍环境样品编号的具体要求、环境样品库的概念及其在全球范围内的建设进展、长江环境样品库建设历程。其次，从数据质量要求、数据集编制规范、数据统计分析方法、数据图制作示例等角度，阐述对数据管理的要求，展望生态环境大数据的发展趋势及基于大数据可开展的智慧环境管理工作。通过两个实践案例系统展示区域环境数据平台的构建过程及功能。案例 1：上海市崇明岛生态环境监测和数据信息管理，介绍针对水、大气、声、土壤 / 地下水等环境质量及生态系统完整性方面开展的崇明生态环境监测站网建设，为世界级生态岛环境监测预警提供支撑。案例 2：长三角生态绿色一体化发展示范区生态环境监测工作实践，介绍示范区重点跨界区域环境监测平台与功能，为区域生态环境质量稳定提高提供技术支撑。通过上述的信息介绍和案例分析，进一步提升学生对环境样品与环境数据信息管理的认知，使学生了解信息管理方法及环境大数据的发展趋势，增强学生使用信息化手段高效开展环境保护工作的能力。

第一节　环境样品信息管理

环境样品具有种类多、数量大、存期短、运输困难、容易产生交叉污染等特点。在环境监测过程中，样品的质量直接影响最终监测结果的科学性、公正性、准确性和可靠性。因此，样品全过程管理在环境监测过程中是一项非常重要的工作。

样品采集在环境监测中起着举足轻重的作用，信息化处理为样品收集整理、分门别类及更新提供了一个便捷高效的平台，使监测环境的数据更科学、更准确。在样品管理中也有无须到现场采样的监测任务，如外来样品的受理，所填报的监测任务号、样品种类、样品编号等信息也可以生成到相对应的数据库中。

一、环境样品编号

环境监测过程中的样品编号是样品状态标识管理的一个部分，样品编号方法的好坏对提高环境监测的质量和工作效率起着非常重要的作用。样品编码要求能够准确地确定野外采样的空间位置，同时要求编码系统直观、实用，易于操作。编码也便于与后期数据库建设的编码系统进行衔接和转换。

例如，土壤样品的编码一般采用12位数字，其中1—6位是地区行政代码，7—9位是县域内样品序号，10—12位是样品采样深度。在建设用地中还需要考虑地块编码，格式为1XXSSS。其中，地块编码依据《重点行业企业用地调查信息采集技术规定（试行）》要求确定。如1XX，1代表土壤样品；XX代表土壤采样点编号，从01开始编号。SSS代表采样深度（以分米计），如0.1 m记为001。平行样品编码格式：地块编码1XXSSS-P。其中，地块编码1XXSSS含义同上，代表采集平行样品的土壤采样点和深度，P为平行样品代号。土壤平行样品应采取二次编码，将二次编码后的标签打印并粘贴到土壤平行样品的样品瓶上。

采集小组将土壤样品交于实验室时，双方共同核查样品完整性、土壤现场采样记录（表9-1）、现场采样标签、土壤样品交接记录表（表9-2）。核实后由实验室人员负责晾干、制备。将制备好的样品保存于500 mL棕色玻璃磨口广口瓶，石蜡封口，将制样时填写的标签（表9-3）贴于瓶外，现场采样标签过塑后装于瓶内（表9-4）。现场采样标签涵盖采样点、经纬度、采样人员、采样时间等主要信息，在采样、运输、交接、晾晒、制备等各环节始终跟随样品。

表9-1 土壤现场采样记录表

采样地点	省 县（区）乡（镇）村
采样时间 / 天气	土壤类型
采样编号	采样人员
采样深度（cm）	用地类型
耕作类型	作物种类
灌溉方式	与交通干线距离

续表

经度	纬度
母质与母岩	地形、坡度、侵蚀情况、海拔高度
地下水位及水质/盐分布情况	土壤质地、容重、颜色、湿度、酸碱度、碳酸钙反应
土壤特征及自然情况综合叙述（包括生成、分类、变异、分布及利用情况等）	备注（说明企业行业、污染来源等特征）

表 9–2　土壤样品交接记录表

序号	样品编号	样品质量	样品袋是否完好	标签是否完好/整洁性	备注
1					
2					
3					
4					

送样人员：　　接样人员：　　送样地点：　　接样时间：

表 9–3　土壤样品标签

采样地点	省　县（区）　乡（镇）　村
经度	纬度
采样编号	采样地点
采样时间	采样人员
监测项目	土壤类型

表 9–4　现场采样标签

采样编号	
采样地点	
经度	纬度
采样时间	采样人员

土壤样品一定要保证内外双标签。同时，要防止标签脱落或字迹不清。标签上应注明样品编码、采集地点、采样点坐标、土地利用类型、采样人员和采样日期等。样品库需要专人负责且制定严格的管理制度。入库样品须填写样品入库登记表，包括样品名称、编号、质量、送样人员、入库时间等。样品库负责人认真检查样品标签是否完整及字迹是否清晰后，按照样品类型放入样品架，在样品目录、样品库管理软件中增添此样品信息，完成样品入库程序。定期检查入库的样品，防止霉变、鼠害、标签字迹不清甚至脱落。库房定期清扫，保持清洁无尘。

二、环境样品信息管理系统

（一）环境样品库

环境样品库（environmental specimen bank，ESB）的概念是在20世纪后半叶发展起来的，人们在对环境污染有一定的认识基础后，提出了更多的问题：污染物是何时、从哪里进入环境的，浓度是增加还是减少，是否还存在没有认识到的化学污染物等。要回答这些问题，就必须收集一定数量的、真实的、具有代表性的样品，并对它们进行可靠又安全的保存，这个保存中心就是环境样品库。因此，ESB的概念可以总结为：提供必要条件用于长期而稳定地保存具有代表性的环境样品，且对入库样品的资料和数据进行齐全的信息存档。ESB的建立有助于保存各种代表性的环境样品，进而为评价当下的环境状况提供依据，研究各种（污染）物质随时间、空间的浓度变化趋势及其规律，为那些治理环境污染、保障环境质量的诸多措施的效果提供时间与空间的判断依据，为过去不曾被关注或不能被分析的物质，因分析技术的提高或新方法的出现而能进行回顾性分析，以获得历史时期的环境信息。

（二）土壤环境样品库

土壤环境样品库是进行长期环境监测的重要组成部分，样品库浓缩了土壤环境信息，宏观地代表了土壤的环境状况，它使样品的回顾性分析成为可能。通过逐年收集土壤样品，立档入库，可以使人们清楚地了解和掌握土壤环境质量的发展与演变，为及时采取措施、防治污染提供历史信息。样品的长期保存，使人们可以对土壤环境污染物进行长期追踪监测，在一定程度上弥补了科学技术发展滞后于实际需要的不足，为人们在更高层次上揭示环境演变规律，以及环境管理和决策提供依据。

原环境保护部于2005年4月至2013年12月在全国组织开展了土壤污染状况调查，采集全国土壤样品约5.2万份。为了提升调查成果，原环境保护部建立了国家级土壤环境样品库，使全部土壤样品入库，首次实现了我国陆域全覆盖土壤调查环境样品的入库保存。为满足国家土壤环境监测质量控制的需要,实现土壤样品的集中制备与流转,2017年依托中国环境监测总站,6个区域性国家土壤样品制备与流转中心相继建设成立。华北分中心可满足周边6省土壤样品制备、流转、暂存和质量控制的管理任务需求,同时实现北京市土壤样品的长期有效保存和流转。华北分中心所建土壤样品库基于物联网技术,结合信息化技术与自动化技术,实现了土壤样品接样、风干、制备、流转、留样、提取等全过程的智能化、可视化、可追溯的闭环管理。同时,通过对土壤样品基本信息和存储位置信息进行智能化管理,可实现土壤样品准确统计、样品位置智能查询、样品信息全面展示及样品自动提取等功能。

(三)土壤样品数据库

土壤样品数据库是土壤样品管理系统最重要的部分,主要用于保存和管理土壤样品采集信息、属性信息及出入库信息等。该数据库首要确保土壤样品信息的科学性和专业性,同时满足土壤样品保存管理工作的业务需求。通过建立土壤样品数据库,将土壤样品各类信息包括采样现场信息、样品入库后的存放位置信息、土壤样品测试分析数据信息、数码图片、数据表格、技术规范、报告成果等全部实现数字软件管理,最大限度发挥土壤样品数据库资源和信息平台作用。土壤样品数据库的管理主要分为样品入库和样品领用两个步骤。土壤样品管理系统包括硬件和软件两部分:硬件包括条码扫描枪、条码打印机和样品存储架;软件采用条码技术和数据库技术对土壤样品进行管理,用户可以通过扫描条码快速查询对应样品的样品编号、样品名称、采样点经纬度、存放位置、养分和采样日期等信息。

样品信息收录和管理。土壤样品信息录入:内容包括土壤样品采集现场原始资料信息、样品物理化学性质数据、无机项目分析数据、有机项目分析数据、数码相片信息、样品存储位置、分析整理图表及相关技术报告文档等。分区管理模块:构建国家土壤样品基础数据库系统,设计以不同类型为单元的数据信息管理库,实现对土壤样品现场记录、分析数据、数码相片、储存位置、文档资料的全面管理。土壤样品数据库应能够将上报的结构化数据批量导入数据库。出入库管理模块:管理土壤样品信息资料的出库和归还,包括借出样品的编号、借用单位、借用人、借用日期、批准人、是否归还、归还日期、归还样品时的接收人等。

建立多种信息查询方式。以样品编码查询:以样品编码查询土壤样品信息,方法是直接扫描或输入样品编码,双击查询出的土壤样品记录,可以打开该土壤样品的详细记录,查询出土壤样品采样信息、物理化学性质信息、有机样品数据、无机样品数据和图片信息。在图片信息中,选中记录点击“查看图片”按钮,可以调出相应的图片。

同时，可以查询到该土壤样品在土壤样品库的储存位置信息。

三、全球主要环境样品库

国内外已先后建有相当数量的各类环境样品库。发达国家自20世纪70年代开始将环境样品库作为环境监测和科学研究的基本平台。日本国家环境研究学会早在20世纪70年代开始，每年在全国54个地区收集大气样品、水样、沉积物和土壤样品、生物样品等并建立了环境样品库。瑞典国家历史博物馆的环境样品库作为国家污染物监测和生态毒理学研究工具已经建立了40余年，该样品库有来自全国60个采样点超过15个物种的26万个生物样品。美国国家标准技术研究所于1979年建立了国家生物环境样品库，2002年又增建了海洋环境样品库，储存样品包括人体、贝类、海洋哺乳动物组织和禽流感样品等。

（一）瑞典环境样品库

瑞典环境样品库依托瑞典自然历史博物馆污染物研究部门，是世界上最古老和储存样品最多的环境样品库之一，最早的系统采集的环境样品可以追溯到20世纪60年代中期。运行持久而又良好的瑞典环境样品库，项目类型比较多，大部分是瑞典环境部直接支持的长期监测项目。例如，从1999年开始一直持续到现在的一个生物多样性调查项目，每年研究人员都会在固定的时间和地点监测小河里生物的种类、大小、颜色、数量等情况，并与往年的监测数据做比较，为判断生态环境质量状况提供依据。此外，还有海豹及麋鹿等大型生物的数量调查和病理学研究，也是持续多年的固定项目。而更常规和长期的监测则涵盖了海洋生物及淡水生物的监测，例如，从20世纪80年代开始监测蓝贻贝，沿瑞典的海岸共设有3个长期监测的采样点，每年从采集的样品中分析重金属、持久性有机物、溴代阻燃剂和多环芳烃等污染物的含量。从20世纪60年代开始监测淡水鲈鱼、鳕鱼等，每年从不同的布点处采样并分析重金属、持久性有机物等多种污染物的含量。在特色项目的研究方面，环境样品库储存了大量有代表性的环境样品，且每年都会固定采集新鲜的样品补充到环境样品库中，利用这些样品开展研究，无疑具有很大的科研价值。因此，其他科研单位（如瑞典斯德哥尔摩大学等）非常愿意与瑞典环境样品库合作，每年都能够从政府或其他渠道申请到一些特色的合作研究项目。对这些特色项目的研究，反过来促进了ESB的发展，提升了其科研价值。

（二）长江环境样品库

环境样品库的价值得到了越来越多国家的认可。我国起步较晚，现阶段规模较大的环境样品库包括：1994 年由中国科学院建立的生物环境样本库；由原中国科学院上海原子核研究所和上海市环境科学研究院共同于 1998 年建立的上海环境样本库，收纳了水和底泥样品及飘尘样品；由南开大学的国家城市空气重点实验室于 2007 年建立的收集颗粒物的样品库，该样品库收纳了全国 30 个城市的 2 500 个颗粒物样品和约 2 200 个各类特殊源样品。长江环境样品库（Yangtze Environmental Specimen Bank，YESB）依托同济大学污染控制与资源化研究国家重点实验室、长江水环境教育部重点实验室，于 2010 年开始筹建，于 2014 年 2 月完成硬件建设投入运行并加入全球环境样品库网络。在中国和瑞典国际合作项目的支撑、瑞典专家的指导下，样品库的硬件已按照国际先进水平初步建成。长江环境样品库建有 243 m^3 的 −25 ℃样品存储冷库，200 m^3 的冰箱存储间和信息管理室，以及 2 000 m^3 的样品预处理及仪器分析实验室。

长江环境样品库主体内容包括样品保存库与样品信息库。长江环境样品库的基本功能是对长江流域的代表性环境样品与人体样品实施长期保存与管理。目前长江环境样品库保存的样品有三大类：固体样品、生物样品和人体组织样品。固体样品有土壤、沉积物、污泥。生物样品有鱼类、贝类、鸟蛋、植物。人体组织样品有人发和母乳。现存样品数量约为 2 万件，预估可存储量达 15 万件。作为环境质量状况的忠实记录，环境样品库在区域和全球环境监测中发挥着重要作用。长江环境样品库将为传统和新污染物的现状与追溯分析及生态毒理学研究提供宝贵的样本资源，为环境管理与决策提供科学依据。长江环境样品库立足长江流域，辐射全国甚至全球环境（极地）问题。同时，长江环境样品库还将为国内外合作交流与公众教育等内容提供平台，产生重要的社会效益。

第二节 环境数据管理

环境监测的重要性在于提供科学准确的环境监测数据，便于环境评价、管理及规划工作的顺利开展。提供准确的监测数据是环境监测的立身之本，但由于环境监测数据的准确性受现场采样、样品保存和运输、样品制备、实验室分析等多个环节、多种因素的影响，在实际监测中经常会出现监测结果异常的现象，严重时甚至干扰后续管理决策。为了确保环境监测数据的准确性，需要对异常监测数据及时进行判定和处理。

一、环境数据质量

环境监测点、采样质量、监测仪器、分析测试方法及环境监测工作人员等在一定程度上会影响环境监测数据的质量。因此，针对这些影响因素采取相应措施，就能够尽量减少对环境监测质量的不利影响。具体来说，环境监测质量的改进，可从环境监测点设置、样品采集、监测质量分析、实验环境管控等方面做起。

环境监测质量的改进应从环境监测点的设置做起，要确保环境监测点的科学合理。环境监测机构及人员要从遵循布设原则、信息量原则、尺度范围原则及优化选择原则等做起，结合环境监测的实际，积极地运用科技手段确定环境监测点。在环境空气质量、地表水及地下水水质监测时，环境监测布点设置要依据代表性、可比性、整体性、稳定性、前瞻性等布设原则，尽量避免其他人为因素的影响。同时，应体现出可行性、经济性及可控性的特点，不仅要使监测结果具有科学性，还要在一定程度上确保监测数据的准确性及全面性。

采集样品时，需要在严格要求下进行采样操作，并依据技术规定做好质量的把控。环境监测采样人员要标注每一份样品的采样目的、采样位置、监测点的数目、监测时间、参与采样的人员。在分装采集样品时，应选择一致的容器，并标注相同的标签进行注明。采集完样品需要快速送到实验室进行研究和分析。如果无法在第一时间送到实验室，就要依据样品的属性进行冷藏保存，确保样品的研究价值。

环境监测质量分析方法的合理性能够提升环境监测数据质量。以最精确的方案进行环境监测，能确保环境监测方案的最新性及有效性。在运用非标准方法进行环境监测质量分析时，就应实事求是，避免出现弄虚作假的情况，进而导致环境监测数据失真。

实验环境的合理管控，不仅要为环境监测提供良好的采光条件和通风条件，也应做好实验台大小的把控。对于特殊实验环境应合理控制，并确保设施的安装十分完善，如大型精密仪器，应做好防尘的管理，并为这些精密仪器安装制冷设备，做好温度和湿度的调控管理工作。同时，还应确保实验环境的安全性，如化学实验室应安装洗眼装置、喷淋装置，还应装配灭火器。安装使用设备时，应结合环境温度、电磁环境、湿度，确保水电线路安装的安全性及实用性，避免这些设备受到化学腐蚀。在日常使用过程中，需要定期维护和保养并做好相应的记录，实时监控一些特殊仪器的使用。购买和储存实验材料，应遵循质量安全标准，多方面分析实验材料的品质与种类。

二、环境数据集编制规范

为贯彻《中华人民共和国环境保护法》，推进生态环境信息标准化，规范生态环境信息基本数据集编制工作，生态环境部印发了《生态环境信息基本数据集编制规范》（HJ 966—2018）。该规范指出，基本数据集是完成一项特定业务活动所必需的数据元集合经过规范性表达后形成的数据标准，是不同部门、不同地区采集的数据实现内容、定义、格式、表达一致的重要依据，有利于避免遗漏核心数据、减少数据冗余，可为规范生态环境信息系统建设、推动跨部门生态环境信息共享、强化数据分析和应用提供指导。

通过规范生态环境信息基本数据集的内容结构、基本数据集的元数据及相关数据元的元数据描述规则，填补了我国生态环境信息领域基本数据集编制方面的空白。推动生态环境管理部门根据实际需要组织编制与各类业务活动相关的基本数据集并普及应用，为建设生态环境大数据、大平台、大系统和形成生态环境信息“一张图”奠定基础。

三、环境数据统计分析方法

在环境科学研究中，为了进一步认识客观环境规律，评价环境质量，探寻各种观测对象的随机变化规律和发展趋势，需要通过各种手段来取得原始资料，进而利用这些资料、数据对所研究的问题做出科学的估计和推断。

在实际工作中，只能对随机现象进行次数有限的观测。例如，在环境质量研究中，要了解某区域的大气质量或某条河流的污染状况，不可能对该区域的空气都进行监测，也不可能对整条河流的河水全部进行分析化验。只能对该区域大气布设若干观测点进行采样分析，或对该河流设置某些断面采样监测，那么布设多少个采样点，测试结果如何处理才能更合理地表达该地区大气的质量或该河流的污染程度，这就是数理统计所要解决的问题。

以方差分析为例，它是分析实验数据和测量数据的一种常用统计方法。环境监测是一个复杂的过程，各种因素的改变都可能对测量结果产生不同程度的影响。方差分析就是通过分析数据，弄清和研究与对象有关的各个因素对该对象是否存在影响，以及影响的程度和性质。在实验室的质量控制、协作实验、方法的标准化及标准物质的制备工作中都经常使用方差分析。方差分析是先建立假设，选取统计量并明确其分布，再给定显著性水平 α，查出临界值 F，然后列表计算有关统计量，根据方差分析表作方差分析。

统计软件如 SigmaPlot 提供了两种有关方差分析的程序：两样本 t 检验，又称为成组 t 检验，适用于完全随机设计的两样本均数的比较；配对样本 t 检验，适用于配对设计的计量资料。配对设计是将受试对象按照某些重要特征配成对子，每对中的两个受试对象随机分配到两处理组。对于有重复多因素的随机区组实验数据分析，该方法不易处理，但对于试验设计简单的数据处理比较方便快捷。例如，在同一个实验室，同一分析人员用原子吸收法和化学分析法分别测定同一水样的 9 个样品中 Cu 的浓度（mg/L），结果如表 9–5 所示。试检验两个方法所得结果之间有无差异。

表 9–5 不同测定方法测得的水样中 Cu 的浓度 单位：mg/L

样品序号	1	2	3	4	5	6	7	8	9
原子吸收法	0.74	0.78	0.85	0.75	0.72	0.83	0.71	0.82	0.79
化学分析法	0.77	0.70	0.80	0.78	0.82	0.75	0.81	0.76	0.83

再以总体均值的区间估计为例，在环境监测中经常要调查环境要素中某一污染物是否超标，调查污染区和非污染区某污染物含量是否有明显差异，实验室则要比较两位分析人员或两种分析方法或两种不同仪器的测试结果是否一致，质量控制中要判断测试结果是否在控制之中，在标准溶液比对时要判断自配的标准溶液是否符合要求，所有这些问题的处理均属于总体均值的统计检验。

地统计学又称为地质统计学，是一门以区域化变量理论为基础，以半方差函数为主要工具的空间统计科学。与传统统计方法相比，它考虑了区域化变量的空间和属性信息，具有独特的优势，因而在土壤、农业、环境等领域得到了广泛的应用。地统计学可用来探讨区域化变量的空间结构和变异，主要分为单元地统计学和多元地统计学。其中单元地统计学可以用来分析单个变量的空间结构和变异；多元地统计学考虑了变量之间的关系，可以用来分析变量之间的空间结构和变异。采用普通克里金和因子克里金方法探讨区域重金属的空间结构和变异。

四、环境数据图制作

为调查某农田土壤中重金属汞的污染情况，在研究区域内按照系统布点法以 104 m × 104 m 为间隔采集耕作层土壤样品，共设置 40 个采样点。采样方法按《土壤环境监测技术规范》（HJ/T 166—2004）执行，用土钻采集耕作层土壤（0 ~ 20 cm）样品，采用梅花法混合样品，再用四分法取土壤。完成土壤样品采集后，编号并记录采样点的经纬度坐标。采用克里金（Kriging）插值方法进行空间分析，并用 Surfer 软件进行空间分布图的绘制，详见第七章图 7-1。

五、生态环境大数据

生态环境大数据指无法在一定时间范围内用常规软件工具进行捕捉、管理和处理的生态环境数据集合，是具有更强的决策力、洞察发现力和流程优化能力的海量、高增长率和多样化的信息资产。传统的生态环境数据呈现无序性、孤立性和缺乏群体性，对生态环境监测评价及综合管理造成了一定困难。发展生态环境大数据技术，有利于有效集成多来源、多类型、多尺度的生态环境数据，并进行高效管理和综合利用，为生态环境保护和发展提供新的支撑。生态环境大数据推动环境信息化发展，是生态环境保护面对新形势、新趋势的必然选择，也是生态环境管理的重要支撑。2016 年原环境保护部出台《生态环境大数据建设总体方案》，明确指出加强生态环境大数据综合应用与集成分析，实现生态环境综合决策科学化、生态环境监管精准化、生态环境公共服务便民化。

生态环境大数据技术将各种数据有机结合在一起，并进行分析，解决错综复杂的生态环境问题，提升环境决策的准确性和科学性。通过利用现代化生态环境监测仪进行数据采集，获取海量数据，在云计算等技术基础上对生态环境大数据进行处理，进而进行实践应用，使生态环境大数据价值获得最大化。

大数据技术体系分为数据采集、处理和应用三个部分，大数据采集来源主要为地面监测、遥感监测、地理信息、社会统计及网络抓取。大数据处理技术流程为存储、预处理、深入处理及整合挖掘，通过处理获得科学性、融合性和有效性信息，并主要应用于生态环境的监测评价、模拟预测、优化管理三个方面。

大数据技术提高生态环境监测的有效便利性，优化监测数据评价，有利于网格化实时监控生态环境质量、长期跟踪污染“源－汇”及大尺度、长时段评价生态环境质量。但是，现有大数据技术对多领域、多来源监测数据耦合分析尚不完善，评价效率有待提升，评价中人为主观因素的智能纠错、方法优化的能力尚不成熟。

通过大数据技术与生态环境专业模型整合，能够提高不同时空尺度下复杂环境要素的模拟精度和预测速度，实现动态预警和生态风险评估。但是，大数据预处理技术仍不完善，影响生态环境要素模拟的及时性和准确性，缺乏基于大数据技术的高精度存储、分析和集成模型，缺少更为专业、开放的大数据运行与分析系统支撑庞大的模型库。

大数据技术促进污染的有效溯源与控制，以及多领域全过程监管。但是，目前新型污染时空分布数据和特征污染物排放特征尚未被全面掌握，给基于大数据平台的优化管理带来局限性，基于大数据技术的系统性数学模型与风险评价管理体系尚未完善，影响环境风险与污染管控的有效决策。

第三节 实践案例

案例1：上海市崇明岛生态环境监测和数据信息管理

（一）崇明区概况介绍

崇明区由崇明、长兴、横沙等三岛组成，三岛陆域总面积1 413 km^2，素有“长江门户、东海瀛洲”之称。作为世界上最大的河口冲击岛和中国第三大岛，崇明岛是上海重要的生态屏障，拥有上海最优质的生态资源本底和最优美的生态环境，是上海体现生态文明发展的先导区与示范区，对长江三角洲区域（简称为长三角）、长江流域乃至全国生态环境安全具有重要的意义。

2005年发布的《崇明三岛总体规划（崇明县区域总体规划）2005—2020年》，明确了崇明现代化综合生态岛的总体定位。2010年上海市政府发布了《崇明生态岛建设纲要（2010—2020年）》（以下简称《纲要》），明确了生态岛的建设方向、指标体系及近期主要任务。《纲要》作为崇明岛生态建设领域的行动纲领，侧重生态环境指标，兼顾经济社会指标。2014年，联合国环境规划署发布《崇明生态岛国际评估报告》，认为崇明岛模式反映了联合国环境规划署的“绿色经济”理念，对全世界发展中国家探索区域转型的绿色低碳生态发展模式具有借鉴意义。2016年12月，上海市政府发布了《崇明世界级生态岛发展“十三五”规划》（沪府发〔2016〕102号），进一步明确了崇明世界级生态岛建设定位，并将覆盖范围拓展至崇明三岛，要求以更高标准、更开阔视野、更高水平和质量推进崇明生态岛建设。2018年5月，《上海市崇明区总体规划暨土地利用总体规划（2017—2035）》正式出台，提出到2035年把崇明区基本建成具有全球引领示范作用的世界级生态岛。2022年1月发布的《崇明世界级生态岛发展规划纲要（2021—2035）》提出“让崇明岛成为彰显我国作为全球生态文明建设重要参与者、贡献者、引领者的重要窗口”，努力走出一条兼顾社会经济发展和温室气体控制的高质量发展之路。作为发展中国家生态发展型区域的典型代表，生态环境监测和数据信息管理将为崇明打造全球发展中国家绿色低碳转型的新样板提供重要支撑。

（二）崇明区生态环境质量监测

目前，崇明区已经针对水环境质量、空气环境质量、声环境质量、土壤／地下水环境质量、生态系统完整性等方面开展了系统的崇明生态环境监测站网建设，并通过多方联动为世界级生态岛环境监测预警提供支撑。

在水环境质量自动监测方面，目前崇明区有水质监测固定站、水质监测岸边站和浮标站三类。其中，城桥水厂、崇西绿华、创建河水质自动监测站为水质监测固定站，堡镇港五号桥站、庙镇港—新陈海公路桥北站、前卫村站、堡镇水厂站、陈家镇站、七效港站、长兴岛站为水质监测岸边站，明珠湖和北湖水质监测自动站为浮标站。水质自动监测站系统运行正常，各监测指标稳定，为监控所在水域水质情况提供数据支撑。

在空气环境质量自动监测方面，根据《环境空气质量标准》（GB 3095—2012）的测试要求，崇明区开展了空气自动监测站建设。截至2020年，共有七个自动监测站，包括绿华站、森林公园、农村站、上实东滩、城桥站、长兴站和横沙站。各站点总体运行良好，数据采集率和有效率均满足要求。

（三）崇明区生态环境质量数据和信息管理

崇明区生态环境数据和信息管理的亮点特色之一是围绕崇明生态岛生态环境指标评价体系开始长期数据监测和评估，为崇明区发展提供科学依据和支撑。2016年以来，崇明区饮用水源地总体水质达标率不断提升，水环境质量逐年提高，供水集约化效果显著。同时崇明区环境空气质量总体水平呈上升趋势，土壤环境质量总体良好。2021年年末，崇明区环境空气质量AQI优良天数为335天，优良率为91.5%，比2020年上升5.7%；二氧化硫（SO_2）、二氧化氮（NO_2）、一氧化碳（CO）三项大气污染物浓度值达到国家空气质量一级标准，细颗粒物（$PM_{2.5}$）、可吸入颗粒物（PM_{10}）、臭氧（O_3）三项大气污染物浓度值达到国家空气质量二级标准。

全区27个水质考核断面（5个国家地表水考核断面和22个市级地表水考核断面）达标率为100%。全区34个区级地表水考核断面，按Ⅲ类功能区标准为基准计算，区级地表水考核断面综合污染指数为0.29～0.75，平均综合污染指数为0.53，与2020年相比基本持平。全区共1个饮用水源地，长江东风西沙水源地达到Ⅱ类水质标准，满足饮用水源地水质Ⅲ类水要求，备用饮用水源地3个，达到地表水Ⅲ类水标准，达标率100%。

全区土壤环境质量总体良好，环境安全风险平稳受控。全区声环境质量总体良好，基本稳定，区域环境噪声昼间时段的年平均值为49.7 dB(A)，达到一级，评价为好；夜间时段的年平均值为42.2 dB(A)，达到二级，评价为较好；近五年区域环境噪声总体变化不大，保持稳定，其中近两年昼间和夜间噪声有下降的趋势。

未来崇明区将进一步加强全方位的生态环境质量监测相关工作，通过完善辖区内全要素、全领域的生态环境智慧监测网络体系建设，做好国控、市控监测站点建设的运行保障；强化生态环境监测核心支撑，发挥监测评价功能；提升环境监测对环境质量预测预报、环境污染溯源解析与风险监控能力。同时，加强生态环境信息化能力建设，推进生态环境"一网通办、一网统管"，实现生态环境审批和服务事项全程网上办理。逐步实现污染源、污染物、生态环境数据的互联互通、实时共享和成果应用，提升全区生态环境精细化、信息化、智慧化管理水平，并充分利用卫星遥感、无人机、在线监控、大数据分析等手段开展非现场执法检查，加强环境执法联动，以生态环境数据监测科学支撑执法能力和效果提升。

（四）生态环境质量数据调查统计方法

生态环境质量数据来源多样，部分数据需要采用调查统计的方式获取。数据调查统计过程必须遵循符合逻辑的顺序。首先要确定调查统计目的，即所要解决的问题；其次是确定调查对象，也就是确定去哪进行调查、向谁进行调查；再次需要确定调查统计的方法，这一般根据调查的目的和对象确定；组织实施调查计划；最后进行数据处理与分析，撰写研究报告。以崇明岛生态系统碳汇调查统计为例进行相关步骤的说明。

1. 明确调查目的和任务

开展崇明岛生态系统碳汇现状调查统计的目的是识别崇明岛生态系统的碳汇现状、掌握其碳汇变化趋势，更好地了解、保护和管理崇明岛的生态环境，为崇明岛的可持续发展提供科学支持。碳汇调查统计的地点应该包括崇明岛内部的各种生态系统，如湿地、农田、林地、草地、河流、海域等。同时，还需要考虑生态系统的边界和交错区域，以便更准确地评估崇明岛生态系统碳汇的总量和分布特征。调查对象主要包括崇明岛内部的各种生态系统及其内部的生物和非生物要素，如植被、土壤、水体、微生物、动物等，以及它们之间的相互作用和生态系统的空气和气候特征。

2. 确定调查指标和方法

根据碳汇调查统计目的和任务，采用现场测量和抽样调查的方法。首先，在崇明岛各生态系统内设置代表性样点，对样点内的植被、土壤、水体等生物和非生物要素进行测量和采样。其次，采用现场直接测量的方法，测量样点内生物和非生物要素的生长、分布、密度、质量等指标，如树高、胸径、土壤有机碳含量等。最后，将现场采集的样本带回实验室进行指标测量和化学分析，如土壤有机碳、总碳、总氮、pH 等。此外，还可以针对当地居民和农民，开展问卷调查，了解当地农业生态系统管理情况与历史碳汇水平，以便更好地评估人类活动对崇明岛生态系统碳汇的影响。

3. 编制调查方案

根据碳汇调查统计的目的、任务、指标和方法，编制详细的调查方案，包括调研计划、具体流程、相关设备和人员安排等。同时需要考虑调查过程中可能出现的问题，并制定相应的应对措施。

4. 组织调查实施

按照调查方案，组织调查统计的实施。在实施过程中，需要注意安全和遵循保护环境的原则，确保数据的准确性和可靠性。

5. 整理、统计和分析调查数据

将采集的样本和数据进行整理，包括数据的清洗、处理和筛选等。利用数据处理软件，对采集的数据进行统计分析，得出崇明岛生态系统碳汇的总量、密度、分布等基本情况，探究碳汇量的季节变化、生态系统类型对碳汇量的影响等。将崇明岛生态系统碳汇的数据与其他地区或历史数据进行对比分析，揭示碳汇的变化趋势。

6. 撰写调查报告

在前期所有工作的基础上，通过近五年崇明岛生态系统碳汇的统计分析，结合已有相关政策文件（例如，《上海崇明区总体规划暨土地利用总体规划（2017—2035）》《崇明区国民经济和社会发展第十四个五年规划和二〇三五年远景目标纲要——暨崇明世界级生态岛发展“十四五”规划》《崇明世界级生态岛碳中和示范区建设实施方案（2022 年版）》等），对崇明岛生态环境管理政策的成效开展分析，形成具有科学性和可操作性的结论和建议，为崇明岛生态系统碳汇的保护和管理提供科学依据。

案例 2：长三角生态绿色一体化发展示范区生态环境监测工作实践

（一）示范区概况介绍

长三角生态绿色一体化发展示范区包括上海市青浦区、江苏省苏州市吴江区和浙江省嘉兴市嘉善县，总面积约 2 413 km^2。2018 年 11 月，习近平总书记在首届中国国际进口博览会上宣布，支持长江三角洲区域一体化发展并上升为国家战略，着力落实新发展理念，构建现代化经济体系，推进更高起点的深化改革和更高层次的对外开放。为贯彻落实 2019 年发布的《长江三角洲区域一体化发展规划纲要》，国务院批准了《长三角生态绿色一体化发展示范区总体方案》（发改地区〔2019〕1686 号），提出要高起点规划、高水平建设一体化示范区。根据《长三角生态绿色一体化发展示范区总体方案》要求，示范区按照“生态优势转化新标杆、绿色创新发展新高地、一体化制度创新试验田、人与自然和谐宜居新典范”的战略定位，在生态环境领域开展生态环境管理“三统一”（统一生态环境标准、统一环境监测监控体系、统一环境监管执法）、水体联保共治等诸多制度探索和实践。

（二）示范区生态环境质量监测工作发展历程

2020 年 7 月苏州市吴江生态环境局、嘉兴市生态环境局嘉善分局和青浦区生态环境局联合印发《长三角生态绿色一体化发展示范区环境监测联动工作方案》（以下简称《方案》）的通知，提出按照“突出重点、统一方法、联动监测、数据共享”的基本原则，加强示范区重点跨界区域环境监测联动工作，扎实推进长三角生态绿色一体化发展示范区建设。

为了巩固苏浙沪两省一市已有的生态环境监测等协作机制成果，进一步完善重点跨界生态环境联动监测工作机制，应充分掌握重点跨界区域生态环境质量现状和变化趋势，为区域生态环境质量稳定改善管理提供技术支撑。全面建立重点跨界区域生态环境联动监测制度，围绕区域生态环境质量监测和污染源的监督监测，按照统一的监测时间、统一的监测频率、统一的监测指标、统一的监测方法和统一的评价标准的“五统一”原则，并通过统一的平台实现监测数据互联共享，逐步完善生态环境联动监测机制。具体而言，将根据一体化示范区和协调区的范围，围绕存在跨界污染风险的水环境和环境空气领域结合环境质量监测、应急监测、在线监测和信息资源共享等方面开展监测联动。

2021 年上海市生态环境局印发了《长三角生态绿色一体化发展示范区生态环境监测统一网络建设方案（2021—2023 年）》（沪环监测〔2021〕225 号），并针对示范区地表水手工监测网络优化、河湖水质预警监测系统、太浦河特征因子预警监测体系、大气监测系统、固定源监管体系、应急监测体系和应急监测能力建设联合印发了相应的实施方案，共同推进示范区生态环境监测统一工作。

2022 年长三角两省一市生态环境部门会同示范区执委会联合印发了《长三角生态绿色一体化发展示范区生态监测实施方案》，提出水生态监测和陆域生态监测两大任务。针对示范区生态调查监测基础较薄弱、缺乏生物多样性本底数据、主要湖库存在富营养化问题、区域生态格局仍需优化等问题，开展主要河湖水生态监测评价及区域生态质量监测评估。通过聚焦示范区主要河湖水生态监测评价，突出生态格局构建、生态功能维护和生物多样性保护的跟踪监测，探索建立跨域统一的生态调查监测工作机制、网络，示范引领平原河网地区生态调查监测方法、标准创新，为加快生态优势转化、促进人与自然和谐宜居，提供更加有力的基础能力支撑。

（三）示范区生态环境监测和信息化平台功能设计

示范区作为长三角一体化发展的先手棋和突破口，汇聚了海量数据资源，涵盖工业、农业、交通、建筑、服务业等重要行业，涉及民生、政务、社会经济、文旅服务、生态环境保护等重点领域。2023 年 1 月，长三角生态绿色一体化示范区“智慧大脑”正式发布，聚焦两区一县数字空间互联互通，打破部门数据流通阻碍，帮助构建示范区政府—市场—社会多主体互动参与的智慧环境信息交流体系。其中，专门设置了生态环境保护一体化模块，主要包括环境监测分析、生态环境分析、环境治理分析和生态环境展示四个子模块。

在环境监测分析子模块方面，将根据“环境监测统一”要求，接入两区一县环境监测数据进行分析展现，并逐步完善生态环境质量监测评估体系。该模块提供流域国家地表水考核断面、省级地表水考核断面、市级地表水考核断面、小流域断面、饮用水源地、重点湖库、城市黑臭水体、水质自动站、空气质量、生态红线信息搜索，也可以在流域范围、自定义范围进行空间检索。系统目前的主要数据监测和管理功能如下。

重点流域断面监测：对示范区重点流域断面（含国家地表水考核断面、省级地表水考核断面、市级地表水考核断面及小流域断面）点位信息、监测信息、视频信息等进行上图展示，实现流域断面信息可视化展示。

水质自动站监测：滚动显示自动站实时数据，超标的自动站水质以红色高亮显示，可区分切换查看国控自动站、省控自动站、饮用水源地自动站。同时，可点击查看自动站列表，在列表中可按名称关键字查询自动站、可按所在行政区域查看自动站，点击列表中某个自动站，可便捷地进行地图飞行定位。

饮用水源地监测：对示范区饮用水源地基础信息、空间信息、监测信息等进行展示，结合周边污染源分布信息、动态排放监测数据分析并展示饮用水污染风险，实现饮用水源地信息可视化。

“一河三湖”监测：对示范区“一河三湖”基础信息、空间信息、河（湖）体监测点、湖区及入河（湖）水质信息进行上图展示，实现“一河三湖”信息可视化展示。

空气质量监测：动态接入示范区空气质量监测数据，在地图上对监测站点位信息、基础信息和监测数据进行展示，并通过展示历史监测结果数据、空气质量优良天数等数据，实现空气质量监测分析功能。

大气环境分析：通过空气质量监测数据和空气质量预报数据，实现示范区空气质量监测、重污染预警提示及大气环境质量的分析评价，展示示范区及各区县的污染态势、优良天数、同比环比改善率、区域排名情况、示范区未来 7 日空气质量预报、示范区空气质量预报专报等。

生态红线管理：实现对生态红线编码及名称、生态红线界碑、红线类型、行政区划、主导生态功能、红线区域范围、红线面积、红线边界范围等数据的统一管理。此外支持生态红线信息版本管理，以时间轴形式记录各版本节点及变更主要内容。

环境执法分析：实现对三地生态环境执法任务的查看，可查看三地不同层级（区县、中队）、不同来源、不同类型的执法任务，实现各类型任务查询、任务进展和详细内容查看。可实现联合执法结果信息查看，对执法过程发现的问题及问题整改督察情况进行查询。

行政处罚分析：统计分析生态环境类行政处罚案件数量、年度累计同比增长、受处罚企业排名等信息，可查看企业信息、行政处罚案件信息及行政处罚月度变化趋势等，进而科学研判识别区域生态环境及安全敏感区域，开展生态环境治理精细化管控。

环境保护事件分析：包括事件种类和总量、事件来源、事件原因、事件处置结果等，以及各类污染事件占比分析、近 5 年各类污染事件趋势分析。

重点企业、项目监测：对区域重点企（事）业单位运营生产过程进行重点监测，开展重点污染项目进展追踪及环境风险短期预警，汇总区域重点企业、项目清单信息（名称、地址、经纬度、主要污染物等），并联合其他监测信息进行环境监测预警与评价。

绿色基础设施管理：接入各类绿色基础设施清单信息，如绿色社区、绿色学校、低碳建筑、公园湿地等，展示其分布位置、面积、周边服务人口等信息，实现绿色基础设施生态效益综合评估与智能管理。

郑重声明

高等教育出版社依法对本书享有专有出版权。任何未经许可的复制、销售行为均违反《中华人民共和国著作权法》，其行为人将承担相应的民事责任和行政责任；构成犯罪的，将被依法追究刑事责任。为了维护市场秩序，保护读者的合法权益，避免读者误用盗版书造成不良后果，我社将配合行政执法部门和司法机关对违法犯罪的单位和个人进行严厉打击。社会各界人士如发现上述侵权行为，希望及时举报，我社将奖励举报有功人员。

反盗版举报电话　(010)58581999　58582371

反盗版举报邮箱　dd@hep.com.cn

通信地址　北京市西城区德外大街4号

高等教育出版社知识产权与法律事务部

邮政编码　100120

读者意见反馈

为收集对教材的意见建议，进一步完善教材编写并做好服务工作，读者可将对本教材的意见建议通过如下渠道反馈至我社。

咨询电话　400-810-0598

反馈邮箱　hepsci@pub.hep.cn

通信地址　北京市朝阳区惠新东街4号富盛大厦1座

高等教育出版社理科事业部

邮政编码　100029

防伪查询说明

用户购书后刮开封底防伪涂层，使用手机微信等软件扫描二维码，会跳转至防伪查询网页，获得所购图书详细信息。

防伪客服电话　(010)58582300

数字课程账号使用说明

一、注册/登录

访问 https://abooks.hep.com.cn，点击"注册/登录"，在注册页面可以通过邮箱注册或者短信验证码两种方式进行注册。已注册的用户直接输入用户名加密码或者手机号加验证码的方式登录。

二、课程绑定

登录之后，点击页面右上角的个人头像展开子菜单，进入"个人中心"，点击"绑定防伪码"按钮，输入图书封底防伪码（20位密码，刮开涂层可见），完成课程绑定。

三、访问课程

在"个人中心"→"我的图书"中选择本书，开始学习。